高职高专系列教材

计算机高级应用教程

主　编　邓阿琴　龚　静
副主编　拖洪华　胡平霞　曾　斯　王建波
　　　　吕　鹏　雷群泌　朱　鹏
编　委　邓阿琴　龚　静　拖洪华　胡平霞
　　　　曾　斯　王建波　吕　鹏　雷群泌
　　　　朱　鹏　尹迎菊　王　晟　李凌云
　　　　李宜昌

西安电子科技大学出版社

内 容 简 介

本书以教育部高等学校大学计算机课程教学指导委员会颁布的《大学计算机基础课程教学基本要求》为指导，以提升大学生计算机素养和培养思维模式为教学目标，结合课程建设标准组织编写。全书主要内容有：Office 办公软件的高级应用、文件管理工具、学习与阅读工具、多媒体处理工具、移动互联网基础、大数据技术及应用、云计算技术及应用、虚拟现实(VR)技术及应用等，内容既涵盖 Office 高级应用、常用工具软件、音频视频制作工具的具体操作，又涉及移动互联网应用等热点技术。

本书语言浅显易懂、条理清晰、重点突出、注重应用，具有较强的科学性，主要针对具有计算机基础初步知识的学生，可进一步深化常用办公及网络工具软件的学习，具有较强的可操作性及适用性。

本书的创新点在于将 Office 办公软件的应用与现代移动互联技术相结合，具有一定的前瞻性，也符合新时代计算机教学的特点，具有一定的推广应用价值。

本书既可作为普通高等学校计算机等相关专业的教材，也可作为计算机二级“Microsoft Office 高级应用”的考级用书以及计算机爱好者的自学参考书。

图书在版编目(CIP)数据

计算机高级应用教程/邓阿琴，龚静主编. —西安：西安电子科技大学出版社，2020.3
(2021.12 重印)
ISBN 978-7-5606-5616-8

Ⅰ.①计… Ⅱ.①邓… ②龚… Ⅲ.①电子计算机—高等学校—教材 Ⅳ.①TP3

中国版本图书馆 CIP 数据核字(2020)第 035005 号

策划编辑 杨丕勇
责任编辑 赵 立 杨丕勇
出版发行 西安电子科技大学出版社(西安市太白南路 2 号)
电 话 (029)88202421 88201467 邮 编 710071
网 址 www.xduph.com 电子邮箱 xdupfxb001@163.com
经 销 新华书店
印刷单位 陕西天意印务有限责任公司
版 次 2020 年 3 月第 1 版 2021 年 12 月第 6 次印刷
开 本 787 毫米×1092 毫米 1/16 印 张 17
字 数 402 千字
印 数 10 291～16 290 册
定 价 47.00 元
ISBN 978-7-5606-5616-8 / TP
XDUP 5918001-6

前　　言

计算机的诞生和发展促进了人类社会的进步和繁荣，作为信息科学的载体和核心，计算机科学在当今信息时代扮演着非常重要的角色，特别是随着现代移动互联网技术的不断发展，信息技术热潮推动着各领域不断迭代更新。能以计算机为核心，采用一系列现代化的办公设备和先进的通信技术，随时随地使用各种信息化手段，广泛、全面、迅速地收集、整理、加工、存储、使用、共享信息，高效地协同工作，是对当代大学生和现代办公室工作人员的基本信息素养要求。

本书共 10 章。前 6 章以 Windows 7 为操作平台，分别介绍了 Office 2010 办公软件的高级应用、文件及阅读管理工具、多媒体处理工具的使用及基本操作，举例均为最新使用的软件、资料、数据，实用性强；后 4 章结合当前移动互联网的热点技术，对移动互联网基础、大数据技术及应用、云计算机技术及应用、虚拟现实(VR)技术及应用等进行了介绍，有利于拓展读者视野，全面提升信息素养。

本书由邓阿琴、龚静任主编，拖洪华、胡平霞、曾斯、王建波、吕鹏、雷群泌、朱鹏任副主编。具体编写分工为：第 1 章由邓阿琴编写，第 2 章由曾斯编写，第 3 章由雷群泌编写，第 4 章和第 5 章由吕鹏编写，第 6 章由王建波编写，第 7 章由胡平霞编写，第 8 章由拖洪华编写，第 9 章由龚静编写，第 10 章由朱鹏编写。全书统稿和审核由邓阿琴负责。尹迎菊、王晟、李凌云、李宜昌等对本书的统稿和审核做了很多有效工作，在此表示衷心感谢！

由于计算机技术的发展日新月异，新技术层出不穷，加之编者水平有限，书中可能还存在一些不足和不够完善之处，敬请各位读者将发现的问题或提出的改进意见及时反馈给我们，以便再版时进一步完善本书。

编　者

2019 年 12 月

目　　录

第 1 章　Word 2010 高级应用

学习了 Word 2010 基础知识，已初步掌握了文字排版的基本操作，能完成一般文档编辑的读者，可能对于长文档的编排、特殊效果的呈现、文档版面的多样化设置、快速编排等方面还需进一步学习和提高。通过本章的学习不仅可以大大提升文档的整体呈现效果，还将大大提高工作效率。

【主要内容】

(1) Word 公式编辑器的使用；

(2) 文档的分页、分节操作；

(3) 文档内容的引用操作；

(4) 文档的审阅与修订；

(5) 邮件合并的快速编辑。

1.1　公式编辑器

如果需要经常在文档中编排各种复杂的数学、化学公式，可以通过 Word 中的公式编辑器实现。下面介绍公式编辑器的使用。

1.1.1　进入公式编辑环境

打开 Word 2010，将光标插入点定位到要输入公式的位置，单击“插入”→“符号”→“公式”按钮(如图 1-1 所示)，可以直接进入 Word 的公式编辑环境，此时将出现公式工具的“设计”选项卡(如图 1-2 所示)，方便进行公式编辑。

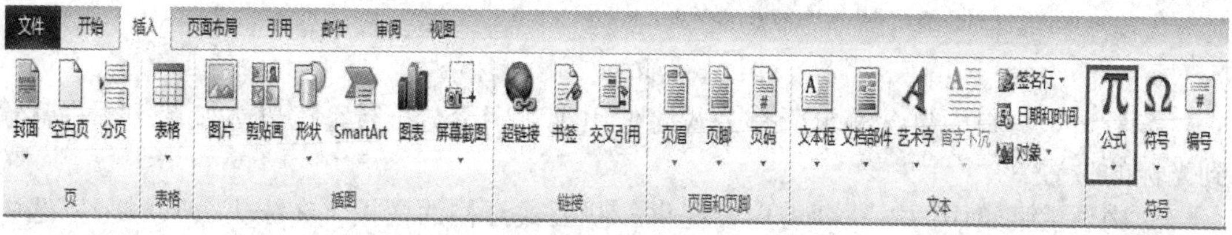

图 1-1　“公式”按钮

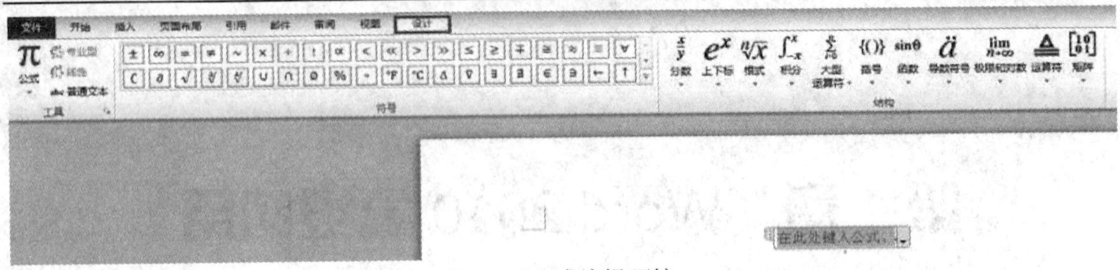

图 1-2　公式编辑环境

1.1.2　输入公式

公式工具的“设计”选项卡中存在“工具”“符号”和“结构”三个工具组。

在“工具”工具组，单击“公式”下拉列表，可以直接插入内置公式，如图 1-3 所示。单击“专业型”“线性”和“普通文本”按钮可以改变公式的格式。

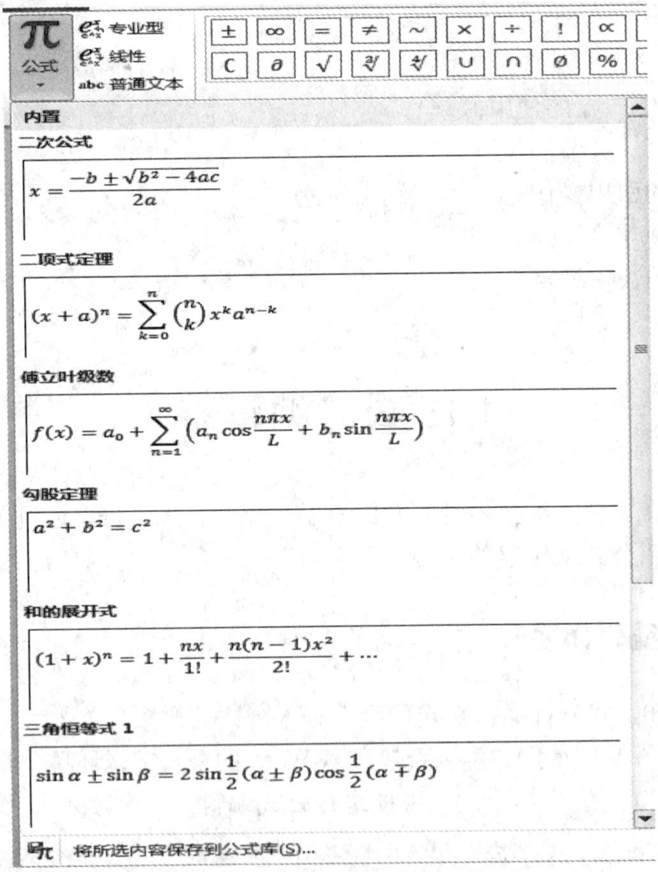

图 1-3　插入内置公式

“符号”工具组中包含编辑所有公式时使用到的字母、符号，可以直接选中，将其输入到光标的位置。

“结构”工具组中的下拉列表主要提供一些公式结构的模板，在编辑公式时可以选中对应的模板快速编辑公式。

1.1.3　常用公式库中公式的添加或删除

如果想要反复使用一个公式，就需要将该公式添加到常用公式库中。添加的方法是单击公式右侧的下拉列表，选中“另存为新公式”，在弹出的“新建构建基块”对话框中输入新公式的名称及编辑相关设置后，单击“确定”按钮，即可将公式添加到常用公式库，如图 1-4 所示。

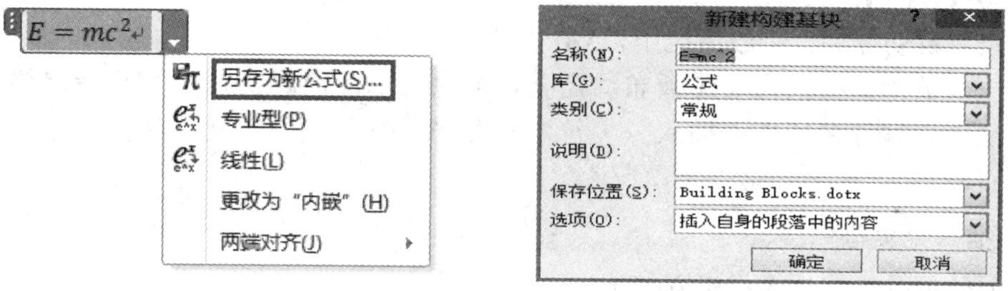

图 1-4　添加公式至常用公式库中

如果需要删除常用公式库中的公式，可以单击“插入”菜单中的“公式”下拉列表，右键单击列表中的任意公式，单击“整理和删除”选项，在弹出的“构建基块管理器”选项卡中，选中需要删除的公式，单击“删除”按钮进行删除，如图 1-5 所示。

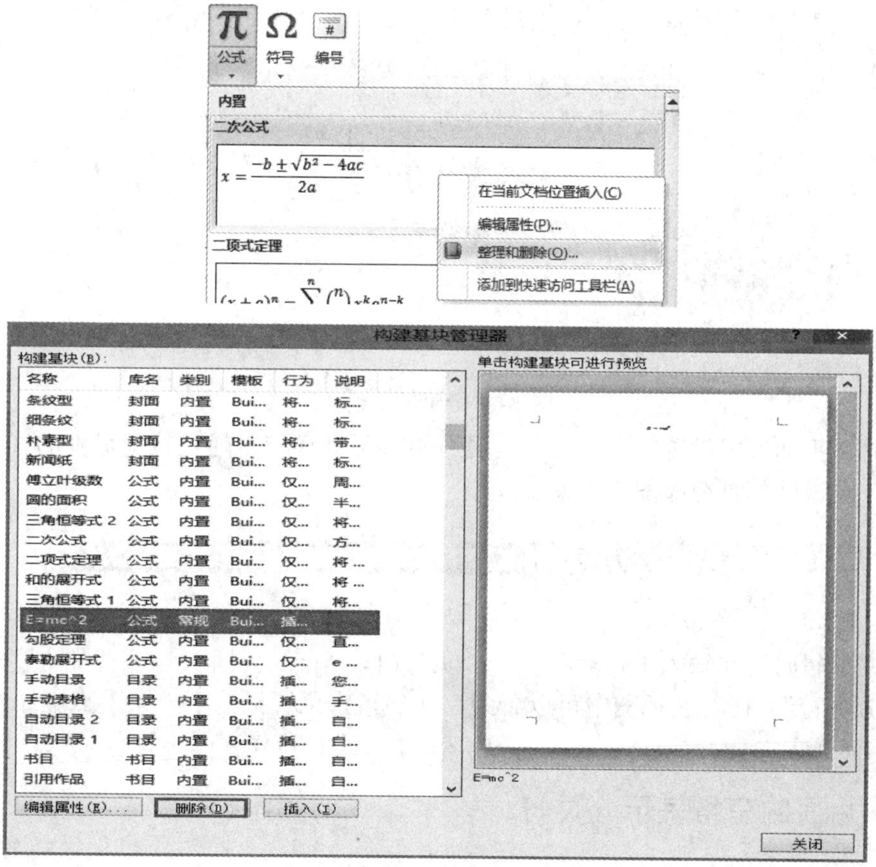

图 1-5　删除常用公式库中的公式

1.2　文档的分页与分节

1.2.1　分页

在 Word 中输入文本时，Word 会按照页面设置中的参数使文字填满一行时自动换行，填满一页后自动分页。一般情况下，Word 文档是自动分页的，文档内容到页尾时会自动排布到下一页。但如果为了排版布局需要，可能会单纯地将文档内容从指定位置划分为上下两页，这时可在文档中插入分页符。分页符的作用就是使文档从插入分页符的位置强制分页。

1. 插入分页符

插入分页符的具体操作步骤如下：

(1) 将光标置于需要分页的位置。

(2) 单击“页面布局”选项卡“页面设置”选项组中的“分隔符”按钮，单击“分页符”(如图 1-6 所示)，这样就在指定位置插入了一个分页符，即可将光标后的内容布局到一个新页面中。

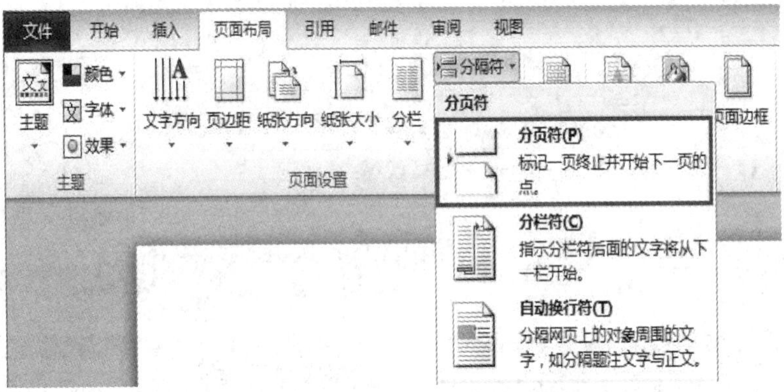

图 1-6　分页符设置

通过这种手动方式设置的分页符称为硬分页。另外还可以通过按键盘上的 Ctrl+Enter 键实现硬分页。硬分页符如图 1-7 所示。

图 1-7　硬分页符

在文档编辑时，当输入的内容占满一“页”时，Word 会插入一个“自动”分页符，又称“软分页符”。在普通视图中可以看到在文档指定位置插入了一条单点虚线的软分页符，如图 1-8 所示。

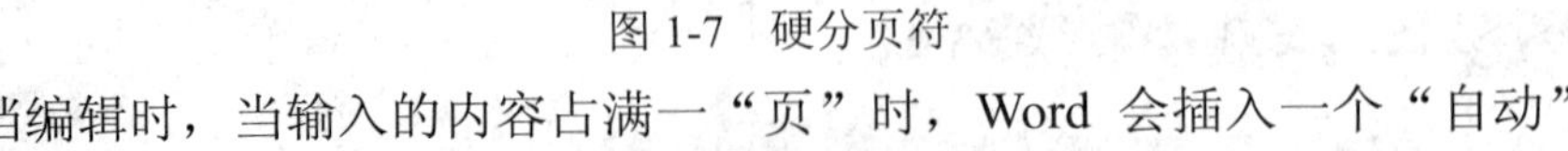

图 1-8　软分页符

不同的文档部分通常会另起一页开始，很多人习惯用加入多个空行的方法使新的部分另起一页，这种做法会导致修改文档时需要重新排版，从而增加工作量，降低了工作效率，这种方法不可取。这时，最好的做法是在需要从新的一页开始的字符前插入分页符。

2. 删除分页符

如果不想把文档内容分页显示，把插入的分页符删除即可。默认的情况下分页符是不显示的，单击“文件”选项卡中的“选项”，弹出“选项”对话框，如图 1-9 所示。然后勾选“显示”中的“显示所有格式标记(A)”，单击“确定”按钮保存设置，在插入分页符的地方就出现了一个分页符标记。用鼠标选中分隔符号，按一下删除键，分页符就被删除了。

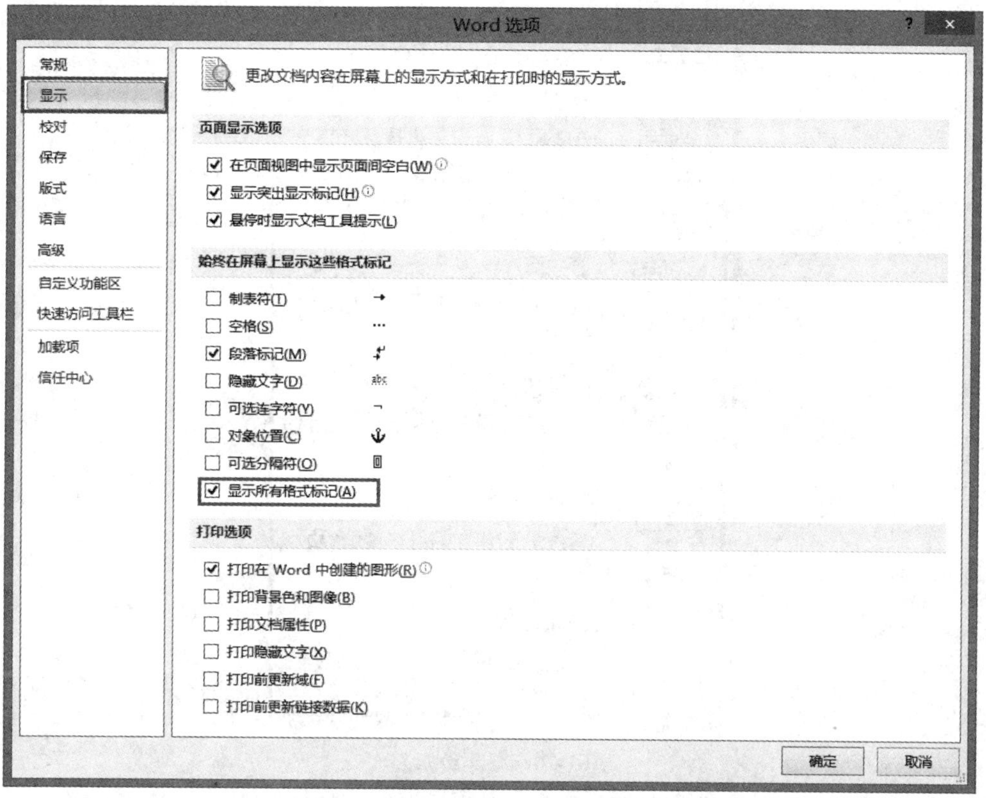

图 1-9　显示分页符

1.2.2　分节

进行 Word 文档排版时，经常需要对同一个文档中的不同部分采用不同的版面设置，例如设置不同的页面方向、页边距、页眉和页脚，或重新分栏排版等。如果通过“文件”菜单中的“页面设置”来改变其设置，则会引起整个文档所有页面的改变，这时就需要对 Word 文档进行分节。

所谓节，是指文档的一部分，可在其中设置与文档其他部分不同的格式，如分栏、页眉和页脚等。在文档中插入分节符就可以将文档分成几节，然后根据需要设置每节的格式。

分节符所处位置表示一节的结束和下一节的开始，它包含了节所有的格式设置，如页边距、页面方向等。插入分节符的操作步骤如下：

(1) 将光标移动到需要插入分节符的地方，单击“页面布局”选项卡中的“分节符”命令，会出现分节符及其类型，如图 1-10 所示。

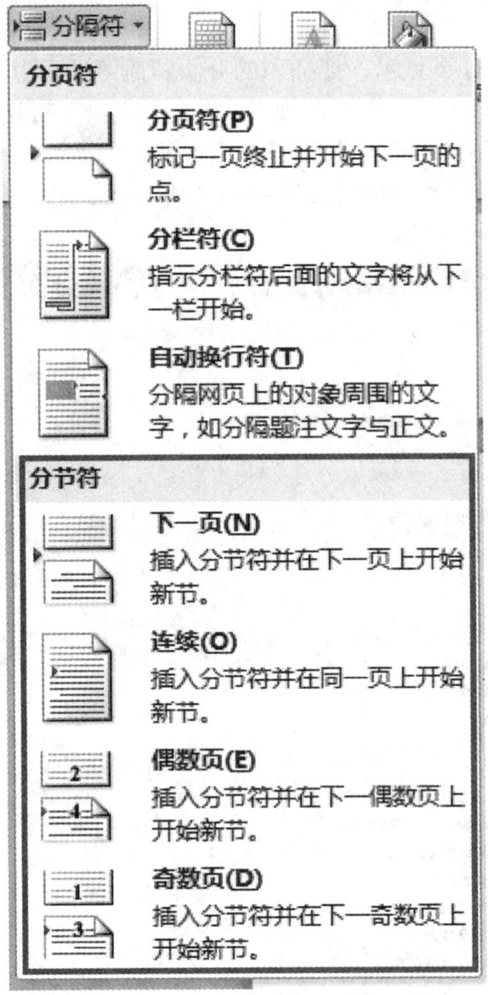

图 1-10　显示分页符

(2) 如果单击“下一页”，则可以插入一个分节符，新的节从下一页顶端开始。这种分节符主要用于使文章章节的标题总显示在新的一页开始处。

(3) 如果选中“连续”，则可以插入一个分节符，新的节从同一页开始。这种分节符主要用于设置文档各部分不同的格式。如可以将页面中文档的前一部分分为两栏，后一部分分为三栏。

(4) 如果选中“偶数页”，则可以插入一个分节符，下一节从下一个偶数页开始。如果分节符位于偶数页，则 Word 会将下一奇数页留为空白。这种分节符主要用于编辑出版物。

(5) 如果选中“奇数页”，则与“偶数页”同理。

分节符与分页符一样，在默认的情况下是不显示的。如果需要删除分节符，可以使用设置显示分页符的方法显示分节符，再用鼠标选中分节符进行删除。

1.3　样　　式

样式是字符格式和段落格式的集合，在编排重复格式时反复套用样式，可以减少重复化的操作。

1.3.1　应用样式

Word 2010 提供了很多样式，通过样式来管理文档可使整个文档看起来层次清晰。样式位于“开始”选项卡下的“样式”功能组中，如图 1-11 所示。

图 1-11　“样式”功能组

Word 2010 应用样式比较简单，选中需要设置样式的文本，然后单击相应的样式即可。操作步骤如下：选中第一段“标题”，单击“标题 1”，即可应用“标题 1”；选中第二段，单击“标题 2”，即可应用“标题 2”；其他也是同样的方法，先选中文本，后单击样式，效果如图 1-12 所示。

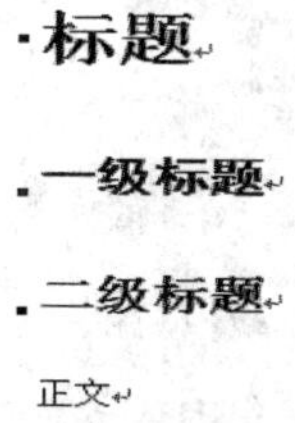

图 1-12　样式应用效果

1.3.2　新建样式

Word 2010 应用样式并不能完全符合实际需求，需要新建样式或手动修改作为弥补。单击“样式”工具组右下角的按钮，弹出“样式”选项卡，在“样式”选项卡中单击“新建样式”按钮可以新建样式，如图 1-13 所示。

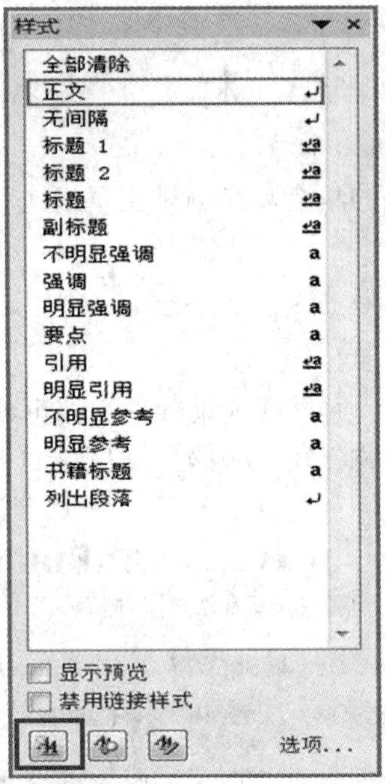

图 1-13　“样式”选项卡

1.3.3　修改样式

修改样式需要单击“样式”工具组右下角的按钮，弹出“样式”选项卡，单击该选项卡中待修改样式右侧下拉列表中的“修改”按钮(如图 1-14 所示)即可弹出“修改样式”对话框。

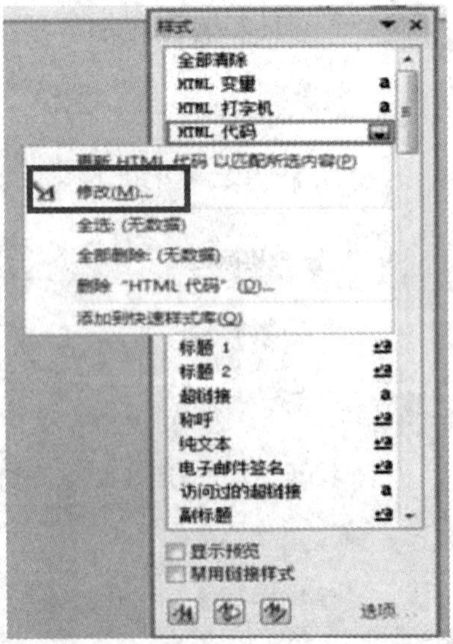

图 1-14　样式修改下拉列表选项

“修改样式”对话框中有一些常用的文字、段落格式按钮设置，如果需要进行更多的设置，可以单击对话框中的“格式”按钮进行更多的设置，如图 1-15 所示。

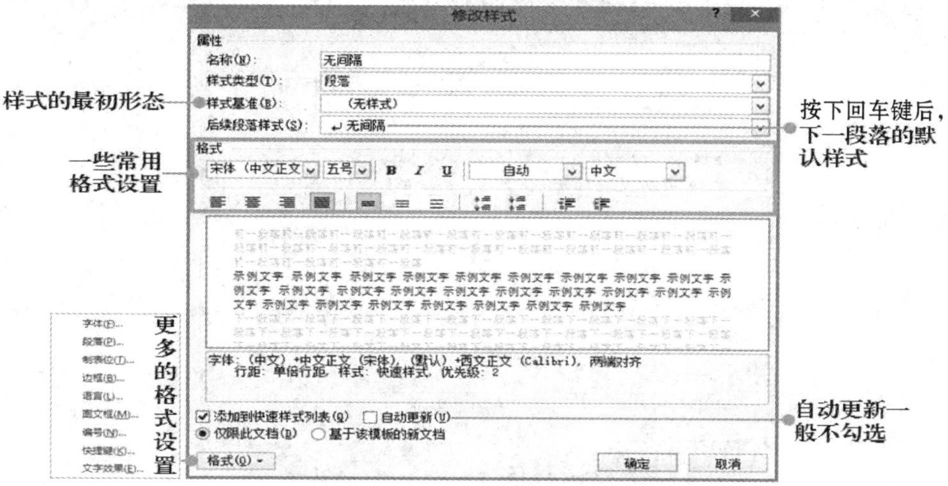

图 1-15　“修改样式”对话框

1.3.4　复制样式

复制样式首先要将样式复制到 Word 文档样式库中。单击“文件”按钮，在弹出的下拉列表中单击“选项”按钮。在“Word 选项”对话框中单击“加载项”选项卡，在“管理”下拉列表框中选择“模板”，然后单击“转到”，如图 1-16 所示。

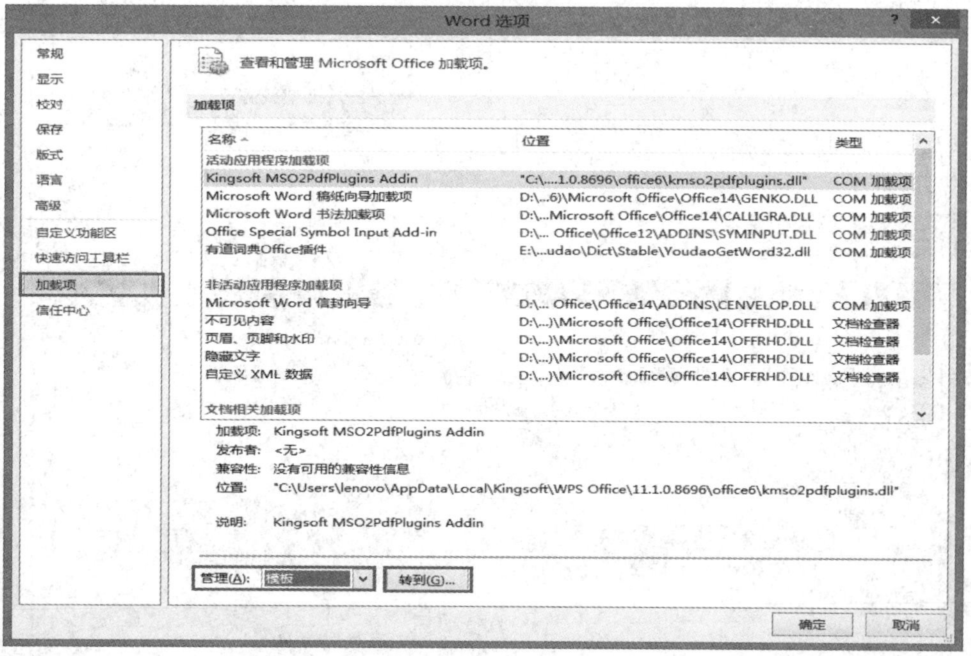

图 1-16　复制样式对话框 1

在弹出的“模板和加载项”对话框中选择“模板”选项卡，再单击“管理器”按钮，如图 1-17 所示。

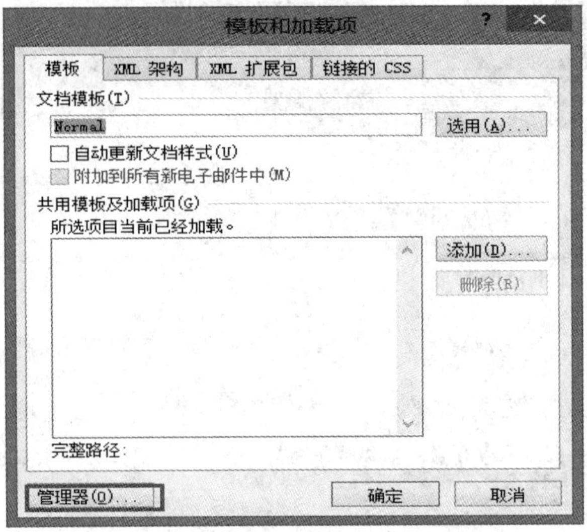

图 1-17　复制样式对话框 2

在弹出的“管理器”对话框的“样式”选项卡中单击右侧的“关闭文件”按钮，再单击“打开文件”按钮，如图 1-18 所示。

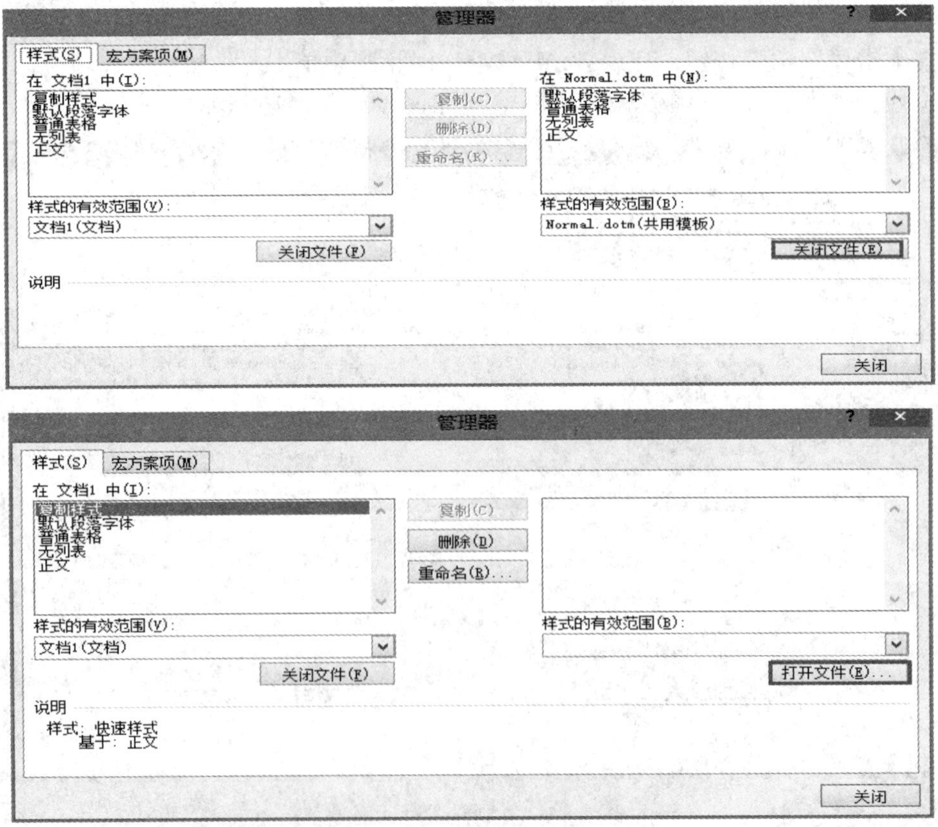

图 1-18　复制样式对话框 3

在弹出的“打开”对话框中选择目标文档的类型，再打开目标文档，在“管理器”对话框的“样式”选项卡中复制样式到目标文件，如图 1-19 所示。

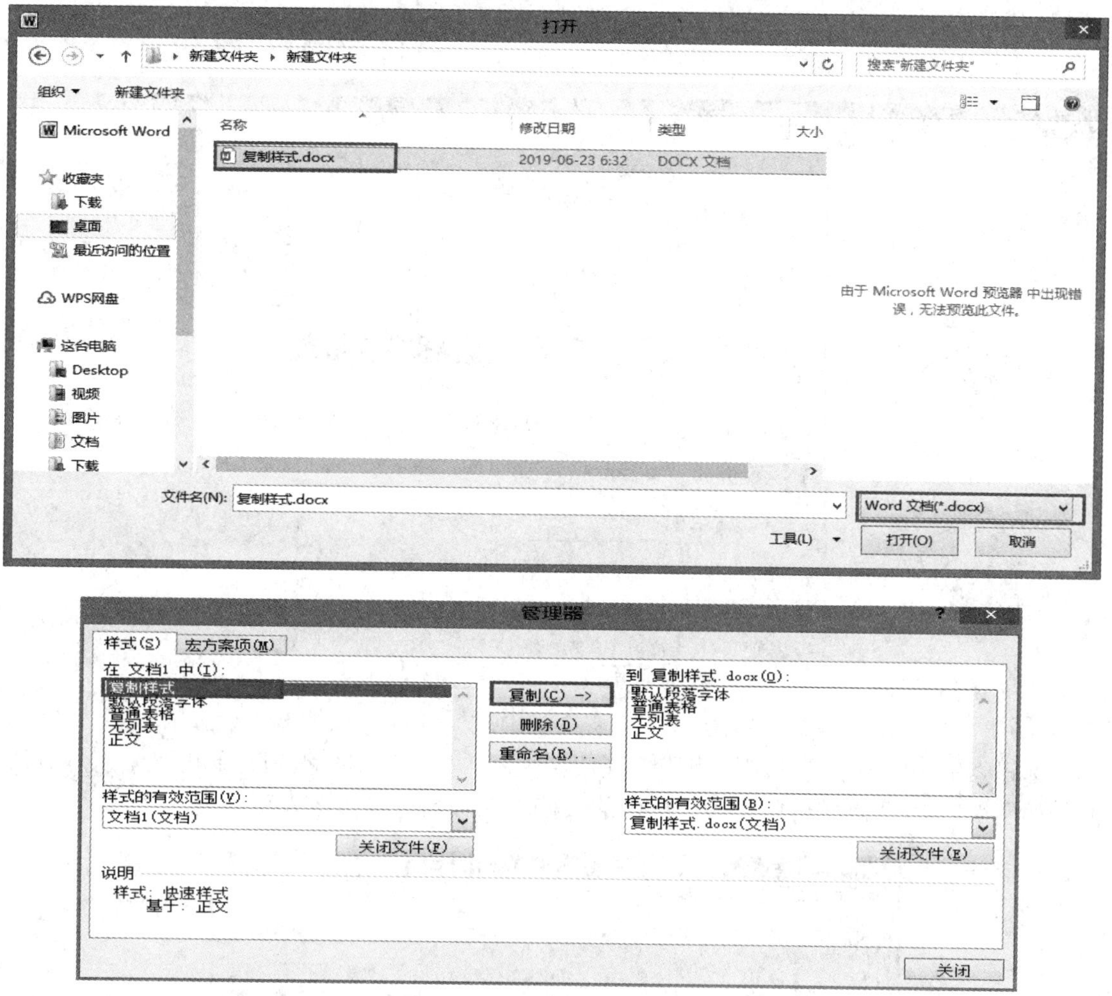

图 1-19　复制样式对话框 4

1.4　索引与目录

1.4.1　索引

索引是一种关键词备忘录，它将文档中的有关事项(如字、词等)分别摘录，注明出处所在的页码，按一定的排序方法排列以供查阅。索引一般附在文档的末尾。

1. 创建索引

Word 中创建索引只需要两步：一是标记索引项，二是生成索引。

索引项包含了主索引项，它们之间的关系相当于一个人的姓名和昵称。例如，将马云列为索引项，那么主索引项除了马云，老马也归在这个条目下，老马就是次索引项。

标记索引项需要选中待标记的内容，再单击“引用”选项卡中的“标记索引项”按钮(如图 1-20 所示)，弹出“标记索引项”对话框，如图 1-21 所示。主索引项中会自动填入选中的待标记内容，通常会勾选“标记全部”以避免重复劳动。

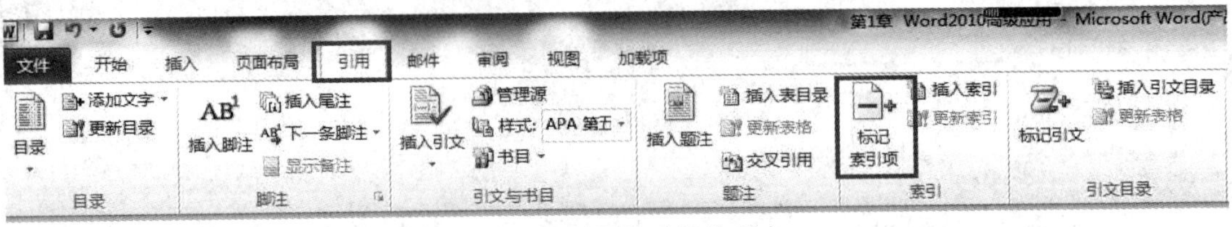

图 1-20　“引用”功能选项卡

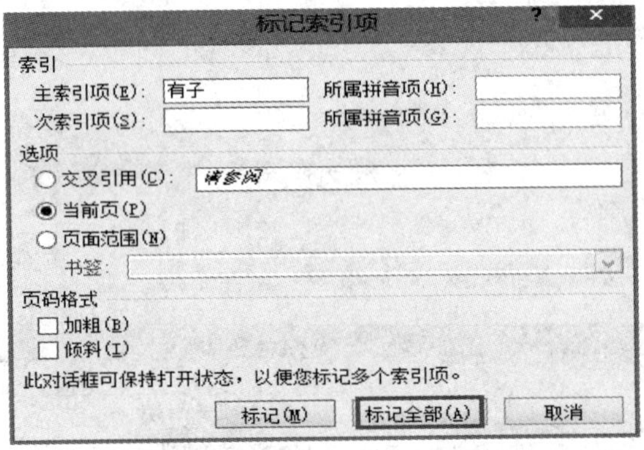

图 1-21　“标记索引项”对话框

标记索引项完成后，单击“引用”选项卡中的“插入索引”按钮，弹出“索引”对话框，如图 1-22 所示。最后单击对话框中的“确定”按钮完成生成索引的任务。

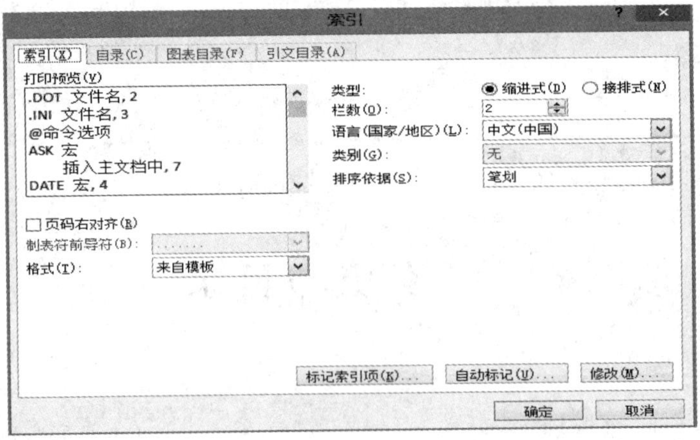

图 1-22　插入索引对话框

2. 自定义索引样式

索引可以理解为一种特殊的目录。自定义索引样式和自定义目录样式的方法类似。单击“索引”对话框中的“修改”按钮，弹出“样式”对话框，如图 1-23 所示。单击对话框中的“修改”按钮可以修改索引样式，修改方法和修改文本样式的方法一致。

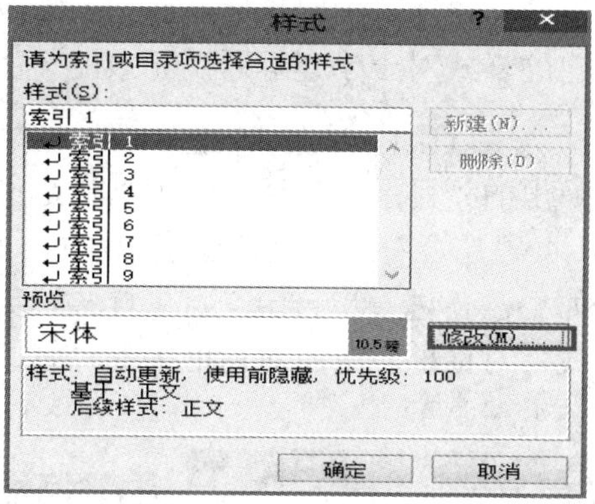

图 1-23　索引样式对话框

1.4.2　目录

目录就是文档中各级标题以及页码的列表，通常放在文章之前。Word 目录分为文档目录、图表目录等多种类型。

1. 创建目录

创建目录可以简单地分为两步：一是为文档中的标题选择对应的“标题 1”“标题 2”等样式；二是将光标移动至需要生成目录的位置，单击“引用”选项卡中的“目录”下拉按钮，在单击“插入目录”后弹出的对话框中单击“确定”按钮生成目录，如图 1-24 所示。

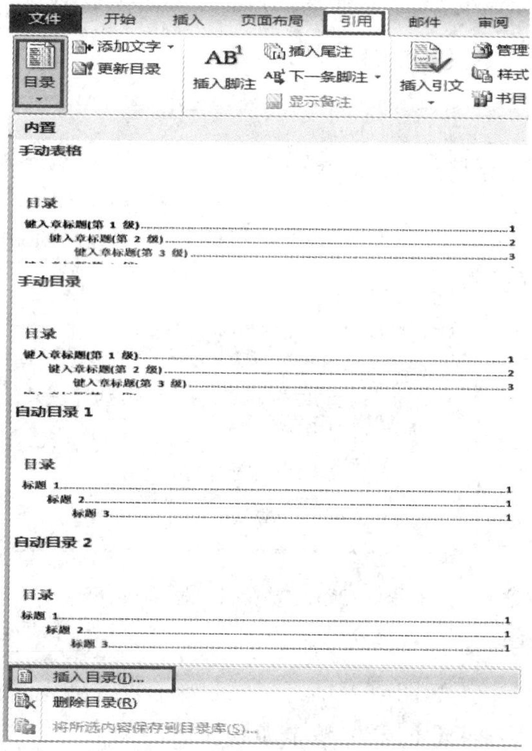

图 1-24　插入目录

注意：创建目录中所使用的标题样式一定是标题名称未修改的内置样式，因为修改了标题名称的内置样式以及新建的样式对于创建标题是无效的。

2. 自定义目录样式

在单击“插入目录”后弹出的“目录”对话框中可以自定义目录的样式，在对话框中不仅可以选择是否显示页码、页码是否右对齐以及连接线样式，而且所有的选择可以在“打印”预览中看到应用效果。如果需要进一步自定义目录样式，需要单击“目录”对话框中的“修改”按钮，弹出“样式”对话框，单击对话框中的“修改”按钮自定义样式，如图 1-25、图 1-26 所示。

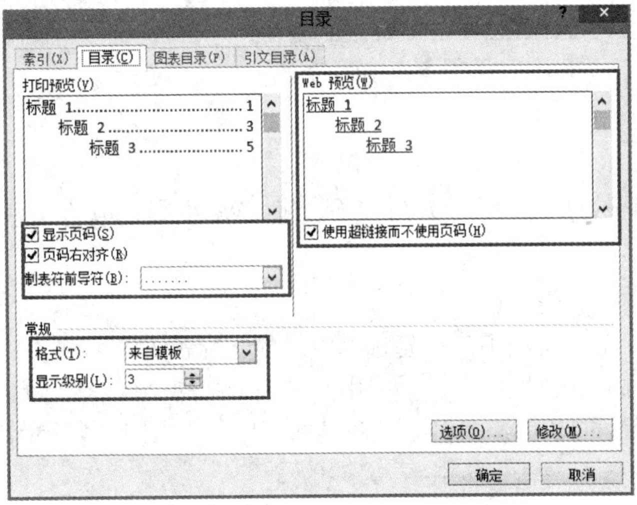

图 1-25　“目录”对话框

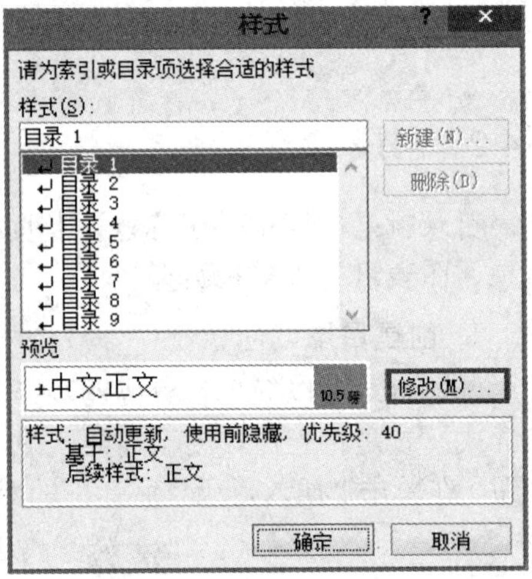

图 1-26　目录样式对话框

3. 目录的更新

如果修改了文档中的标题，那么文档对应的目录也需要修改，Word 为用户提供了自动修改目录的功能。单击“引用”选项卡中的“更新目录”按钮，弹出“更新目录”对话框，如图 1-27 所示。对话框中的“更新整个目录”可以更新标题、页码等，而“只更新页码”只能更新对应标题的页码。

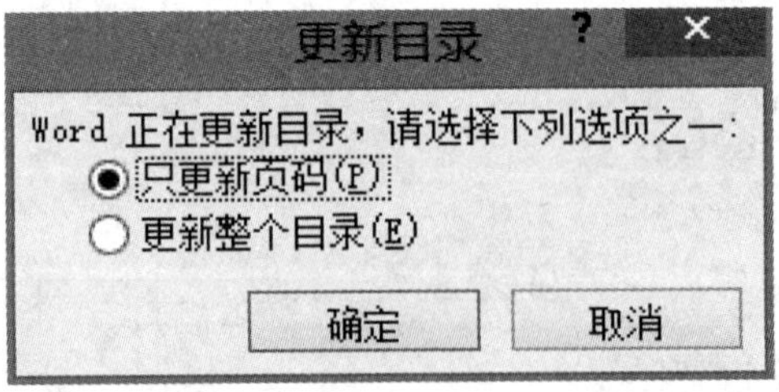

图 1-27　“更新目录”对话框

4. 图表目录

图表目录是指文档中的插图或表格之类的目录，图表目录的创建主要依据文中为图片或表格添加的题注。为对应的图表标题添加题注后，单击“引用”选项卡中的“插入表目录”按钮，弹出“图表目录”对话框，如图 1-28 所示。其设置方法与一般目录相同。

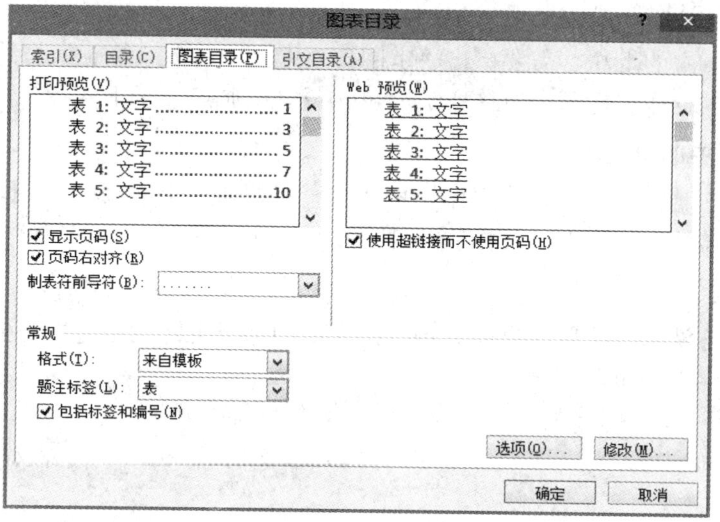

图 1-28　“图表目录”对话框

索引和目录的区别如下：

所谓目录，就是文档中各级标题的列表，它通常位于文章扉页之后。目录的作用在于方便读者快速阅览或定位到感兴趣的内容，同时比较容易地了解文章的纲目结构。

所谓索引，就是以关键词为检索对象的列表，它通常位于文章封底页之前。索引的作用在于读者可以根据关键词(比如人名、地名、概念、术语等)，快速定位到正文的相关位置，获得这些关键词的更详细的信息。在我们学习过的中学数理化课本中，通常最后都有索引。它列出了重要的概念、定义、定理等，方便我们快速查找这些关键词的详细信息。

索引侧重于帮助用户找到需要的文章，目录则侧重于显示整篇文章的结构。

1.5　文档的审阅

Word 提供了审阅文档的功能，它主要包括两个方面：一是文档审阅者可通过为文档添加批注的方式，对文档的某些内容提出自己的看法和建议，而文档原作者可据此决定是否修改文档；二是文档审阅者在文档修订模式下修改原文档，而文档作者可决定是否接受修订。

1.5.1　设置批注

1. 对文档内容进行批注

设置批注首先需要选中待设置批注的内容，然后单击“审阅”选项卡中的“新建批注”按钮，在文档右侧显示的红色方框中输入批注内容即可，如图 1-29 所示。

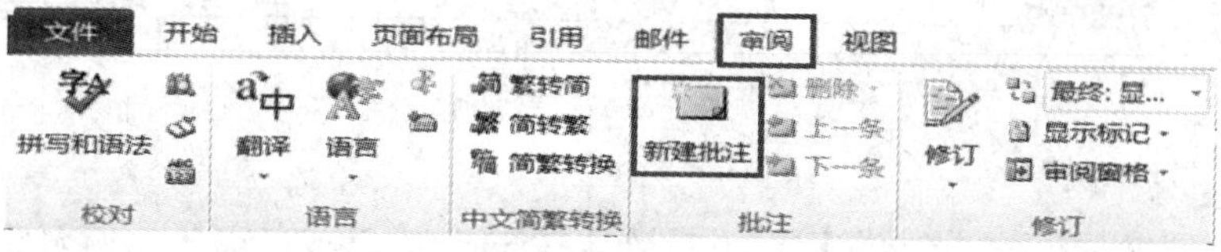

图 1-29　新建批注

2. 隐藏和显示批注

若要隐藏文章中的批注，需要单击“审阅”功能区中“显示标记”旁边的下拉三角按钮，然后单击将“批注”前面的对钩取消即可，反之，则可显示批注。

3. 浏览文档中的批注

单击“审阅”功能区中“批注”组上的“上一条”或“下一条”按钮，Word 会自动从当前插入点开始向上或向下查找批注，并自动进入批注的编辑状态。

4. 删除批注

删除批注的方法非常简单，只需右键单击文章中加有批注的地方，在弹出的右键菜单中选择“删除批注”即可。

1.5.2 设置修订

1. 开启修订状态

单击“审阅”功能区中“修订”下拉按钮中的“修订”选项，使文档进入修订状态(如图 1-30 所示)，此时修订文字内容可以看到修订的状态。

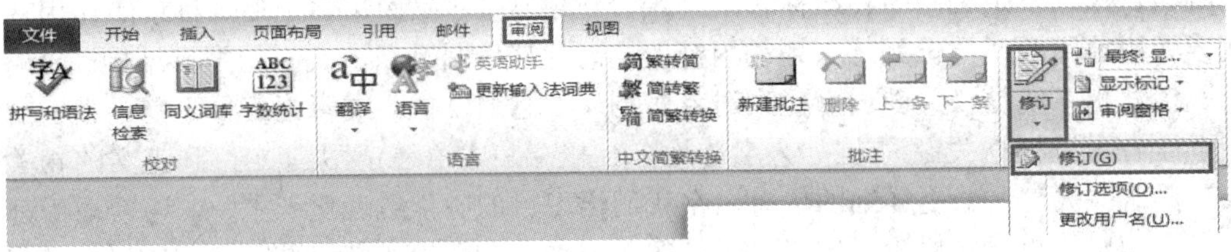

图 1-30　设置修订

2. 在批注框中显示修订

单击“审阅”功能区“显示标记”下拉列表中的“在批注框中显示修订”选项(如图 1-31 所示)，在右侧的批注框内就会出现修订的结果。

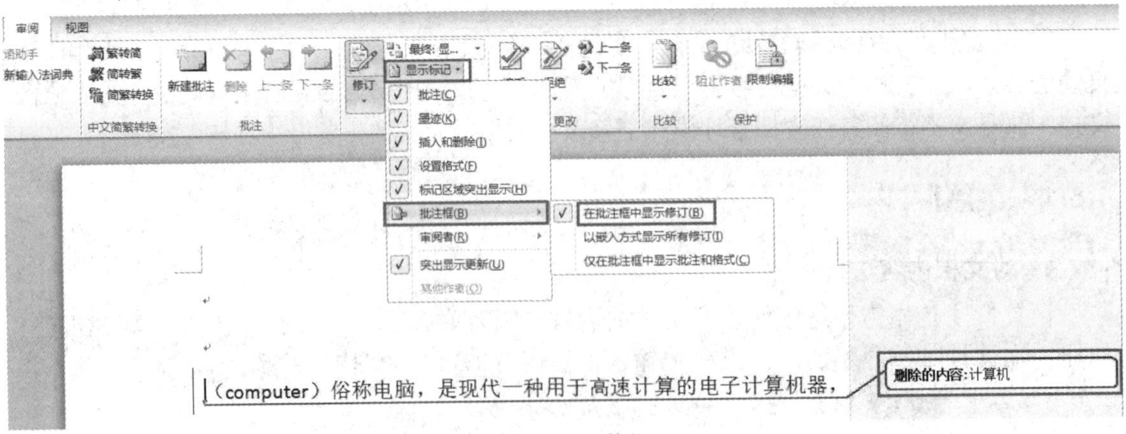

图 1-31　显示修订

3. 内嵌式显示修订

单击“审阅”功能区“显示标记”下拉列表中的“以嵌入方式显示所有修订”选项(如

图 1-32 所示)，修订的内容就会以嵌入的方式显示。

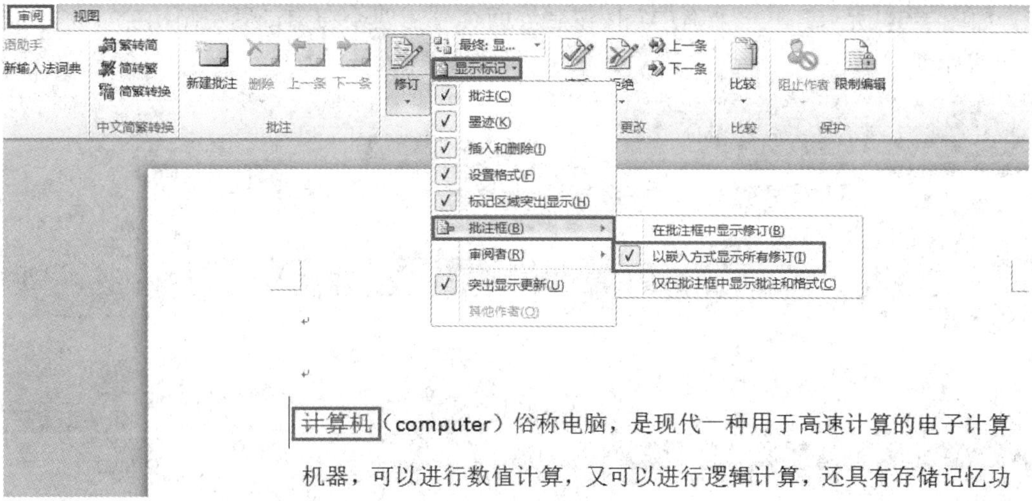

图 1-32　内嵌式显示修订

4. 审阅窗格

单击“审阅”功能区中“修订”组上的“审阅窗格”选项，在页面的左边将弹出审阅窗格，可以在窗口中看到修改的内容，如图 1-33 所示。还可以进一步使用“审阅”选项卡中“更改”组的相应功能，确定是否接受审阅者的修改。

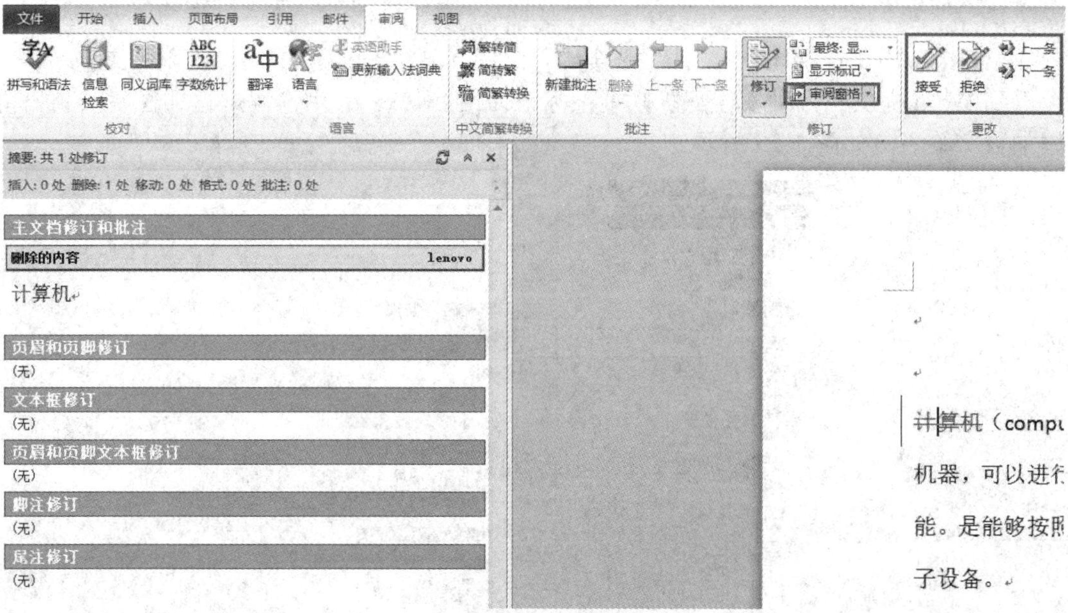

图 1-33　审阅窗格

1.5.3　快速比较文档

Word 中可以利用对比文档快速找出对源文档的修改痕迹。单击“审阅”功能区“比较”下拉按钮中的“比较”，会弹出“比较文档”对话框。在对话框的“原文档”中选中初始文档，“修订的文档”中选中修改后的文档，单击“更多”可以设置两个文档的比较范围，如图 1-34 所示。单击“确定”按钮后界面会分为四个窗口，最左侧的窗口将显示修订操作的详细说明。

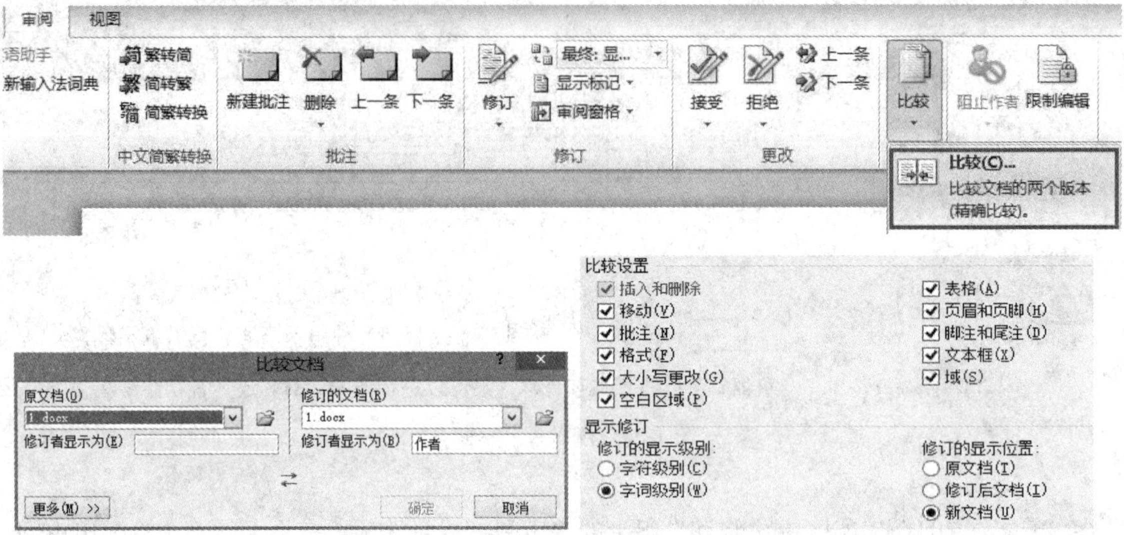

图 1-34　文档比较

1.5.4　文档保护

在 Word 2010 中，单击“文件”选项卡，之后单击“信息”中的“权限”下拉列表，可以看到 Word 提供的四种安全保护功能：标记为最终状态、 用密码进行加密、限制编辑和添加数字签名，如图 1-35 所示。

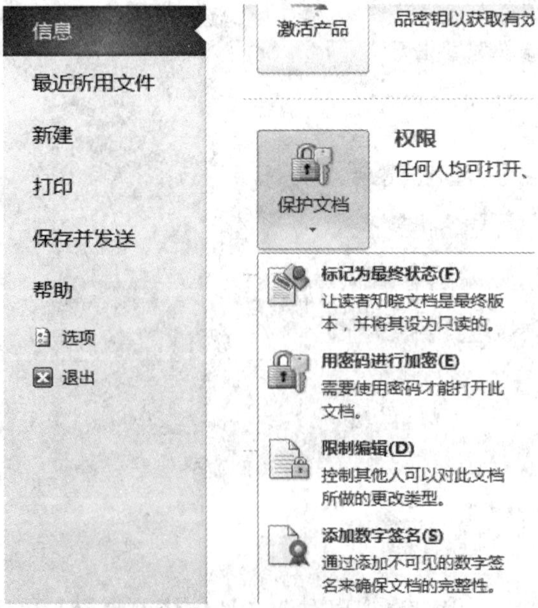

图 1-35　文档保护

1. 标记为最终状态

标记为最终状态可以将 Word 文档标记为只读模式。Office 在打开一个已经标记为最终状态的文档时将自动禁用所有的编辑功能，但标记为最终状态并不是一个完全可靠的功能，任何人都可以用相同的方式取消文档的最终状态。特别是在 Word 2010 中，打开标记为最终状态的文档时会在窗口顶部醒目地提示文档已经被标记为最终状态并仍然显示“编辑”按钮。因此，标记为最终状态只能避免用户不经意对文档进行修改的失误，并不适合保护重要的文档。

2. 用密码进行加密

用密码进行加密就是对 Office 文档设置密码保护。它是一个在 Office 早期版本中便已流行的保护功能，但密码保护功能最大的问题在于用户自己也容易忘记密码。一旦忘记密码，只能使用 Advanced Office Password Recovery 等第三方工具进行密码破解，有可能使文档受损。

3. 限制编辑

限制编辑功能提供了三个选项：格式设置限制、编辑限制和启动强制保护。单击下拉列表中的“限制编辑”按钮会弹出“限制格式和编辑”窗口，如图 1-36 所示。单击“格式设置限制”中的“设置”，可以限制文档中允许使用的样式。在“编辑限制”中可以选择允许在文档中进行编辑的类型，若选中“不允许任何更改(只读)”则代表当前文档只能读取，不能修改。单击“启动强制保护”中的“是，启动强制保护”按钮会弹出“启动强制保护”对话框，如图 1-37 所示。在该对话框中输入密码，单击“确定”按钮即可完成限制编辑设置。

若想要取消文档保护，则以同样的方式打开“限制格式和编辑”窗口(如图 1-38 所示)，单击窗口中的“停止保护”按钮，会弹出“取消保护文档”对话框，输入正确密码后即可取消文档保护。

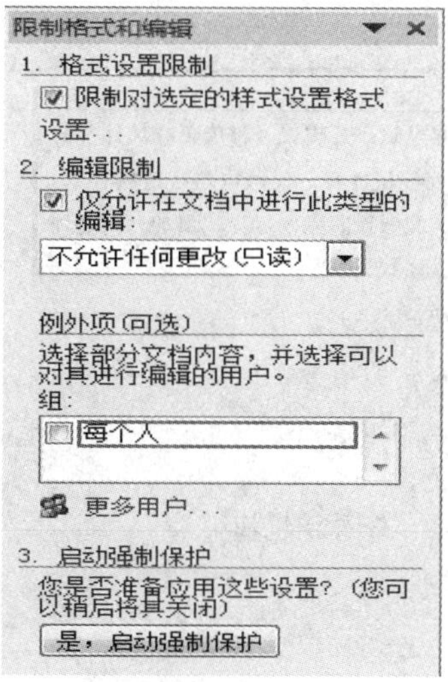

图 1-36　限制编辑

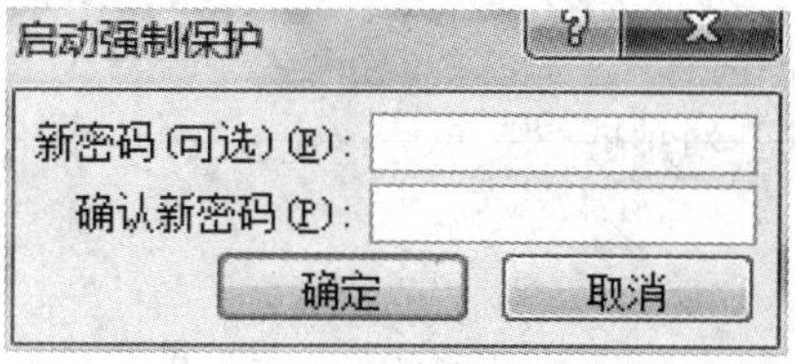

图 1-37　设置保护密码

图 1-38　“限制格式和编辑”窗口

4. 添加数字签名

添加数字签名也是一项流行的安全保护功能。数字签名以加密技术作为基础，可帮助减少商业交易及文档安全相关的风险。如需新建自己的数字签名，必须首先获取数字证书，这个证书将用于证明个人的身份，通常会从一个受信任的证书颁发机构(Certificate Authoritie，CA)获得。如果没有自己的数字证书，可以通过微软合作伙伴(Office Marketplace)处获取，或者直接在 Office 中插入签名行或图章签名行。

1.5.5 使用文档部件

文档部件的功能是将图片、段落或者页眉页脚格式等固定下来，存到文档部件里面，以后使用的时候可以把它们看作零件，能够随时使用。

制作成文档部件，首先要选中内容，然后单击“插入”选项卡“文档部件”下拉按钮中的“将所选内容保存到自动图文集”，会弹出“新建构建基块”对话框，如图 1-39、图 1-40 所示，在对话框中设置名称、库、类别等。单击“确定”按钮后可以在“文档部件”下拉按钮中看见新的基块，如图 1-41 所示，单击左键即可插入到文档中，单击右键则可以选择插入位置等更多选项。

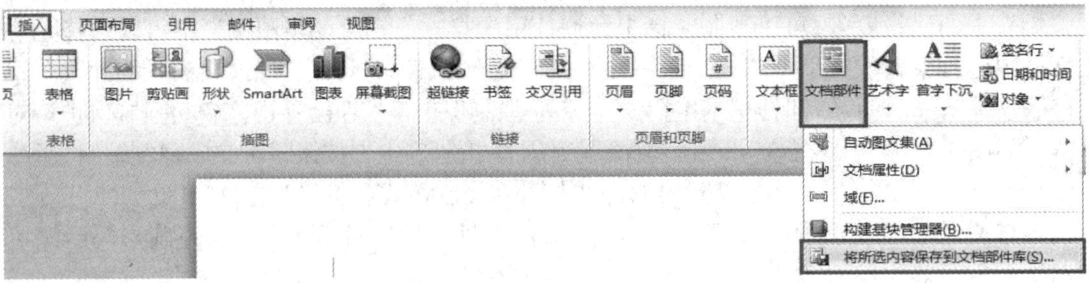

图 1-39　文档部件设置

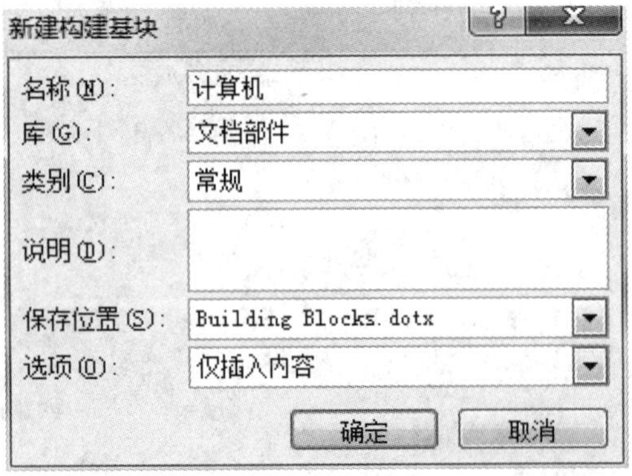

图 1-40　“新建构建基块”对话框

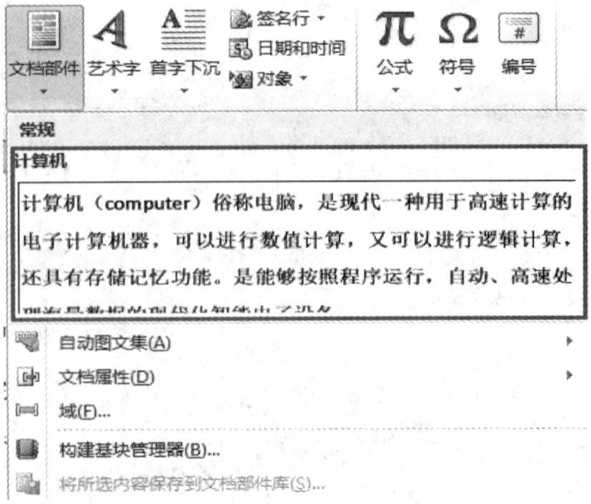

图 1-41　查看新建基块

1.5.6 拼写和语法检查

在 Word 文档中经常会遇到下方标有红色、蓝色波浪线或绿色下划线的单词或短语，这是由 Word 中提供的“拼写和语法”检查工具根据 Word 的内置字典标示出的可能含有拼写或语法错误的内容。其中，用红色或蓝色波浪线表示单词或短语含有拼写错误，用绿色下划线表示单词或短语含有语法错误(当然这种标识仅仅是一种修改建议)。

用户可以在 Word 2010 文档中使用“拼写和语法”检查工具检查 Word 文档中的拼写和语法错误，操作步骤如下：

(1) 打开 Word 2010 文档窗口，如果看到该 Word 文档中包含有红色、蓝色波浪线或绿色下划线，说明 Word 文档中的单词或短语存在拼写或语法错误。单击 “审阅”选项卡中的 “拼写和语法”按钮，弹出“拼写和语法”对话框。

(2) 保持“拼写和语法”对话框中“检查语法”复选框的选中状态。在错误提示文本框中将显示以红色、蓝色或绿色字体标示出的存在拼写或语法错误的单词或短语。核实标示出的单词或短语是否存在拼写或语法错误，如果确实存在错误，在“输入错误或特殊用法”文本框中进行更改并单击“更改”按钮即可。如果标示出的单词或短语没有错误，可以单击“忽略一次”或“全部忽略”按钮忽略关于此单词或词组的修改建议，也可以单击“词典”按钮将标示出的单词或词组加入到 Word 内置的词典中。

(3) 完成拼写和语法检查后，在“拼写和语法”对话框中单击“关闭”或“取消”按钮即可。

1.5.7 文档的属性

Word 文档属性信息主要包括文档摘要、文档关键词、文档作者等内容。用户可以在 Word 文档的任意位置(正文或页眉页脚)插入需要显示的文档属性信息，以方便读者对该文档形成更加直观的认识。在文档中插入文档属性信息的步骤如下：

(1) 打开 Word 2010 文档窗口，并将插入点光标定位到需要插入文档信息的位置。切换到“插入”功能区，在“文本”分组中单击“文档部件”按钮。在打开的“文档部件”菜单中指向“文档属性”选项，如图 1-42 所示。然后在打开的“文档属性”列表中选择需要的属性。

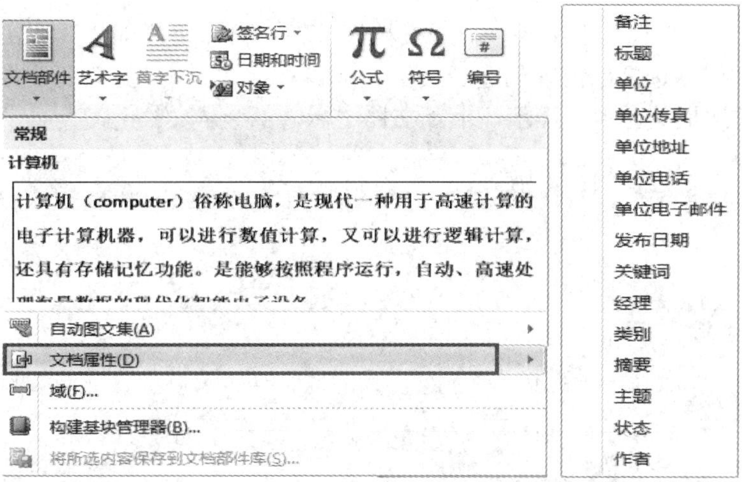

图 1-42　“文档属性”选项

(2) 返回文档窗口，编辑所插入的文档属性内容即可。

1.6 主控文档

在编辑一个长文档时，如果将所有的内容都放在一个文档中，会因为文档太大而占用很多的资源，导致计算机工作速度非常慢。如果将文档的各个部分分别作为独立的文档，又无法对整篇文章作统一处理，同时文档过多也容易导致文本杂乱的情况发生。

使用 Word 的主控文档是制作长文档最合适的方法。主控文档包含几个独立的子文档，可以用主控文档控制整篇文章或整本书，而把文章或书的各个部分作为主控文档的子文档。这样，在主控文档中可以把所有的子文档当作一个整体，对其进行查看、重新组织、创建目录、设置格式、校对和打印等操作。对于每一个子文档，又可以对其进行独立的操作。此外，还可以在网络地址上创建主控文档，与别人同时在各自的子文档上进行工作。

1.6.1 创建主控文档

主控文档是子文档的一个“容器”。每一个子文档都是独立存在于磁盘中的文档，它们可以在主控文档中打开，受主控文档控制，也可以单独打开。创建主控文档的步骤如下：

(1) 单击“文件”选项卡中的“新建”按钮，创建一个空文档。

(2) 单击“视图”选项卡中的“大纲视图”按钮，切换到大纲视图。此时“大纲”选项卡自动激活。

(3) 输入文档的大纲，并用内置的标题样式对各级标题进行格式化。

(4) 选定要拆分为子文档的标题和文本。注意选定内容的第一个标题级别必须是每个子文档开头要使用的标题级别。例如，所选内容中的第一个标题样式是“标题 2”，那么在选定的内容中所有具有“标题 2”样式的段落都将创建一个新的子文档。选定的方法是鼠标移到该标题前的空心十字符号，此时鼠标指针变成十字箭头，单击鼠标即可选定该标题包括的内容。

(5) 单击“大纲”选项卡中的“显示文档”按钮，再单击“创建”按钮，原文档将变为主控文档，并根据选定的内容创建子文档。可以看到，Word 把每个子文档放在一个虚线框中，并在虚线框的左上角显示一个子文档图标，每个子文档之间用分节符隔开，如图 1-43 所示。

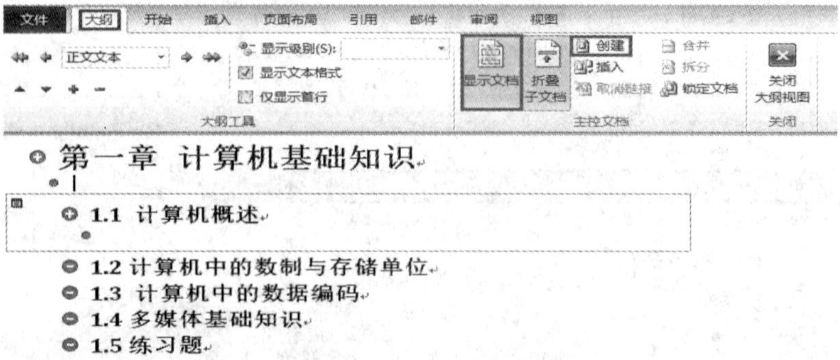

图 1-43　创建主控文档

(6) 把文件保存下来即可。Word 在保存主文档的同时，会自动保存创建的子文档，并以子文档的第一行文本作为文件名。

注意：如果文档中已经存在子文档，同时文档中的子文档处于折叠状态，那么“创建子文档”按钮会失效。要使它有效，首先需要单击“展开子文档”按钮。

1.6.2　插入子文档

在主控文档中，可以插入一个已有文档作为主控文档的子文档。这样，就可以用主控文档将以前已经编辑好的文档组织起来，还可以随时创建新的子文档，或将已存在的文档当作子文档添加进来。例如，作者的书稿是以一章作为一个文件来交稿的，编辑可以为全书创建一个主控文档，然后将各章的文件作为子文档分别插进去。操作方法如下：

(1) 打开主控文档，单击“视图” 选项卡中的“大纲视图”按钮切换到大纲视图。此时“大纲”选项卡自动激活。

(2) 如果子文档处于折叠状态，依次单击“大纲”选项卡中的“显示文档”按钮和“折叠子文档”按钮，以激活“插入”按钮，如图 1-44 所示。

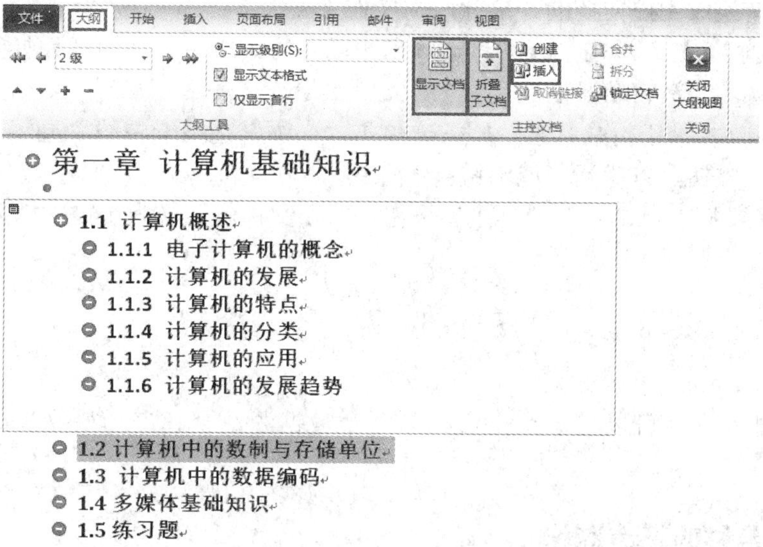

图 1-44　插入子文档

(3) 选定要插入子文档的标题和文本。操作方法与创建主控文档中的步骤(4)相同。

(4) 单击“大纲”选项卡中的“插入”子按钮，将弹出“插入子文档”对话框。

(5) 在“插入子文档”对话框中选中需要插入的子文档，然后单击“打开”按钮。

经上述操作后，选定的文档就作为子文档插入到主控文档中，用户可以像处理其他子文档一样处理该选定的文档。

1.6.3　重命名子文档

在创建子文档时，Word 会自动为子文档命名。此外，当把已有的文档作为子文档插入到主控文档中时，该子文档用的名字就是原来文档的名字。为了便于记忆管理，用户可以对子文档进行重命名，具体步骤如下：

(1) 打开主文档，并切换到主控文档显示状态。

(2) 展开折叠的子文档。

(3) 单击要重新命名的子文档的超级链接，打开该子文档，将该文档另存为一个新文档，选择目录后输入新文档的名称。关闭该子文档并返回主控文档，会发现在主控文档中原子文档的文件名已经发生改变，同时主控文档也可以保持对子文档的控制。

1.6.4 在主控文档中删除子文档

如果要在主控文档中删除某个子文档，则先选定要删除的子文档，即单击该子文档前面的图标，然后按 Delete 键即可。从主控文档中删除的子文档并没有从硬盘中删除，只是从主控文档中删除了这种主从关系，该子文档仍保存在原来的磁盘中。

1.6.5 将子文档转换为主控文档的一部分

主控文档创建或插入了子文档后，每个子文档都被保存在一个独立的文件中。如果想把某个子文档转换成主控文档的一部分，则操作步骤如下：

(1) 打开主控文档，单击“视图”选项卡中的“大纲视图”按钮，切换到大纲视图，此时“大纲”选项卡被自动激活。

(2) 如果子文档处于折叠状态，则依次单击“大纲”选项卡中的“显示文档”按钮和“折叠子文档”按钮，以激活“取消链接”按钮。

(3) 选中子文档，单击“取消链接”按钮，该子文档就转换为主控文档的一部分。

1.7 邮 件 合 并

Word 的邮件合并可以将一个主文档与一个数据源结合起来，最终生成一系列输出文档。

1.7.1 邮件合并的基本操作

利用“邮件合并分步向导”批量创建邮件的操作步骤如下：

(1) 打开“邮件”选项卡。

(2) 在“邮件”选项卡的“开始邮件合并”下拉框中，单击“邮件合并分步向导”命令，弹出“邮件合并”窗口，如图 1-45 所示。

(3) 在“邮件合并”窗口的“选择文档类型”选项区域中选择“电子邮件”，然后在底端选择“下一步：选取收件人”。

(4) 单击“浏览”，弹出“选取数据源”对话框，选择作为数据源的 Excel 工作表文件。然后单击“打开”按钮，弹出“选择表格”对话框。单击“确定”，出现“邮件合并接收人”确认窗口。再单击“确定”并回到 Word 文档页面，单击向导窗口中的“下一步：撰写电子邮件”。

图 1-45　邮件合并对话框

(5) 单击“邮件”选项卡中的“插入合并域”下拉按钮可以显示作为数据源的 Excel 工作表文件中的所有字段。

(6) 将合并域中的字段插入文档，单击向导窗口中的“下一步：预览电子邮件”，完成预览后单击“下一步：完成合并”。

(7) 单击上一步中“电子邮件”按钮，弹出“合并到电子邮件”对话框。单击“收件人”右侧的下拉箭头，选择“邮件地址”，在“主题行”中输入邮件标题，单击“确定”按钮完成邮件合并。可以在 Outlook 的“已发送邮件”中找到刚才发送的邮件。

1.7.2　邮件合并快速填表

根据邮件合并的基本操作，可以将合并域逐一填入表格的相应位置，例如利用已有报考信息制作单个考生的准考证，如图 1-46 所示。然后单击“邮件”选项卡中“完成合并”下拉列表的“编辑单个文档”选项，弹出“合并到新文档”对话框，如图 1-47 所示。选择对话框中的“全部”并单击“确定”，则可完成所有的填表任务。

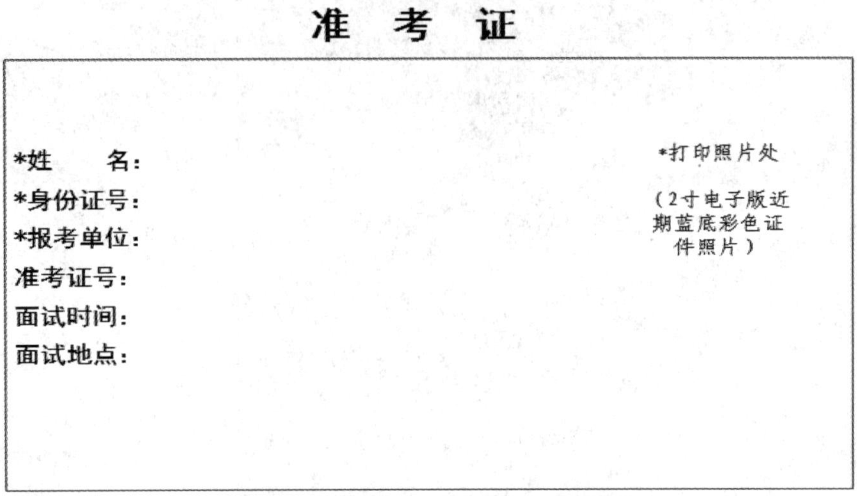
准　考　证

*姓　　名：
*身份证号：
*报考单位：
准考证号：
面试时间：
面试地点：

*打印照片处
（2寸电子版近期蓝底彩色证件照片）

图 1-46　准考证主文档

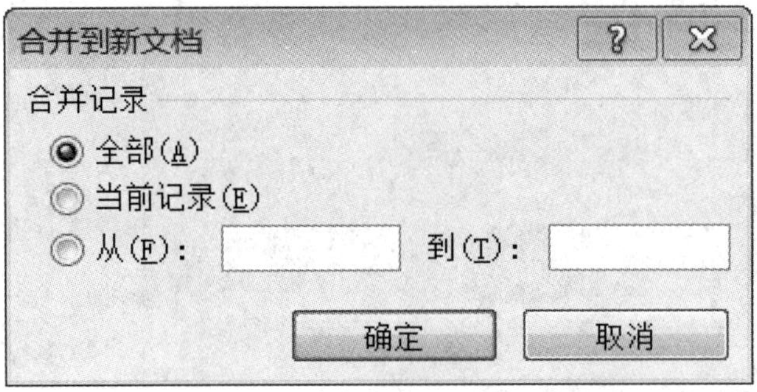

图 1-47　合并到新文档

课后习题一

一、操作题

在 Word 中利用公式编辑器编辑以下公式：

(1) $H=3R^2\int_0^n \sin^2\theta\cos^2\theta \mathrm{d}\theta$；　　(2) $\lim\limits_{n\to\infty}\dfrac{2n^2-2n+3}{3n^2+1}$；

(3) $\int\dfrac{\mathrm{d}x}{\sqrt{x^2\pm a^2}}=\ln\left|x+\sqrt{x^2\pm a^2}\right|+c$；　　(4) $I_2=\dfrac{x}{2a^2(x^2+a^2)}+\dfrac{1}{2a^3}\arctan\dfrac{x}{a}+c$。

二、选择题

(1) 编写电子教案时，需要调用公式编辑器。下面选项中，调用公式编辑器的正确操作为(　　)。

A．格式→字体→公式　　B．插入→引用→公式

C．工具→宏→公式　　D．插入→对象→公式

(2) 在 Word 文档中插入分节符或分页符可通过菜单(　　)来实现。

A．文件/页面　　B．格式/段落

C．格式/制表位　　D．插入/分隔符

(3) 有关分页功能，下面说法错误的是(　　)。

A．Word 文档除了自动分页，也可以人工分页

B．当文档满一页时系统会自动加一新页，并在文档中插入一个硬分页符

C．可以通过 Ctrl + Enter 组合键开始新的一页

D．在页面视图下，分页符是一条虚线

(4) 在 Word 排版中，不属于“分节符”类型的是(　　)。

A．下一页　　B．偶数页　　C．不连续　　D．奇数页

(5) 在 Word 2010 中，若删除分节符，可将插入点置于分节符处，然后按(　　)。

A．Esc 键　　B．Tab 键　　C．回车键　　D．Del 键

(6) Word 中的样式分为段落样式和(　　)。

A．文本样式　　B．标题样式　　C．字符样式　　D．篇页样式

(7) 在 Word 中，查看样式对话框中的样式列表时，可以选择的样式类型不包括(　　)。

A．正在使用的样式　　B．标准样式

C．所有样式　　D．用户定义的样式

(8) 关于 Word 中的样式，说法正确的有(　　)。

A．样式是文字格式和段落格式的集合，主要用于快速制作具有一定规范格式的段落

B．Word 为我们提供了一系列标准样式，但不能进行修改

C．只有自定义的样式才能进行修改

D．所有的样式都可以进行修改

(9) 在 Word 中建立索引，是通过标记索引项，在被索引内容旁插入域代码形式的索引项，随后再根据索引项所在的页码生成索引。与索引类似，以下目录不是通过标记引用项所在位置生成目录的是(　　)。

A．目录　　B．书目　　C．图表目录　　D．引文目录

(10) 标记索引项后，Word 将按照(　)来创建索引。

A．拼音或页码　　B．拼音或段落

C．拼音或笔画　　D．页码或笔画

(11) 在 Word 2010 中，自动目录相较手动目录的优点有(　　)。

A．自动更新页码　　B．自动更新内容

C．单击目录标题便可链接到相应位置　　D．以上都可以

(12) 在 Word 2010 中，要想生成目录，应使用(　　)功能区中的目录命令。

A．开始　　B．插入　　C．引用　　D．审阅

(13) 在 Word 中，编制目录的依据是文档中的(　　)。

A．段落　　B．章节　　C．各级标题　　D．项目

(14) 在 Word 中，下列关于目录和索引的叙述，不正确的是(　　)。

A．Word 中的图形或表格不能单独列一个目录

B．索引是文档中按字母顺序排列的术语表

C．在 Word 中可以对一个编辑或排版完成的稿件自动生成目录

D．建立索引可以方便阅读文档

(15) 关于 Word 修订说法错误的有(　　)。

A．在 Word 中可以突出显示修订

B．不同修订者的修订会用不同的颜色显示

C．所有修订都用同一种比较鲜明的颜色显示

D．在 Word 中可以针对某一修订选择是否接受修订

(16) 在 Word 中进行修订时提供的视图是(　　)。

A．显示标志的最终状态　　B．最终状态

C．显示标记的原始状态　　D．原始状态

(17) 在 Word 中，阅览批注只要(　　)批注处，即可看到显示的批注框。

A．单击　　B．将鼠标放至　　C．双击　　D．右击

(18) 在 Word 2010 中，可以通过(　　)功能区对所选内容添加批注。

A．插入　　B．页面布局　　C．引用　　D．审阅

(19) 在 Word 中，可以通过(　　)功能区对不同版本的文档进行比较。

A．页面布局　　B．引用　　C．审阅　　D．视图

(20) 在 Word 拼写和语法检查功能中，只能实现(　　)。

A．对英文或中文进行拼写和语法检查　　B．对英文进行拼写和语法检查

C．对中文进行拼写和语法检查　　D．对英文或中文进行拼写检查

(21) 在 Word 中，使用(　　)表示可能的语法错误。

A．绿色下划线　　B．红色下划线

C．绿色波浪线　　D．红色波浪线

(22) 下列关于 Word 2010 拼写和语法检查的叙述中，不正确的是(　　)。

A．红色波浪线表示拼写有误

B．绿色波浪线表示语法有误

C．可以对英文单词进行拼写与语法检查

D．波浪线会在打印时被打印出来

(23) 在 Word 中，修改作者信息等文档属性，可在(　　)选项卡的信息组中设置。

A．文件　　B．插入　　C．页面布局　　D．审阅

(24) 下列有关“主控文档”的说法错误的是(　　)。

A．创建后的子文档可以再被拆分

B．使用“主控文档”可以对长文档进行有效的组织和维护

C．使用“主控文档”必须一一打开才可打印多篇子文档

D．“子文档”必须在“主控文档”视图中创建

(25) Word 的邮件合并功能是指(　　)。

A．将两个邮件标签合并输出　　B．将多个文档依次连接在一起输出

C．将主文档与数据文档合并输出　　D．将多个文档合并成一个文档输出

(26) 在 Word 中开始邮件合并分步有(　　)步。

A．4　　　B．5　　　C．6　　　D．7

(27) 在 Word 中使用邮件合并之前，我们需要准备(　　)。

A．主文档　　　B．合并后的文件

C．数据源　　　D．电子邮件

三、简答题

(1) Word 中提供了哪些功能保护文档？

(2) 简述邮件合并的操作过程。

(3) 检索与目录存在哪些异同？

第 2 章　Excel 2010 高级应用

Microsoft Excel 是微软公司推出的全球使用最广泛的电子表格处理软件，可以进行各种数据的处理、统计分析和辅助决策，广泛地应用于管理、统计、财经、金融等众多领域。

本章主要针对已掌握 Excel 电子表格基础功能和基本操作的读者，从实际应用角度出发，对 Excel 2010 的图表、公式、函数、数据分析与处理等核心功能进行深入介绍，从而提升读者的 Excel 应用水平。

【主要内容】

(1) 数据的导入；
(2) 单元格的引用；
(3) 函数的运用；
(4) 数据的分析和处理；
(5) 数据的图表化；
(6) Excel 与其他 Office 程序的协作。

2.1 数据的导入

为方便共享其他形式的数据，Excel 提供了网页、文本文件、Word 表格和 Access 数据库等多种不同外部数据源导入数据的途径，提高了数据录入的效率。

2.1.1 导入网页数据

新建一个空白工作表，单击“数据”选项卡中“获取外部数据”组的“自网站”按钮，将弹出“新建 Web 查询”对话框，如图 2-1 所示。单击表格左上角的按钮，待其变成图标后，单击“导入”按钮，弹出“导入数据”对话框，如图 2-2 所示。设置要导入数据的单元格位置，单击“确定”按钮，即可将网页中的数据导入到 Excel 中。接下来可自行编辑导入的文字内容。

使用“新建 Web 查询”对话框中的功能还可辅助导入 Word 文档中的表格数据。可先将 Word 文档存储为网页文件，然后利用“新建 Web 查询”对话框中的“选项(O)...”功能导入网页数据，这里不再赘述。

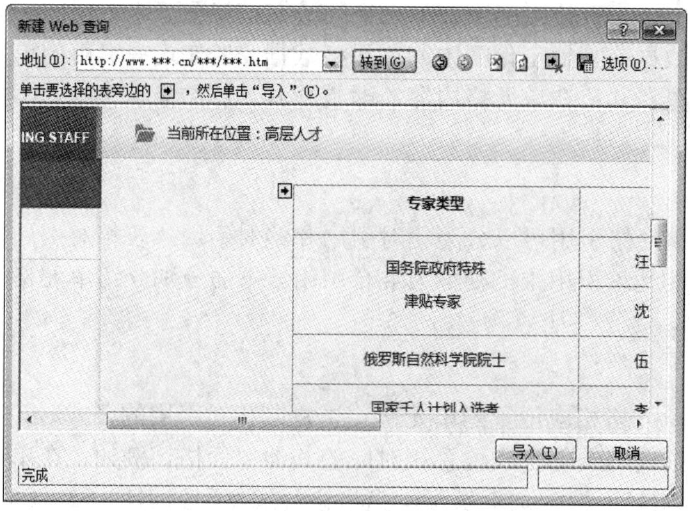

图 2-1　“新建 Web 查询”对话框

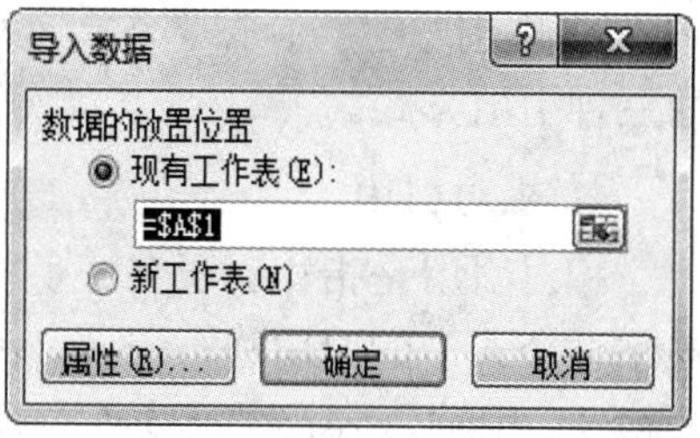

图 2-2　“导入数据”对话框

2.1.2　导入文本数据

多数情况下，外部数据可以保存为文本文件格式，文本文件中通常使用制表符或逗号分隔文本的每个字段。新建一个工作表，单击“数据”选项卡中“获取外部数据”组的“自文本”按钮，将弹出“导入文本文件”对话框，如图 2-3 所示。单击“导入”按钮，设置分隔符和数据格式后即可完成导入。

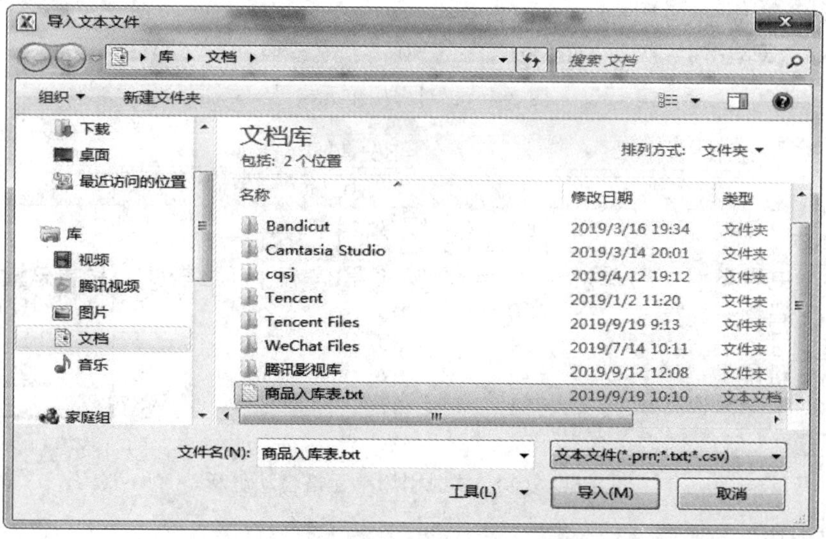

图 2-3　“导入文本文件”对话框

2.2　单元格引用

在 Excel 中，通过单元格和单元格区域的引用，不但可以在一个公式中使用工作表中不同单元格的数据，而且可以在多个公式中使用同一个单元格的数据，甚至可以引用同一个工作簿中不同工作表中的单元格数据或其他工作簿中的单元格数据。当公式中引用的单元格数值发生变化时，公式会自动更新其所在单元格内容，即更新其计算结果。

2.2.1　认识单元格引用

根据单元格计算方式的不同，单元格引用可以分为相对引用和绝对引用。若相对引用与绝对引用同时存在于一个单元格的地址引用中，则称为混合引用。下面分别介绍单元格的三种引用方式。

1. 相对引用

相对引用是指相对于公式所在单元格相应位置的单元格。当复制相对引用的公式时，被粘贴公式中的引用将被更新，并指向与当前公式位置相对应的其他单元格。例如，在单元格 F3 中输入公式“=B3+C3+D3+E3”，如图 2-4 所示。当将该公式复制到 F4、F5、F6 单元格中，公式中引用的单元格地址会发生相应的变化，如图 2-5 所示。默认情况下，在 Excel 中使用相对引用来引用单元格。

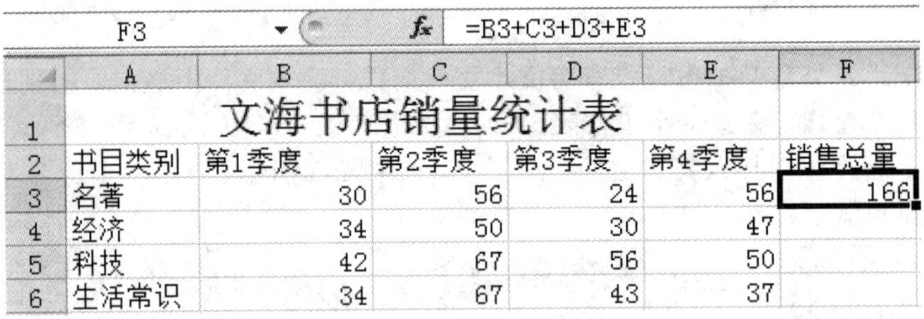
F3　fx　=B3+C3+D3+E3

	A	B	C	D	E	F
1	文海书店销量统计表					
2	书目类别	第1季度	第2季度	第3季度	第4季度	销售总量
3	名著	30	56	24	56	166
4	经济	34	50	30	47	
5	科技	42	67	56	50	
6	生活常识	34	67	43	37	

图 2-4　相对引用单元格

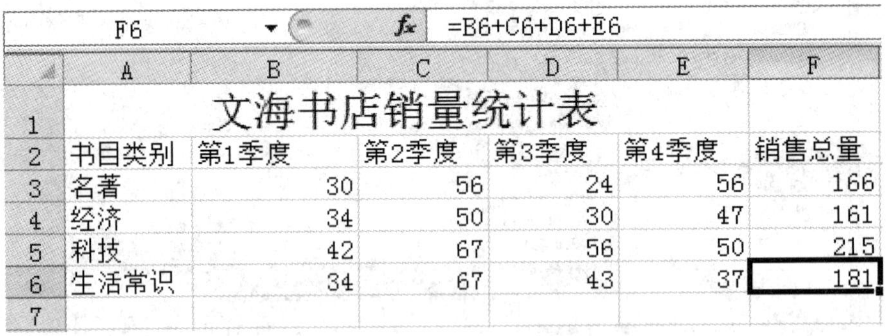
F6　fx　=B6+C6+D6+E6

	A	B	C	D	E	F
1	文海书店销量统计表					
2	书目类别	第1季度	第2季度	第3季度	第4季度	销售总量
3	名著	30	56	24	56	166
4	经济	34	50	30	47	161
5	科技	42	67	56	50	215
6	生活常识	34	67	43	37	181
7						

图 2-5　复制公式时引用单元格自动更新

2. 绝对引用

绝对引用是指工作表中固定位置的单元格。它的位置与包含公式的单元格的位置无关，当复制或移动公式到新位置后，公式中引用的单元格地址保持不变，其引用形式为在列标和行号前都加上“$”符号。例如，在单元格 F3 中输入公式“=$B$3+$C$3+$D$3+$E$3”，如图 2-6 所示。当该公式复制到 F4、F5、F6 单元格中，公式中引用的单元格地址不会发生任何变化，它总是引用特定的单元格 B3、C3、D3、E3，如图 2-7 所示。

F3　=$B$3+$C$3+$D$3+$E$3

	A	B	C	D	E	F
1	文海书店销量统计表					
2	书目类别	第1季度	第2季度	第3季度	第4季度	销售总量
3	名著	30	56	24	56	166
4	经济	34	50	30	47	
5	科技	42	67	56	50	
6	生活常识	34	67	43	37	

图 2-6　绝对引用单元格

F6　=$B$3+$C$3+$D$3+$E$3

	A	B	C	D	E	F
1	文海书店销量统计表					
2	书目类别	第1季度	第2季度	第3季度	第4季度	销售总量
3	名著	30	56	24	56	166
4	经济	34	50	30	47	166
5	科技	42	67	56	50	166
6	生活常识	34	67	43	37	166

图 2-7　复制公式时引用单元格不改变

3. 混合引用

例如，在单元格 G3 中输入公式“=F3/F$7”，如图 2-8 所示。当将该公式复制到 G4、G5、G6 单元格中时，可看到混合引用后的结果，如图 2-9 所示。

G3　=F3/F$7

	A	B	C	D	E	F	G
1	文海书店销量统计表						
2	书目类别	第1季度	第2季度	第3季度	第4季度	销售总量	销量百分比
3	名著	30	56	24	56	166	22.96%
4	经济	34	50	30	47	161	
5	科技	42	67	56	50	215	
6	生活常识	34	67	43	37	181	
7					年度总销量	723	

图 2-8　混合引用单元格

G6　=F6/F$7

	A	B	C	D	E	F	G
1	文海书店销量统计表						
2	书目类别	第1季度	第2季度	第3季度	第4季度	销售总量	销量百分比
3	名著	30	56	24	56	166	22.96%
4	经济	34	50	30	47	161	22.27%
5	科技	42	67	56	50	215	29.74%
6	生活常识	34	67	43	37	181	25.03%
7					年度总销量	723	

图 2-9　混合引用后的结果

2.2.2　引用不同工作表中的单元格

在同一工作簿的不同工作表中引用单元格数据，可分为以下两种情况。

1. 在同一工作簿的另一张工作表中引用单元格数据

一般格式为“工作表名!单元格地址”。工作表名后的“!”符号是系统自动添加的。若要在 Sheet1 工作表中计算出 C2 单元格的数值，需要用该工作表的 B2 单元格的数据乘以 Sheet2 工作表中的 B2 单元格的数据。这时，在 Sheet1 工作表的 C2 单元格中输入公式“=B2*Sheet2!B2”，单击 Enter 键确认，如图 2-10 所示。

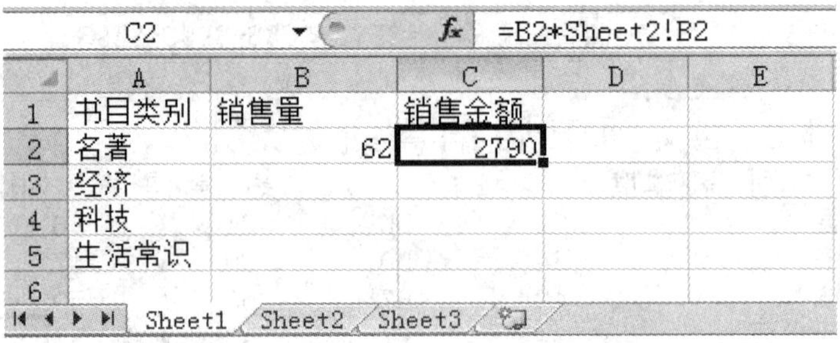

图 2-10　引用另一张工作表中的数据

2. 在同一工作簿的多张工作表中引用单元格数据

一般格式为“工作表名：工作表名! 单元格地址”。例如，在 Sheet3 工作表的 C3 单元格中引用 Sheet1 和 Sheet2 工作表中 C3 单元格的数值进行求和，如图 2-11 所示。

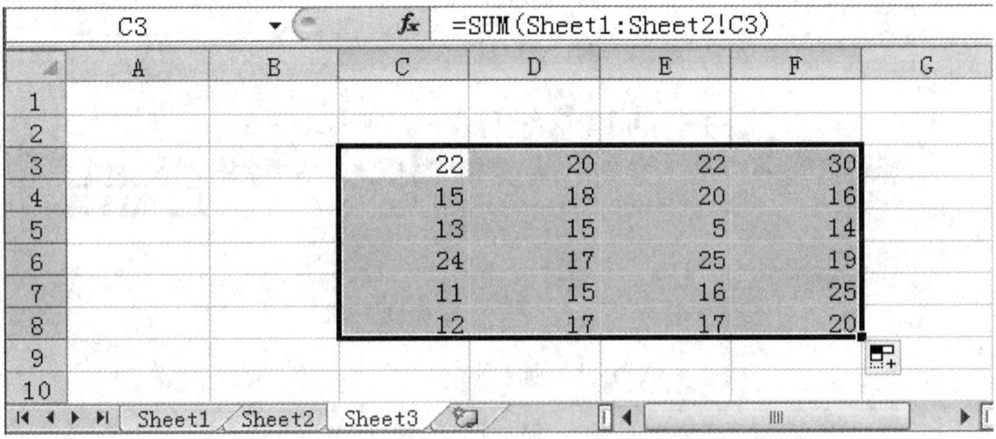

图 2-11　引用多张工作表中的数据

2.2.3　引用不同工作簿中的单元格

除了引用同一工作簿中工作表的单元格外，还可以引用其他工作簿中的单元格，其引用格式为：“='工作簿存储地址[工作簿名称]工作表名称'! 单元格地址”。例如，在当前工作簿 Sheet1 工作表的 A2 单元格中输入“='E:\Excel2010\[商品入库表.xlsx]Sheet1'!B2*3”，如图 2-12 所示。它表示在当前工作簿 Sheet1 工作表的 A2 单元格中引用另一工作簿(存储在 E 盘根目录下的 Excel 2010 文件夹中)中 Sheet1 工作表的 B2 单元格的数据，再乘以 3。

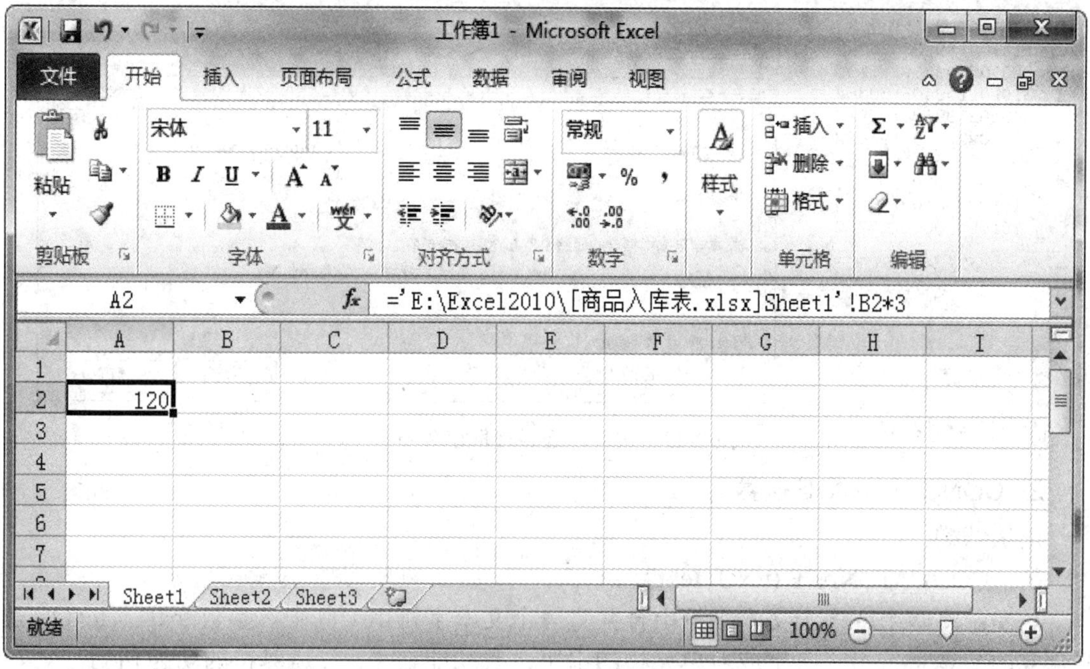

图 2-12　引用不同工作簿中的单元格

2.3　函数的运用

函数是 Excel 预定义的特殊公式。它通过使用参数的特定数值来按特定的顺序和结构执行计算。因此，使用函数可以简化公式的使用方法，方便用户进行复杂的计算。

2.3.1　文本函数

文本函数是处理字符串文本的一系列函数。接下来将介绍文本函数中的提取文字函数和 CONCATENATE 函数。

1. 提取文字函数

语法结构：

MID(text, start_num, num_chars)

功能：返回文本字符串中从指定位置开始的特定数目的字符。其中，text 是要提取的字符串，start_num 是要提取的字符串中第一个字符的位置，num_chars 是要提取的字符串长度。

例如，某办公人员需要根据会员办理会员卡时提供的身份证号码来查找会员的生日。身份证号码第 7 到 14 位数字为出生日期，可用 MID 函数返回出生日期，如图 2-13 所示。

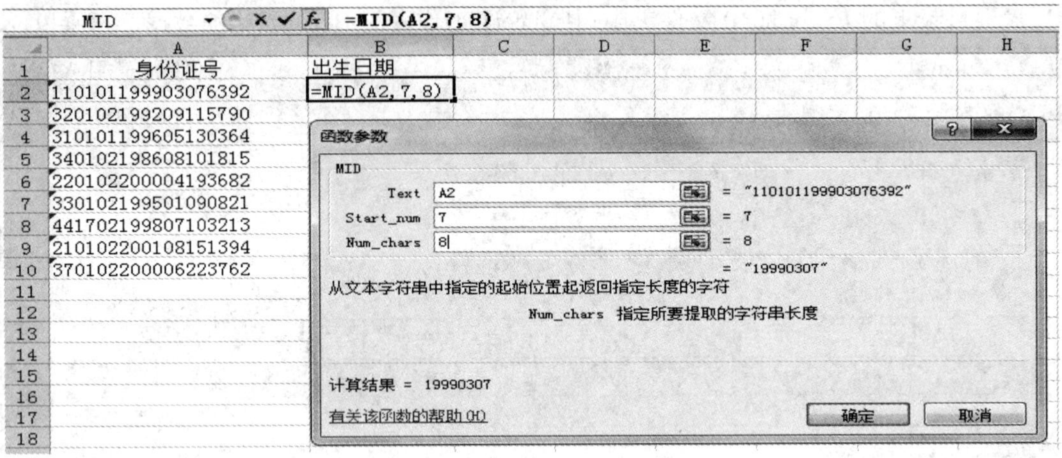

图 2-13　按身份证号提取出生日期

2. CONCATENATE 函数

语法结构：

CONCATENATE (text1, text2, ...)

功能：将两个或多个文本字符串合并为一个文本字符串。其中，参数 text1、text2...是要合并的文本字符串、数字或对单元格的引用，其功能与“&”运算符的功能相同。

例如，要合并某公司业务员对应的销售额，应用示例如图 2-14 所示。

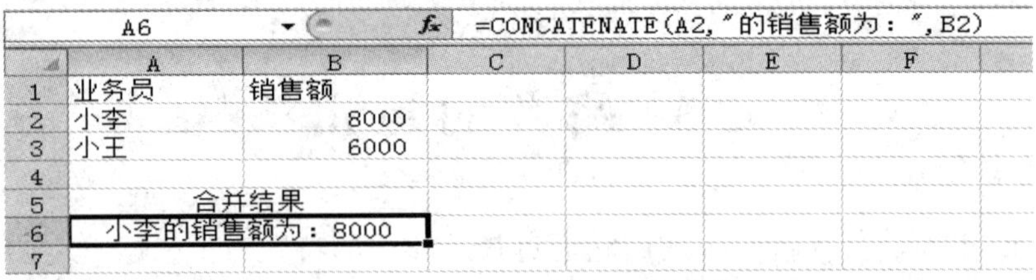

图 2-14　CONCATENATE 函数示例

2.3.2　查找函数

查找函数不仅可以按指定要求查找当前工作表或其他工作表中的数据，还可以查找指定单元格区域中数值的位置，以及链接不同工作表或本地硬盘中的文件。查找函数在很大程度上帮助了用户缩短数据的采集与计算程序，提高数据的输入与计算速度。

1. 基本查找函数 LOOKUP

在 Excel 中，LOOKUP 函数有两种形式，一种为向量形式，另一种为数组形式。

1) 向量形式

语法结构：

LOOKUP(lookup_value, lookup_vector, [result_vector])

功能：向量形式的 LOOKUP 函数是在一行或一列中查找值，返回另一行或另一列对应位置的值。

其中，参数 lookup_value 表示要搜索的值，lookup_value 可以是数字、文本、逻辑值、名称或对值的引用。参数 lookup_vector 表示要搜索的值所在的区域。lookup_vector 中的值可以是文本、数字或逻辑值。lookup_vector 中的值必须以升序排列，如…，–2，–1，0，1，2，…，A～Z，FALSE，TRUE。否则，LOOKUP 可能无法返回正确的值。其中，大写文本和小写文本是等同的。参数 result_vector 表示返回值所在的区域，其大小必须与 lookup_vector 相同。应用示例如图 2-15 所示。

C22　　fx　=LOOKUP(C21,A3:A18,B3:B18)

	A	B	C	D	E	F	G
1	某公司应聘成绩表						
2	编号	姓名	专业知识	沟通能力	职业素养	综合成绩	
3	Z001	童安年	85	50	80	215	
4	Z002	付蕾	80	60	63	203	
5	Z003	李思齐	75	60	91	226	
6	Z004	盛棠	68	90	75	233	
7	Z005	叶知秋	80	75	80	235	
8	Z006	彭绘心	50	90	75	215	
9	Z007	吴声远	65	70	75	210	
10	Z008	王径通	55	67	84	206	
11	Z009	黄承砚	70	85	80	235	
12	Z010	曲天歌	30	70	91	191	
13	Z011	何谓	90	80	78	248	
14	Z012	谷名禾	45	90	84	219	
15	Z013	姜择一	75	65	70	210	
16	Z014	温如言	86	50	68	204	
17	Z015	宋君好	90	76	74	240	
18	Z016	刘天阔	87	78	72	237	
19							
20	查询						
21	请输入编号：		Z005				
22	姓名		叶知秋				
23	综合成绩		235				

图 2-15　LOOKUP 函数向量形式应用示例

2) 数组形式

语法结构：

LOOKUP(lookup_value, array)

功能：数组形式的 LOOKUP 函数是在数组的第一行或第一列查找指定值，并返回数组最后一行或最后一列中对应位置的值。

其中，参数 lookup_value 表示在数组中搜索的值(需先对搜索域按照升序排序)，其形式可以是数字、文本、逻辑值、名称或对值的引用。参数 array 表示要与 lookup_value 进行比较的文本、数字或逻辑值的单元格区域。应用示例如图 2-16 所示。

C22　　fx　=LOOKUP(C21,A3:B18)

	A	B	C	D	E	F	G
1	某公司应聘成绩表						
2	编号	姓名	专业知识	沟通能力	职业素养	综合成绩	
3	Z001	童安年	85	50	80	215	
4	Z002	付蕾	80	60	63	203	
5	Z003	李思齐	75	60	91	226	
6	Z004	盛棠	68	90	75	233	
7	Z005	叶知秋	80	75	80	235	
8	Z006	彭绘心	50	90	75	215	
9	Z007	吴声远	65	70	75	210	
10	Z008	王径通	55	67	84	206	
11	Z009	黄承砚	70	85	80	235	
12	Z010	曲天歌	30	70	91	191	
13	Z011	何谓	90	80	78	248	
14	Z012	谷名禾	45	90	84	219	
15	Z013	姜择一	75	65	70	210	
16	Z014	温如言	86	50	68	204	
17	Z015	宋君好	90	76	74	240	
18	Z016	刘天阔	87	78	72	237	
19							
20	查询						
21	请输入编号：		Z005				
22	姓名		叶知秋				
23	综合成绩		235				

图 2-16　LOOKUP 函数数组形式应用示例

2. 查找首行数值函数 HLOOKUP

语法结构：

HLOOKUP(lookup_value, table_array, row_index_num, range_lookup)

功能：在表格或数值数组的首行查找指定的数值，并在指定行的同一列中返回一个数值。

其中，参数 lookup_value 表示需要在数据表第一行中进行查找的数值，该参数可以为数值、引用或文本字符串。参数 table_array 表示需要在其中查找数据的数据表。参数 row_index_num 表示 table_array 中待返回的匹配值的行序号。参数 range_lookup 为逻辑值，指定 HLOOKUP 查找的是精确的匹配值还是近似的匹配值。若为 FALSE 则表示精确匹配，若为 TRUE 或缺省则表示在找不到精确匹配值的情况下，返回小于 lookup_value 的最大数值，即近似匹配。

例如，某公司员工的基本工资和岗位工资与其职称挂钩，由于右侧框线中的数据呈横向排列，用 HLOOKUP 函数可快速完成各员工基本工资和岗位工资的输入，如图 2-17 所示。

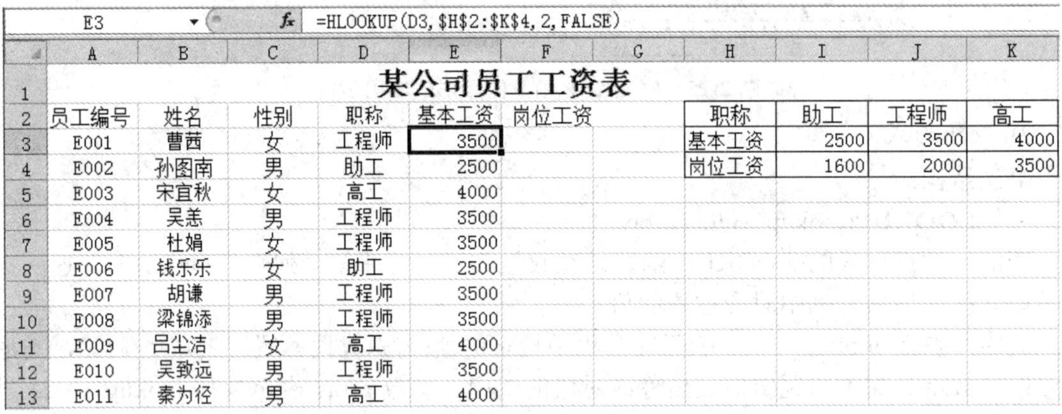

E3　=HLOOKUP(D3,$H$2:$K$4,2,FALSE)

	A	B	C	D	E	F	G	H	I	J	K
1	某公司员工工资表										
2	员工编号	姓名	性别	职称	基本工资	岗位工资		职称	助工	工程师	高工
3	E001	曹茜	女	工程师	3500			基本工资	2500	3500	4000
4	E002	孙图南	男	助工	2500			岗位工资	1600	2000	3500
5	E003	宋宜秋	女	高工	4000						
6	E004	吴羕	男	工程师	3500						
7	E005	杜娟	女	工程师	3500						
8	E006	钱乐乐	女	助工	2500						
9	E007	胡谦	男	工程师	3500						
10	E008	梁锦添	男	工程师	3500						
11	E009	吕尘洁	女	高工	4000						
12	E010	吴致远	男	工程师	3500						
13	E011	秦为径	男	高工	4000						

图 2-17　HLOOKUP 函数应用示例

3. 查找首列数值函数 VLOOKUP

语法结构：

VLOOKUP(lookup_value, table_array, col_index_num, range_lookup)

功能：在表格或单元格区域的首列查找指定的值，并返回区域中当前行中的任意值。

其中，参数 lookup_value 表示需要在表格第一列中查找的数值，该参数为数值或引用。参数 table_array 为两列或多列数据，指需要在其中搜索数据的信息表，可以是对区域或区域名称的引用。参数 table_array 为两列或多列数据，使用对区域或区域名称的引用。table_array 第一列中的值是由 lookup_value 搜索的值，这些值可以是文本、数字或逻辑值。参数 col_index_num 为 table_array 中待返回的匹配值的列序号。参数 range_lookup 的含义及功能与 HLOOKUP 函数中的参数 range_lookup 相同。

例如，某公司员工的基本工资和岗位工资与其职称挂钩，由于右侧框线中的数据呈纵向排列，用 VLOOKUP 函数可快速完成各员工基本工资和岗位工资的输入，如图 2-18 所示。

E3　　=VLOOKUP(D3,$H$2:$J$5,2,FALSE)

	A	B	C	D	E	F	G	H	I	J
1	某公司员工工资表									
2	员工编号	姓名	性别	职称	基本工资	岗位工资		职称	基本工资	岗位工资
3	E001	曹茜	女	工程师	3500			助工	2500	1600
4	E002	孙图南	男	助工	2500			工程师	3500	2000
5	E003	宋宜秋	女	高工	4000			高工	4000	3500
6	E004	吴恙	男	工程师	3500					
7	E005	杜娟	女	工程师	3500					
8	E006	钱乐乐	女	助工	2500					
9	E007	胡谦	男	工程师	3500					
10	E008	梁锦添	男	工程师	3500					
11	E009	吕尘洁	女	高工	4000					
12	E010	吴致远	男	工程师	3500					
13	E011	秦为径	男	高工	4000					

图 2-18　VLOOKUP 函数应用示例

2.3.3　排名函数

1. RANK.AVG 函数

语法结构：

RANK.AVG(number, ref, [order])

功能：返回一个数字在数字列表中的排位，如果多个值相同，则返回平均值排位。

其中，参数 number 表示要查找其排位的数字。参数 ref 表示数字列表数组或对数字列表的引用。参数 order 取值 0 或缺省时表示降序排名，不为 0 时表示升序排名。

2. RANK.EQ 函数

语法结构：

RANK.EQ(number, ref, [order])

功能：返回一个数字在数字列表中的排位，如果多个值相同，则返回该数值的最佳排名。

各参数的含义与 RANK.AVG 函数中各参数含义相同。

例如，现对某公司职工的应发工资进行排名，F 列为采用函数 RANK.AVG 所得到的结果，G 列为采用函数 RANK.EQ 所得到的结果，结果对比如图 2-19 所示。

F3　　=RANK.AVG(E3,$E$3:$E$19,0)

	A	B	C	D	E	F	G
1	某公司员工工资表						
2	员工编号	姓名	性别	职称	应发工资	RANK.AVG排名	RANK.EQ排名
3	E001	曹茜	女	工程师	8300	9.5	9
4	E002	孙图南	男	助工	6200	17	17
5	E003	宋宜秋	女	高工	8700	6.5	6
6	E004	吴恙	男	工程师	9300	3	3
7	E005	杜娟	女	工程师	7580	14	14
8	E006	钱乐乐	女	助工	6550	15	15
9	E007	胡谦	男	工程师	8140	11	11
10	E008	梁锦添	男	工程师	8700	6.5	6
11	E009	吕尘洁	女	高工	9730	1	1
12	E010	吴致远	男	工程师	9460	2	2
13	E011	秦为径	男	高工	8680	8	8
14	E012	谢知非	女	高工	8960	5	5
15	E013	黄河清	男	工程师	8060	12	12
16	E014	莫霜	女	工程师	8300	9.5	9
17	E015	安妮	女	助工	6500	16	16
18	E016	季青临	男	高工	9060	4	4
19	E017	狄直	男	工程师	7740	13	13

图 2-19　采用 RANK.AVG 函数和 RANK.EQ 函数排名的对比结果

2.3.4　日期与时间函数

1. 推算间隔日期函数 WORKDAY

语法结构：

WORKDAY(start_date, days, [holidays])

功能：返回在某日期(起始日期)之前或之后，与该日期相隔指定工作日的某一日期的日期值。

其中，参数 start_date 表示起始日期。参数 days 表示 start_date 之前或之后不含周末及节假日的天数。days 为正值将生成未来日期，为负值将生成过去日期。参数 holidays 为一个可选参数，表示需要从工作日历中排除的一个或多个日期，如各国家或地区的法定假日等。例如，2020 年的 5 月 1 日为法定节假日，可通过 WORKDAY 函数推算出 2020 年 4 月 29 日之后第五个工作日的日期，如图 2-20 所示。

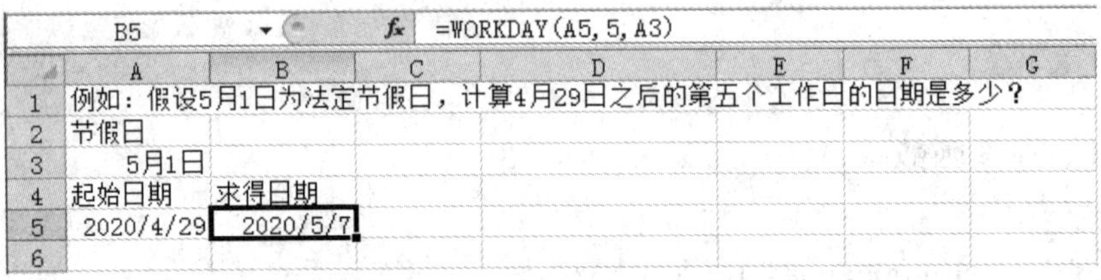

图 2-20　WORKDAY 函数示例

2. 返回小时数、分钟数、秒数函数 HOUR、MINUTE、SECOND

(1) 返回小时数函数 HOUR。

语法结构：

HOUR(serial_number)

功能：返回时间值的小时数。

(2) 返回分钟数函数 MINUTE。

语法结构：

MINUTE(serial_number)

功能：返回时间值中的分钟数，返回的分钟数为一个 0～59 之间的整数。

(3) 返回秒数函数 SECOND。

语法结构：

SECOND(serial_number)

功能：返回时间值的秒数，返回的秒数为一个 0～59 之间的整数。

3. 返回天数函数 DAY

语法结构：

DAY(serial_number)

功能：返回某日期对应的天数，返回的天数为一个 1～31 之间的整数。

【例题 2-1】 某停车场按每小时 5 元的标准收取费用。停车时间在 15 分钟以内不收费；超过 15 分钟且小于 30 分钟按半小时计；超过 30 分钟，则按 1 小时计。请完成表中“累计时间”各列及“应收费用”的填写。

【操作要点】

① 选择 D4 单元格输入公式“=MINUTE(C4-B4)”，求得停车分钟数。在 E4 单元格中输入公式“=HOUR(C4-B4)”，F4 单元格中输入公式“=DAY(C4-B4)”，分别求得停车小时数和天数。

② 选择 G4 单元格，输入公式“=IF(D4<15, 0, IF(D4<30, 0.5, 1))+E4+F4*24”，求出累计小时数。

③ 选择 H4 单元格，输入公式“=G4*5”，确认后填充至最后一条记录，结果如图 2-21 所示。

H4 =G4*5

	A	B	C	D	E	F	G	H
1	停车场收费表							
2	车牌号	停车时间	离开时间	累计时间				应收费用（元）
3				分钟	小时	天数	累计小时数	
4	浙A12**6	2020/2/8 9:30:34	2020/2/8 10:36:17	5	1	0	1	5
5	湘A62*7	2020/2/8 9:32:14	2020/2/8 11:18:04	45	1	0	2	10
6	浙D1B*8	2020/2/8 11:32:44	2020/2/8 11:46:07	13	0	0	0	0
7	湘D012**9	2020/2/8 12:35:09	2020/2/8 13:49:19	14	1	0	1	5
8	浙B32**3	2020/2/8 13:39:34	2020/2/9 15:36:17	56	1	1	26	130
9	沪A22**1	2020/2/8 15:32:24	2020/2/8 15:46:26	14	0	0	0	0
10	苏A8E**1	2020/2/8 15:45:34	2020/2/8 19:36:57	51	3	0	4	20
11	浙A12*1	2020/2/8 16:02:37	2020/2/9 17:36:09	33	1	1	26	130
12	苏E52**0	2020/2/8 16:22:30	2020/2/8 18:39:33	17	2	0	2.5	12.5
13	浙E12**	2020/2/8 16:05:54	2020/2/9 10:06:41	0	18	0	18	90
14	京E62**2	2020/2/8 17:32:04	2020/2/8 20:06:41	34	2	0	3	15
15	浙E57**c	2020/2/8 17:35:18	2020/2/9 11:45:18	10	18	0	18	90

图 2-21 时间函数应用示例

2.3.5 财务函数

财务数据的处理是 Excel 的日常功能之一，Excel 提供了功能强大的财务函数，涉及本金和利息的核算、资产折旧、投资收益测算等与生活、工作密切相关的数据处理项目。

1. 计算每期支付额函数 PMT

语法结构：

PMT(rate, nper, pv, fv, type)

功能：基于固定利率及等额分期付款方式，返回贷款的每期付款额。

其中，参数 rate 表示贷款利率。参数 nper 表示该项贷款的付款总期数。参数 pv 为现值或一系列未来付款的当前值的累积和，也称为本金。参数 fv 为未来值或在最后一次付款后希望得到的现金余额。如果省略 fv，则假设其值为零，即一笔贷款的未来值为零。参数 type 的值为 0 或 1，用来指定各期的付款时间是在期初还是期末。

例如，小张购买某小区住房一套，总价 180 万元，首付 80 万元，剩余 100 万元向银行贷款。已知贷款利率为 6.05%，贷款期限为 20 年，在等额分期、期初还款的前提下，小张每年应还款多少？计算结果如图 2-22 所示。

E2 =PMT(B4, B5, B3, 0, 1)

	A	B	C	D	E	F
1	房子总价	¥1,800,000		若采用等额分期、期初还款的方式，则:		
2	首付	¥800,000		年还款额:	¥-82,544.81	
3	贷款	¥1,000,000				
4	贷款利率	6.05%				
5	贷款年限	20				

图 2-22 PMT 函数应用示例

若计算的是月还款额，则应将年利率转化为月利率，即 6.05%/12，同时贷款期限应转换成以月为单位，即 20*12。

2. 投资预算函数 PV

语法结构：

PV(rate, nper, pmt, fv, type)

功能：返回某项投资的一系列将来偿还额的当前总值，即计算定期内支付的贷款或储蓄的现值。

其中，参数 rate 为各期利率。参数 nper 为总投资期，即该项投资的付款期总数。参数 pmt 为各期所应支付的金额，其数值在整个偿还期间保持不变。通常，pmt 包括本金和利息，但不包括其他费用。参数 fv 为未来值，或在最后一次支付后希望得到的现金余额。如果忽略 pmt，则必须包含 fv 参数。如果忽略 fv，则必须包含 pmt 参数。参数 type 取值为 0 或 1，用来指定各期的付款时间是在期初还是期末。

如果购买成本大于投资额，则此投资不能为投资者带来盈利。此函数适用于判断投资的可行性。例如，某公司想为员工购买一款保险，每人需要 10 万元，投资回报率为 5%，购买该保险产品后，可以在今后的 15 年内每月领取 900 元。面对该产品是否值得购买的问题，PV 函数可提供决策依据，如图 2-23 所示。

B3　　fx　=PV(B2/12,D2*12,C2,0,0)

	A	B	C	D	E
1	购买成本	年利率	每月回报额	回报年限	
2	100000	5%	900	15	
3	投资额	￥-113,809.72			
4	结论：实际需要投资额大于10万，值得购买				

图 2-23　PV 函数应用示例

3. 投资预算函数 FV

语法结构：

FV(rate, nper, pmt, pv, type)

功能：基于固定利率和等额分期付款方式，返回某项投资的未来值。

参数 rate 为各期利率。参数 nper 为总投资期，即该项投资的付款期总数。参数 pmt 为各期所应支付的金额，其数值在整个年金期间保持不变。如果省略 pmt，则必须包括 pv 参数。参数 pv 为现值，或一系列未来付款的当前值的累积和。如果省略 pv，则假设其值为零，且必须包括 pmt 参数。参数 type 取值 0 或 1，用来指定各期的付款时间是在期初还是期末。

例如，有款基金理财产品原始投入 10 万元，被要求每个月存入 2000 元，连续投资 5 年，该基金的年收益率为 6.2%，5 年后得到的本息总额可用 FV 函数计算，如图 2-24 所示。

C3　　fx　=FV(C2/12,D2*12,B2,A2,1)

	A	B	C	D	E
1	投资额	每月存入额	年收益率	投资年限	
2	-100000	-2000	6.20%	5	
3	5年后得到本息总额:		￥277,218.06		

图 2-24　FV 函数应用示例

4. 投资预算函数 NPER

语法结构：

NPER(rate, pmt, pv, fv, type)

功能：基于固定利率和等额分期付款方式，返回某项投资或贷款的期数。

其中，参数 rate 为各期利率。参数 pmt 为各期所应支付的金额，其数值在整个年金期间保持不变。pmt 通常包括本金和利息，但不包括其他费用或税款。参数 pv 为现值或一系列未来付款的当前值的累积和。参数 fv 为未来值或在最后一次付款后希望得到的现金余额。如果省略 fv，则假设其值为零。参数 type 取值为 0 或 1，用来指定各期的付款时间是在期初还是期末。

例如，某项投资需要向银行贷款 50 万元，预计每月可还款 3000 元，银行的年利率为 6.28%。还贷年限可通过 NPER 函数计算，如图 2-25 所示。

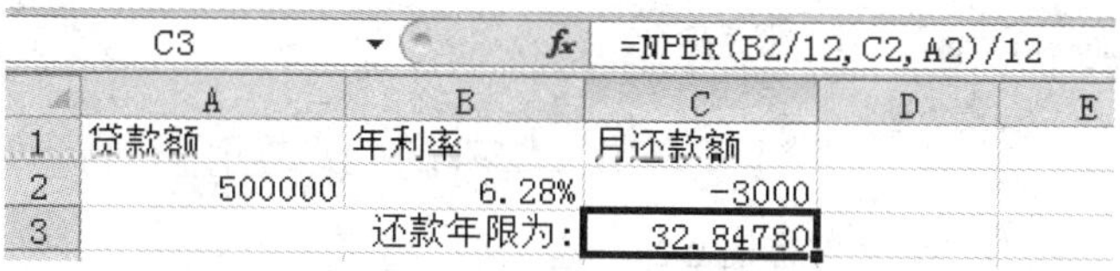

图 2-25　NPER 函数应用示例

2.4　Excel 数据的分析和处理

2.4.1　分列

利用 Excel 中的“分列”命令，可以将存放在一列中的数据分为多列。例如，可以利用 Excel 中的分列功能快速提取出身份证的出生日期。其具体操作如下：

(1) 选择要进行分列的数据区域，然后单击“数据”选项卡中“数据工具”组的“分列”按钮，在弹出的“文本分列向导-第 1 步，共 3 步”对话框的“原始数据类型”中单击“固定宽度”按钮，之后单击“下一步”按钮，如图 2-26 所示。

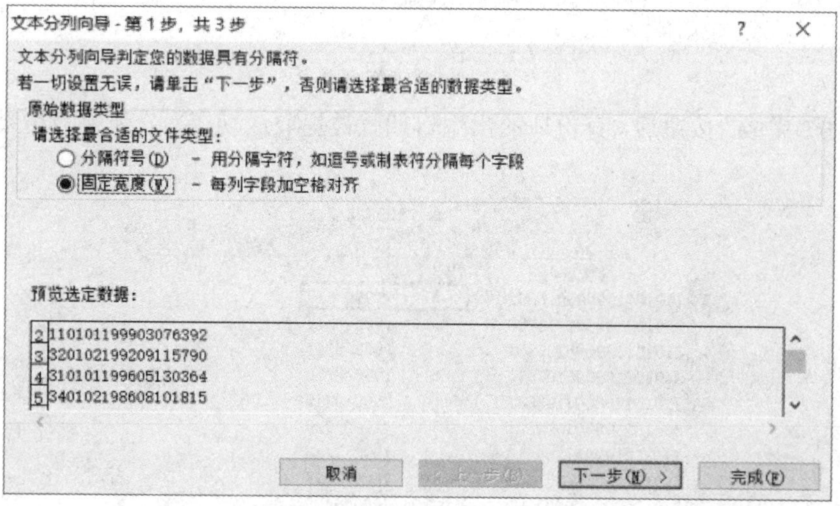

图 2-26　选择最合适的文本类型

(2) 在出生日期的年月日前后分别单击一下，创建两条分列线，如图 2-27 所示。之后单击“下一步”按钮。

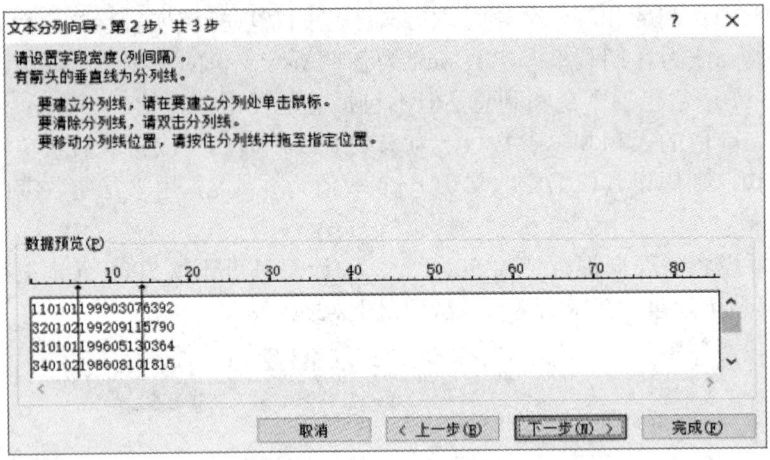

图 2-27　建立分列线

(3) 将出生日期部分的“列数据格式”设置为“日期”，并根据需要选择不同的日期格式，其他列选择“不导入此列(跳过)”，目标区域设为“$B$2”，如图 2-28 所示。

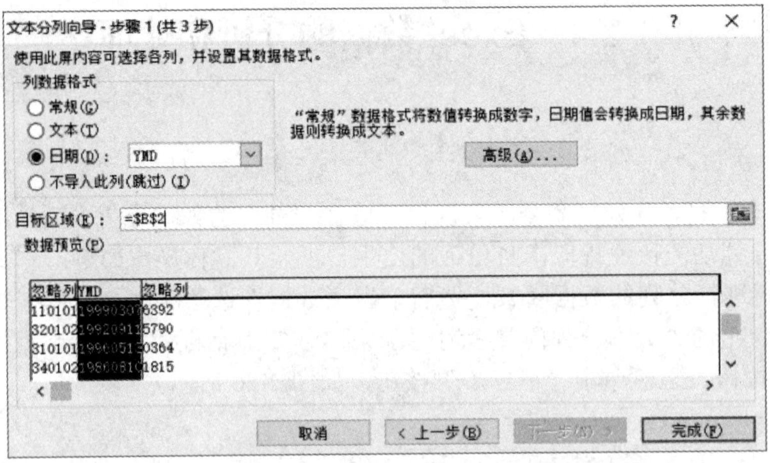

图 2-28　设置列数据格式

(4) 单击“完成”按钮后，身份证的出生日期就被提取成功了，分列后的结果如图 2-29 所示。

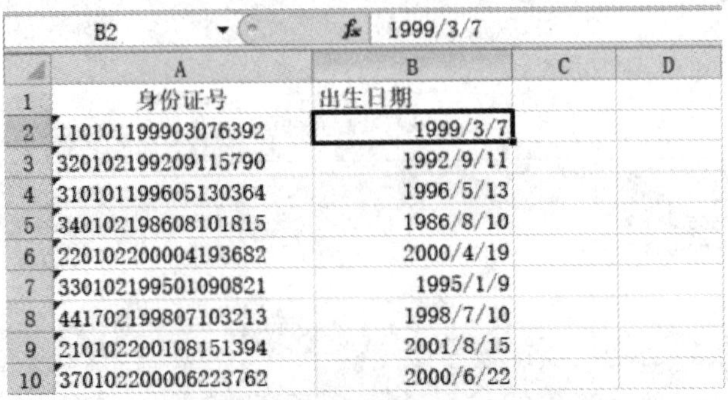

	A	B	C	D
1	身份证号	出生日期		
2	110101199903076392	1999/3/7		
3	320102199209115790	1992/9/11		
4	310101199605130364	1996/5/13		
5	340102198608101815	1986/8/10		
6	220102200004193682	2000/4/19		
7	330102199501090821	1995/1/9		
8	441702199807103213	1998/7/10		
9	210102200108151394	2001/8/15		
10	370102200006223762	2000/6/22		

图 2-29　分列后的结果

2.4.2 删除重复项

当工作表中包含重复数据时，如果想要删除这些重复的数据行，可以使用 Excel 中的删除重复项功能。删除重复项的操作方法如下：

(1) 选择数据区域，如单元格 A1:A12，然后单击“数据”选项卡中“数据工具”组的“删除重复项”按钮。

(2) 在弹出的“删除重复项”对话框中勾选“数据包含标题(M)”复选框，选择要删除重复值的“列”，如图 2-30 所示。

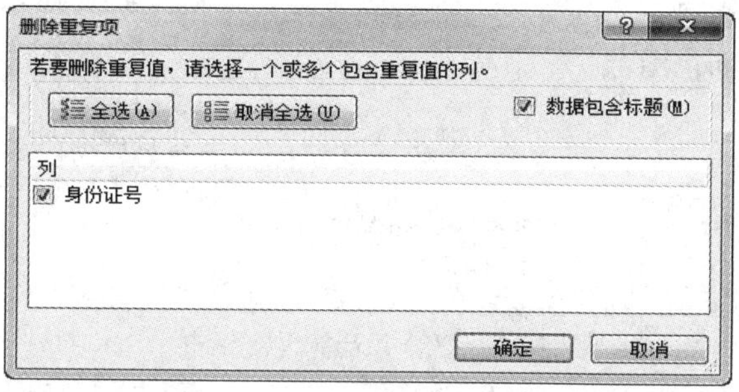

图 2-30 “删除重复项”对话框

(3) 单击“确定”按钮，系统会弹出删除结果的提示框，如图 2-31 所示。然后单击“确定”按钮，即可删除重复项，工作表中会显示删除重复项后的数据。

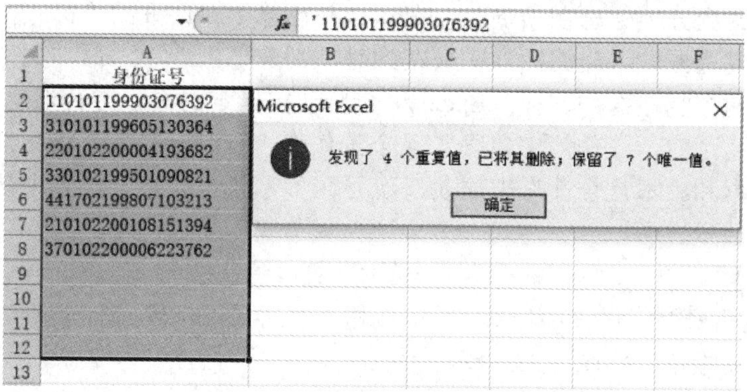

图 2-31 删除重复项后的结果

2.4.3 合并计算

在 Excel 中，若要汇总或报告多个单独工作表中的数据结果，则可以将每个工作表中的数据合并到一个主工作表中计算。其中，存放合并结果的工作表称为“目标工作表”，接受合并数据的区域称为“源区域”。合并计算的方法有两种：一是按位置合并计算，二是按类合并计算。

1. 按位置合并计算

按位置合并计算要求所有源区域中的数据必须排列于相同位置，即每一个源区域中合并计算的数值必须在源区域的对应位置上，表格中的每一条记录名称、字段名称和排列顺序都必须相同。位置合并计算的具体操作如下：

(1) 在目标工作表中，选择要进行合并计算的目标单元格，然后单击“数据”选项卡中“数据工具”组的“合并计算”按钮。

(2) 打开的“合并计算”对话框如图 2-32 所示。在“函数”下拉列表框中选择一种函数作为合并的计算依据，在“引用位置”文本框中输入或选择引用的单元格区域，单击“添加”按钮可继续设置引用的单元格区域，最后单击“确定”按钮进行合并计算。

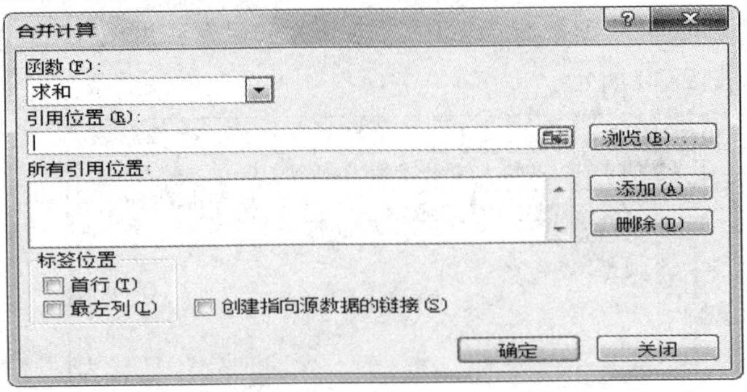

图 2-32　“合并计算”对话框

2. 按类合并计算

按类合并计算可以汇总计算一组具有相同的行号和列标，但组织方式不相同的工作表数据。按类合并计算与按位置合并计算的方法大体相同，不同之处在于按类合并计算必须包含行或列标志。当分类标志在顶端时，在“合并计算”对话框的“标签位置”栏中应单击选中“首行”复选框。当分类标志在最左列时，则应单击选中“最左列”复选框，也可同时单击选中这两个复选框，这样，Excel 将会自动按指定的标识进行汇总。

【例题 2-2】 现有一工作簿中包含了 4 个工作表，分别为三个分店在某月销售的笔记本电脑的统计数据和“本月合计”工作表，现要在“本月合计”工作表中计算出本月笔记本电脑的总销售数量。

【操作要点】

① 在“本月合计”工作表中选择 C3 单元格，然后单击“数据”选项卡中“数据工具”组的“合并计算”按钮，如图 2-33 所示。

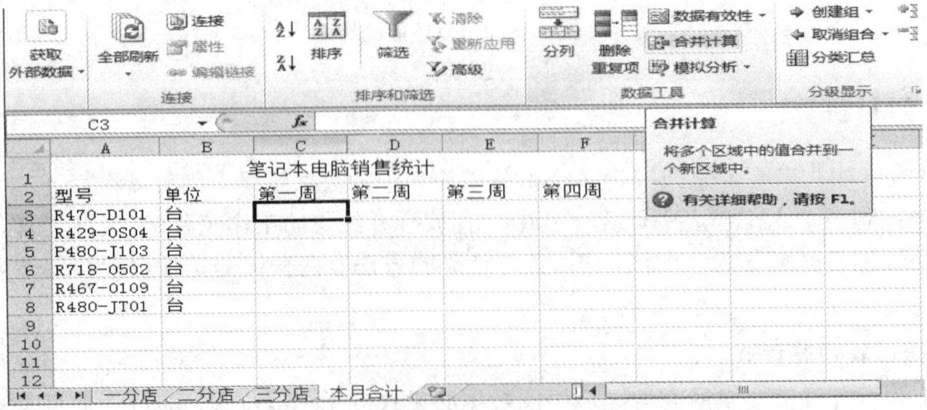

图 2-33　单击“合并计算”按钮

② 在打开的“合并计算”对话框的“函数”下拉列表框中选择“求和”选项，然后单击“引用位置”文本框右侧的 按钮，如图 2-34 所示。

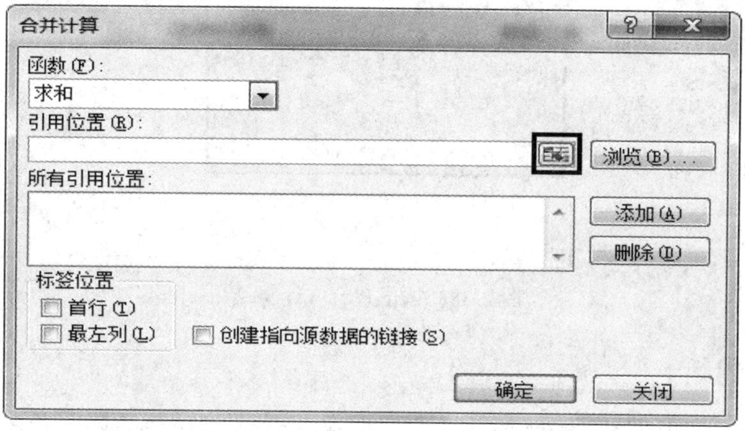

图 2-34　“合并计算”对话框

③ 单击“一分店”工作表标签，在其中选择 C3:F8 单元格区域，如图 2-35 所示。

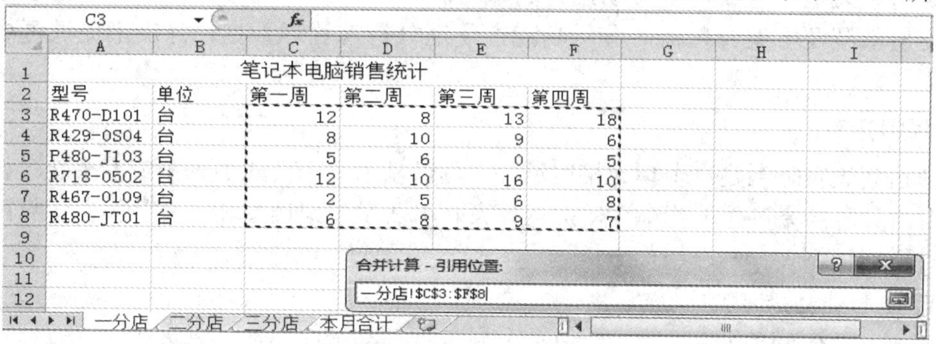

图 2-35　选择引用位置

④ 返回“合并计算”对话框，单击“添加”按钮，如图 2-36 所示。

⑤ 用相同的方法添加“二分店”和“三分店”工作表中的 C3:F8 单元格区域，完成后单击“确定”按钮(如图 2-37 所示)，完成引用位置的添加。

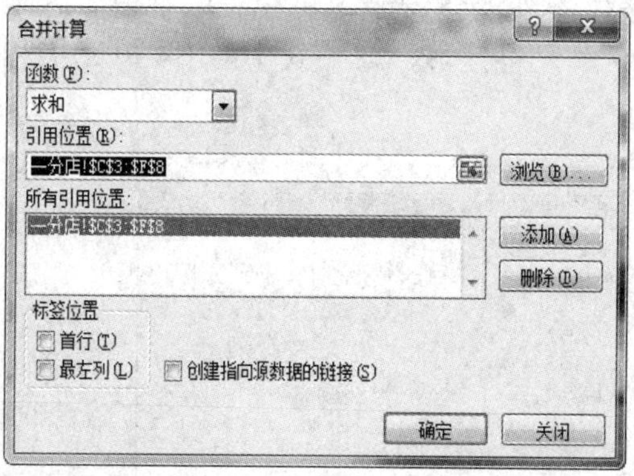

图 2-36　添加引用位置

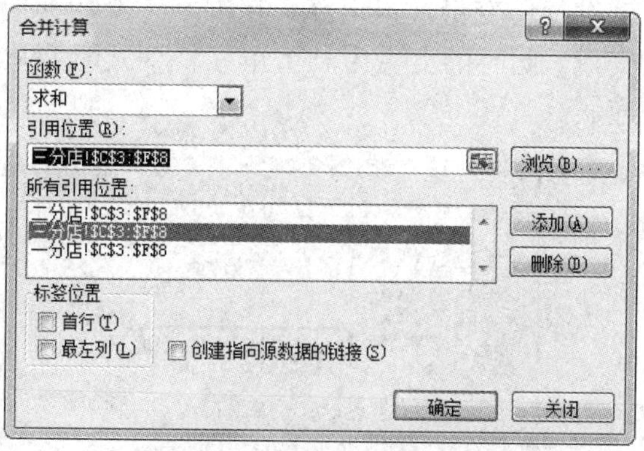

图 2-37　添加所有引用位置

⑥ 返回“本月合计”工作表，在 C3:F8 单元格区域中将自动计算出本月笔记本电脑

的总销售量，如图 2-38 所示。

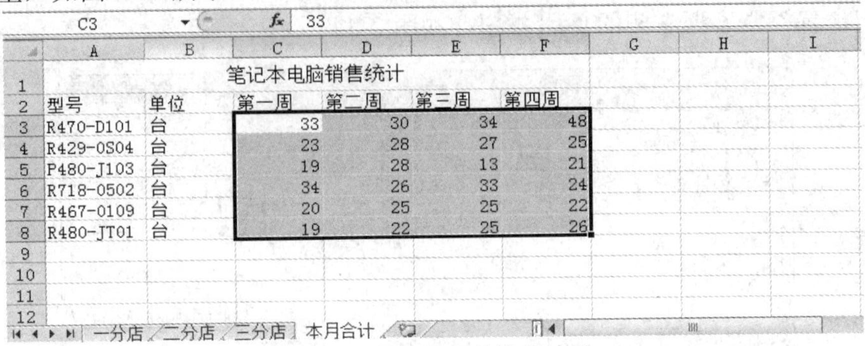

C3　fx 33

	A	B	C	D	E	F
1			笔记本电脑销售统计			
2	型号	单位	第一周	第二周	第三周	第四周
3	R470-D101	台	33	30	34	48
4	R429-0S04	台	23	28	27	25
5	P480-J103	台	19	28	13	21
6	R718-0502	台	34	26	33	24
7	R467-0109	台	20	25	25	22
8	R480-JT01	台	19	22	25	26

一分店　二分店　三分店　本月合计

图 2-38　按位置合并计算结果

2.4.4　数据分析

在工作中，若要达到一个预期的结果或理想的目标，往往需要事先作出一些假设，在各种假设条件下达到一个标准或实现目标，从而为决策者提供决策依据。Excel 2010 强大的数据分析功能，不仅可以帮助用户完成各种复杂的分析工作，还可以运用模拟运算表、单变量求解及方案管理器等分析功能方便地分析与管理数据，为决策提供可靠的数据依据。

1. 模拟运算表

模拟运算表实际上是一个单元格区域，它可以显示某个公式中一个或多个变量替换成不同值时对计算结果产生的影响。模拟运算表有单变量模拟运算和双变量模拟运算两种类型。两种模拟运算表分别介绍如下：

1) 单变量模拟运算表

在单变量模拟运算表中，用户可以输入某个变量的不同的值来查看它对计算结果产生的影响，即通过单个因素变化来比较带来的不同结果时，可以使用单变量模拟运算。

【例题 2-3】在汇率固定不变的情况下，可通过在 B5 单元格中输入公式“=B2*B4*B3”直接计算出月交易额，如图 2-39 所示。现要对某公司销售部电子产品的月交易额随汇率的浮动进行单变量模拟运算。在汇率有变，其他条件不变的情况下，可视“汇率值”为唯一变量，此时的变量为一个单元格列，即 D4:D9 单元格区域，与公式中的 B4 单元格相对应。

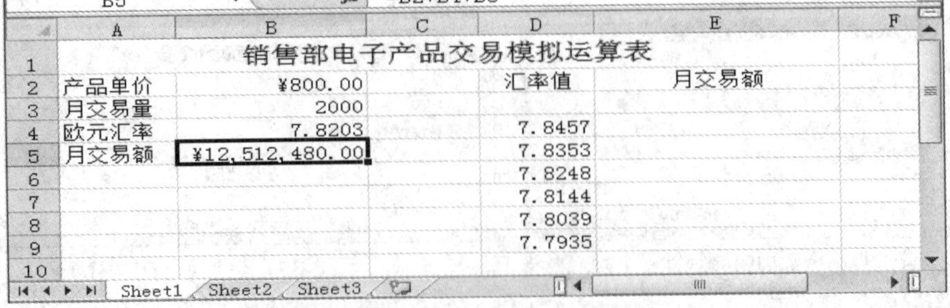

B5　fx =B2*B4*B3

	A	B	C	D	E
1	销售部电子产品交易模拟运算表				
2	产品单价	¥800.00		汇率值	月交易额
3	月交易量	2000			
4	欧元汇率	7.8203		7.8457	
5	月交易额	¥12,512,480.00		7.8353	
6				7.8248	
7				7.8144	
8				7.8039	
9				7.7935	

Sheet1　Sheet2　Sheet3

图 2-39　计算汇率固定不变时的月交易额

【操作要点】

① 在 E3 单元格中输入公式“=B2*B4*B3”。

② 选中 D3:E9 单元格区域后，单击“数据”选项卡中“数据工具”组的“模拟分析”按钮，选择“模拟运算表(T)...”，打开“模拟运算表”对话框。

③ 将该对话框的“输入引用列的单元格”文本框设置为 B4 单元格(如图 2-40 所示)，单击“确定”按钮后即可得到各个不同的汇率值对应的月交易额。

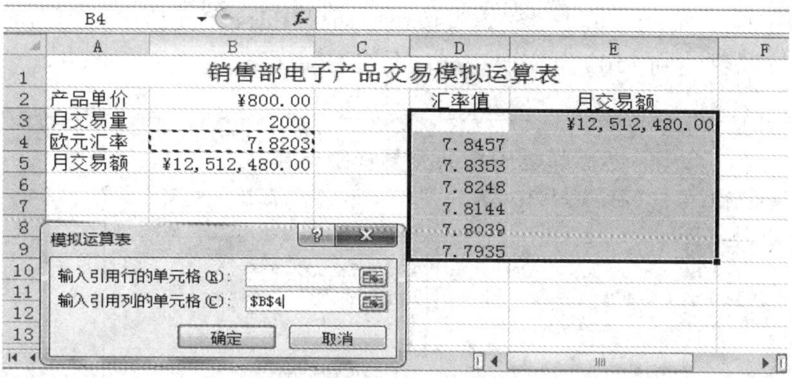

图 2-40　单变量模拟运算

2) 双变量模拟运算表

如果公式中存在两个可变值，若用户需要知道两个变量输入不同值时对计算结果产生的影响，就需要使用双变量模拟运算表。计算时将两个可变值分别放置在一个单元格列和一个单元格行中。例如，当上例中的“汇率值”和“月交易量”都可变的情况下，利用双变量模拟运算表可快速求得不同汇率、不同月交易量的情况下对应的月交易额。构造 D3:G9 单元格区域，单元格列对应“汇率值”，单元格行对应“月交易量”，同时在 D3 单元格中输入公式“=B2*B4*B3”。选中 D3:G9 单元格区域后，单击“数据”选项卡中“数据工具”组的“模拟分析”按钮，选择“模拟运算表(T)...”，打开“模拟运算表”对话框，在“输入引用行的单元格”文本框设置为 B3 单元格，“输入引用列的单元格”文本框设置为 B4 单元格(如图 2-41 所示)，单击“确定”按钮后即可得到各个不同汇率及月交易量对应的月交易额。

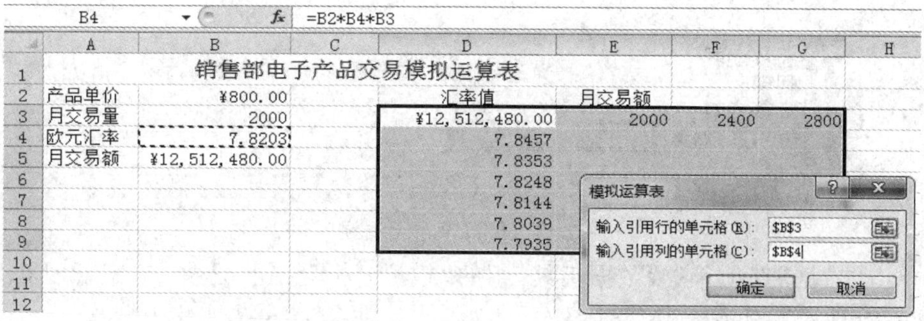

图 2-41　双变量模拟运算

2. 单变量求解

单变量求解是单变量模拟运算表的逆运算。单变量模拟运算表是在条件可变的情况下计算最终的结果，而单变量求解是在设置不同的结果后去模拟分析出要得到这种结果需要什么样的条件。

例如，在汇率不变的前提下，若期望月交易额达到 1500 万，逆向计算需要完成多少月交易量则可通过单变量求解功能实现。单击“数据”选项卡中“数据工具”组的 “模拟分析”按钮，选择“单变量求解(G)...”，“单变量求解”对话框中的“目标单元格”文本框设置为 B6 单元格，“目标值”文本框中输入 15000000，“可变单元格”文本框设置为 B4 单元格(如图 2-42 所示)，单击“确定”按钮后即可在 B4 单元格中得到当前汇率不变的前提下实现月交易额达到 1500 万需要完成的月交易量。

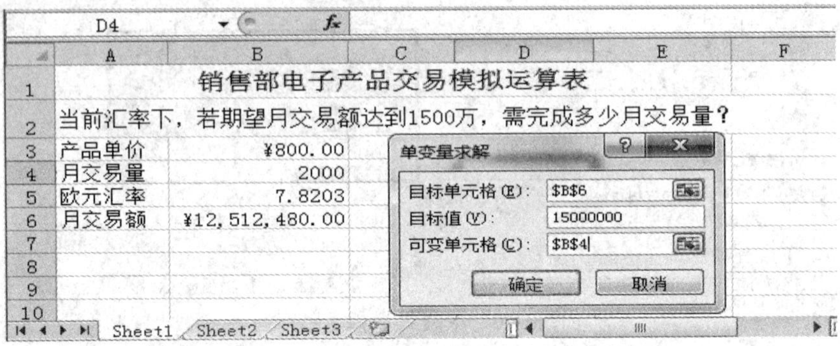

图 2-42　单变量求解

3. 方案管理器

方案管理器是基于多个变量的结果预算。单变量模拟运算和双变量模拟运算只适合在只有一个或两个变量的情况下使用，但当变量增多时，方案管理器则是比较合适的选择。

【例题 2-4】 因业务发展需要，某公司欲向银行贷款 500 万。甲银行提供的方案为 5 年期限，年利率为 5.5%。乙银行提供的方案为 6 年期限，年利率为 5.8%。请通过方案管理器对两个方案进行比较。

【操作要点】

① 首先按“甲银行”提供的方案计算出每月还款额，如图 2-43 所示。

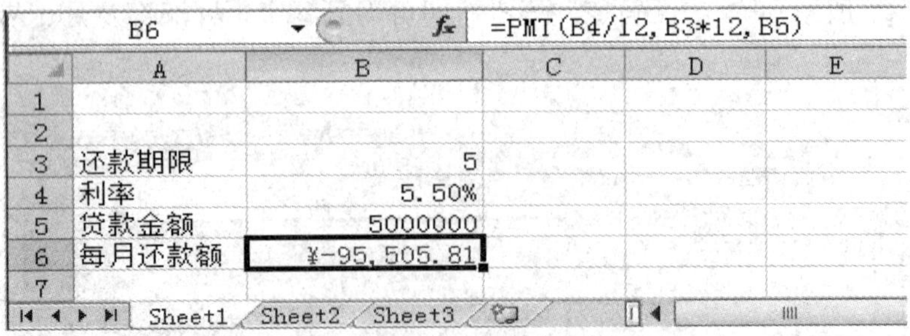

图 2-43　计算每月还款额

② 单击“数据”选项卡中“数据工具”组的“模拟分析”按钮，选择“方案管理器(S)...”，打开“方案管理器”对话框。

③ 在“方案管理器”对话框中，单击“添加”按钮，打开“编辑方案”对话框，如图 2-44 所示。在“方案名”文本框中输入创建方案的名称，如“甲银行”，在“可变单元格”文本框中输入变量，这里选择 B3 和 B4 单元格输入。

④ 单击“确定”按钮，打开“方案变量值”对话框，在该对话框中输入每个可变单元格的值，如图 2-45 所示。

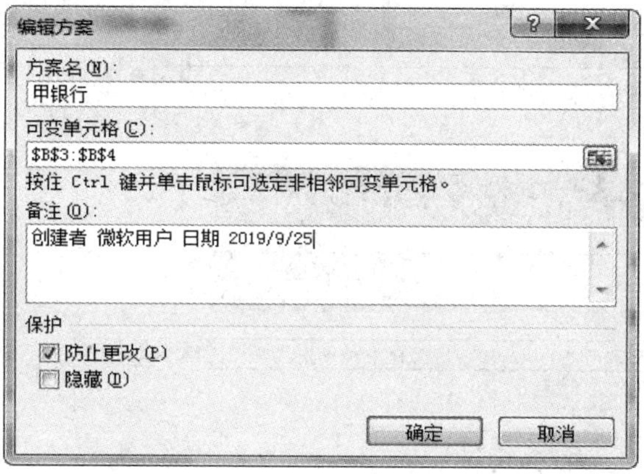

图 2-44　“编辑方案”对话框

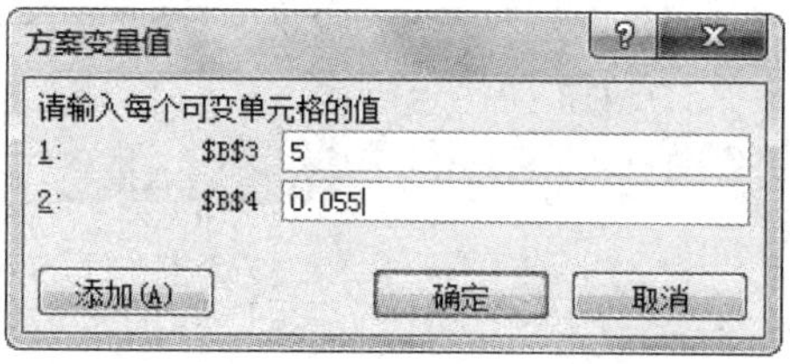

图 2-45　“方案变量值”对话框

⑤ 单击“确定”按钮，返回“方案管理器”对话框，如图 2-46 所示。此时可以得到已创建的“甲银行”方案。

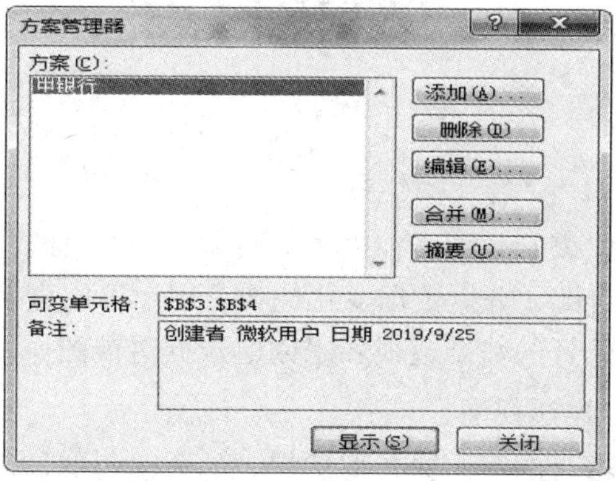

图 2-46　“方案管理器”对话框

⑥ 再次单击“方案管理器”对话框中的“添加”按钮，重复上述步骤，创建得到“乙银行”方案。

⑦ 单击“摘要”按钮，在弹出的“方案摘要”对话框中选择“方案摘要”按钮，设置“结果单元格”为 B6 单元格，如图 2-47 所示。

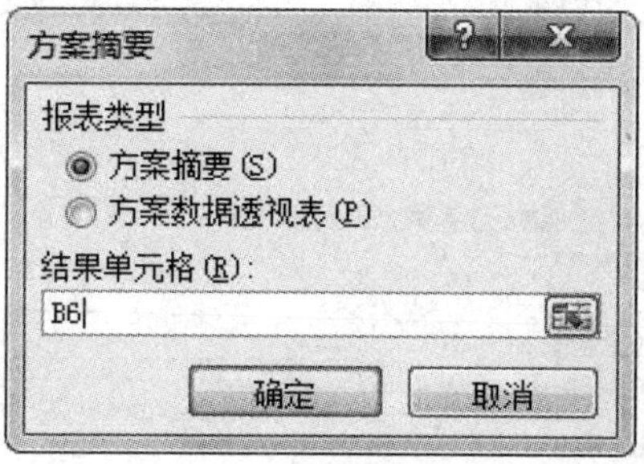

图 2-47　“方案摘要”对话框

⑧ 单击“确定”按钮后返回工作簿，就能得到生成的最终方案报告，即“方案摘要”工作表，其中列出了两种方案的变量值、结果值，通过比较可以分析哪家银行提供的方案更适合，如图 2-48 所示。

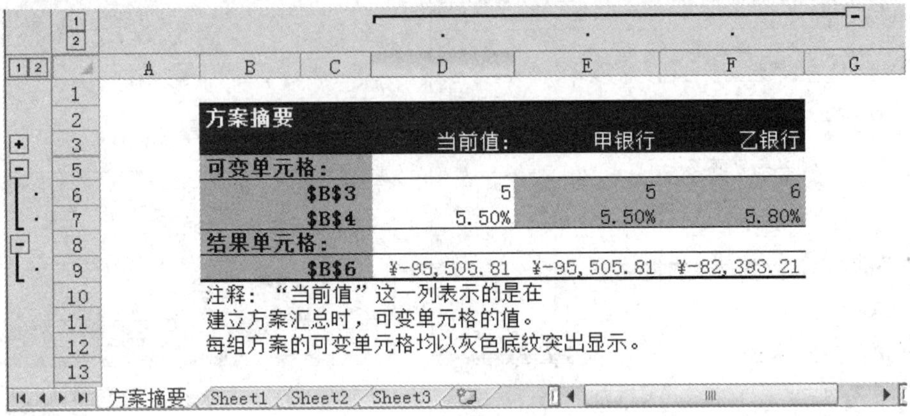

图 2-48　方案摘要结果

2.5　数据的图表化

2.5.1　数据透视图

数据透视图以图形形式表示数据透视表中的数据。它形象地呈现了数据透视表中的汇总数据，方便用户查看、对比、分析数据变化趋势。用户可以直接根据数据表创建数据透视图，也可以根据已经创建好的数据透视表来创建数据透视图。

1．根据数据表创建数据透视图

通过数据表创建数据透视图与创建数据透视表的方法类似，其具体操作如下：

(1) 在工作表的数据区域中任意选择一个单元格，单击“插入”选项卡中“表格”组的“数据透视表”按钮，选择“数据透视图”选项，之后打开“创建数据透视表及数据透视图”对话框，如图 2-49 所示。

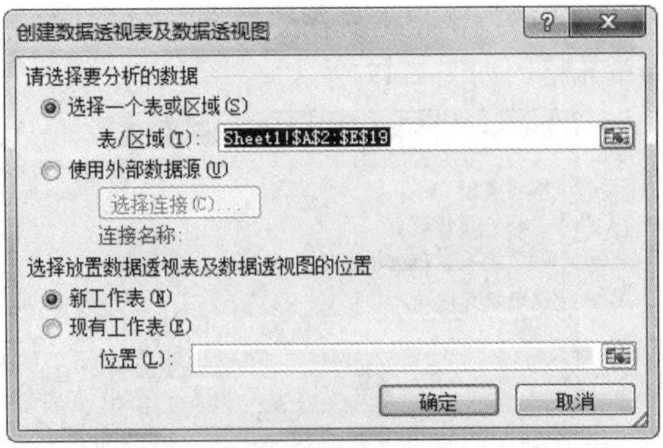

图 2-49　“创建数据透视表及数据透视图”对话框

(2) 在打开的“创建数据透视表及数据透视图”对话框中设置数据透视表及数据透视图的数据源和存放位置，然后单击“确定”按钮，系统将创建一个空白的数据透视表和一个空白的数据透视图，之后打开“数据透视表字段列表”任务窗格，如图 2-50 所示。

图 2-50　创建的数据透视表和透视图模板

(3) 在打开的“数据透视表字段列表”任务窗格中，根据需要编辑数据透视表，已完成添加字段的数据透视表和数据透视图如图 2-51 所示。

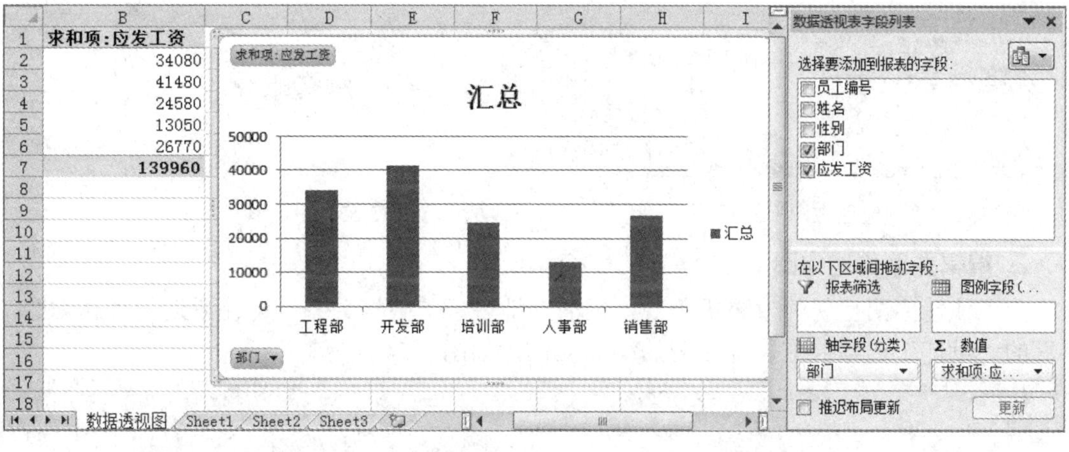

图 2-51　数据透视表和数据透视图的最终效果

2. 通过数据透视表创建数据透视图

在工作表中若已创建数据透视表，那么可直接通过数据透视表来创建数据透视图，其具体操作如下：

(1) 选择数据透视表中的任意单元格，出现“数据透视表工具”选项卡，在其中的“选项”中单击“数据透视图”按钮。

(2) 在打开的“插入图表”对话框中选择所需的数据透视图表类型，然后单击“确定”按钮，即可在工作表中创建所需的数据透视图。若激活数据透视图工具的“设计”“布局”“格式”“分析”选项卡，用户则可在各选项卡中对数据透视图进行修改。

2.5.2 迷你图

迷你图是 Excel 2010 提供的一种全新的图表制作工具，它不仅可以把数据以小图的形式呈现在单元格中，还可以与图表组合创建出全新的图表样式，达到分析表格数据的目的。

1. 创建迷你图

迷你图是存在于单元格中的小图表，它以单元格为绘图区域，可以简单快捷地绘制出数据小图表来分析表格数据。在 Excel 中，迷你图有 3 种图表类型：折线图、柱形图和盈亏。

创建迷你图的方法非常简单，接下来以折线图为例创建迷你图，其具体操作如下：

(1) 选择存放迷你图的单元格或单元格区域，在“插入”选项卡的“迷你图”组中选择所需的迷你图类型。

(2) 系统自动将鼠标光标定位到 “创建迷你图”对话框的“数据范围”文本框中，在工作表中选择要创建迷你图的数据区域，如图 2-52 所示。然后单击“确定”按钮，之后在相应的单元格中即可创建出所需的迷你图，如图 2-53 所示。

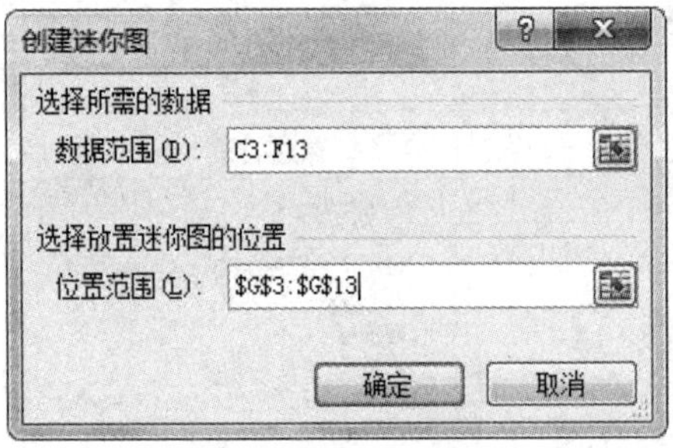

图 2-52 “创建迷你图”对话框

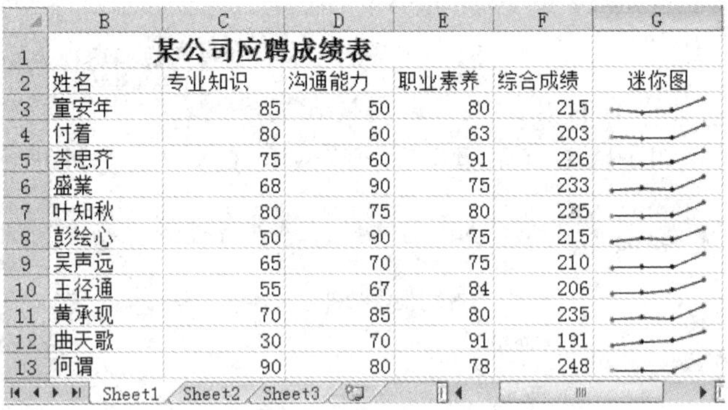

	B	C	D	E	F	G
1	某公司应聘成绩表					
2	姓名	专业知识	沟通能力	职业素养	综合成绩	迷你图
3	童安年	85	50	80	215	
4	付着	80	60	63	203	
5	李思齐	75	60	91	226	
6	盛業	68	90	75	233	
7	叶知秋	80	75	80	235	
8	彭绘心	50	90	75	215	
9	吴声远	65	70	75	210	
10	王径通	55	67	84	206	
11	黄承现	70	85	80	235	
12	曲天歌	30	70	91	191	
13	何谓	90	80	78	248	

图 2-53 迷你图

2. 编辑并美化迷你图

为了使迷你图呈现的效果更美观，更清楚地表示其数据关系，可在激活的“迷你图工具”的“设计”选项卡中执行相应的编辑操作，如图 2-54 所示。

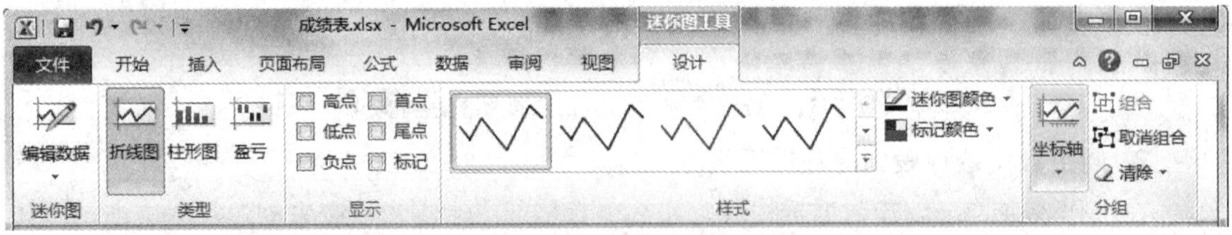

图 2-54 “迷你图工具”选项卡

下面将分别对不同的编辑操作介绍如下：

(1) 编辑数据：单击“设计”选项卡中“迷你图”组的“编辑数据”按钮，在打开的下拉列表中选择“编辑组位置和数据”选项可编辑迷你图的位置与数据源区域，选择“编辑单个迷你图的数据”命令可编辑单个迷你图的源数据区域。

(2) 更改类型：在“设计”选项卡的“类型”组中选择相应的迷你图类型即可完成迷

你图类型的更改。

(3) 显示迷你图标记：在“设计”选项卡的“显示”组中单击相应的复选框即可显示迷你图标记。

(4) 更改迷你图样式：在“设计”选项卡上“样式”组的列表框中可选择预设的迷你图样式。

(5) 设置迷你图分组：在“设计”选项卡的“分组”组中单击相应的按钮，可分别设置坐标轴选项、组合或取消组合迷你图和清除迷你图。

2.6　Excel 与其他程序的协同及共享

2.6.1　共享、修订、批注工作簿

1. 共享工作簿

为了提高办公效率，方便更多用户编辑和查阅 Excel 工作簿中的数据，可将个人文档存放在网络的公用文件夹中，这样局域网中的其他用户便可通过“网上邻居”来访问该文件夹的工作簿，并对其进行修改。

要实现在局域网中共享 Excel 工作簿，首先需要对局域网中共享的工作簿进行相应的设置，之后其他用户才可使用并编辑该工作簿。设置共享工作簿的具体操作如下：

(1) 创建或打开供多个用户编辑的工作簿，单击“审阅”选项卡中“更改”组的“共享工作簿”按钮。

(2) 在打开的“共享工作簿”对话框的“编辑”选项卡中勾选“允许多用户同时编辑，同时允许工作簿合并”复选框，在“高级”选项卡中选择用于修订和更新变化的选项，然后单击“确定”按钮，如图 2-55 所示。

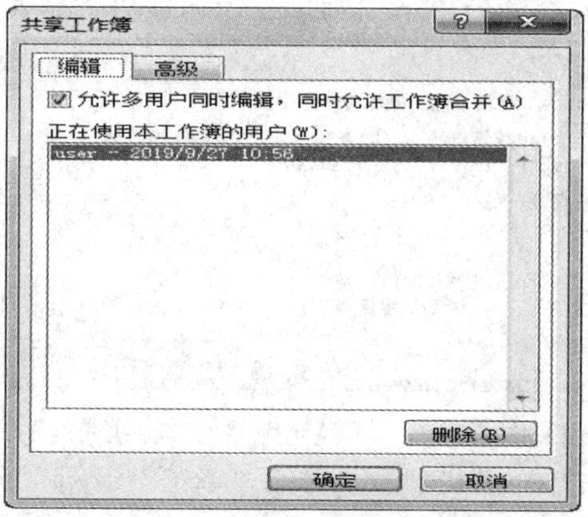

图 2-55　设置共享工作簿

(3) 此时，工作簿名称后将显示“[共享]”字样，表示该工作簿为共享工作簿。

2. 在单元格中插入批注

当用户在审阅其他用户创建的工作簿时，如果想表达不同意见，但又不希望直接修改

作者的数据，则可以在单元格中插入批注。插入批注的具体操作如下：

(1) 打开需要插入批注的工作簿，选择要插入批注的单元格，单击“审阅”选项卡中“批注”组的“新建批注”按钮。

(2) 系统会自动插入一个批注框指向当前单元格，在批注框中输入批注内容，如图 2-56 所示。

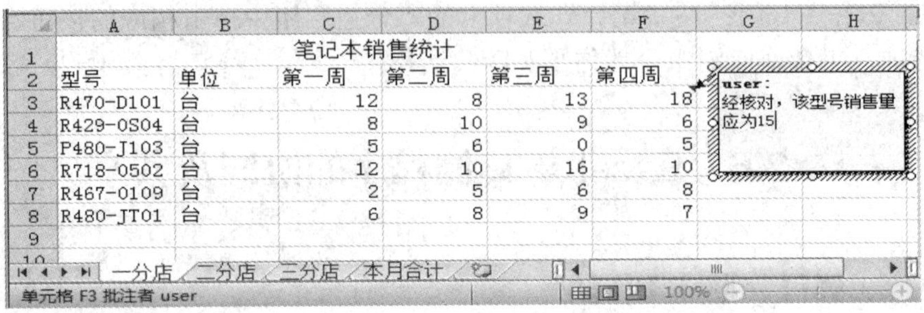

图 2-56　插入批注内容

当改变当前单元格时，批注框会自动隐藏，单元格右上角会显示一个红色的小三角标记。如果希望一直显示该批注，则单击“显示/隐藏批注”按钮。如果希望显示工作表中的所有批注，则单击“显示所有批注”按钮。

3. 修订共享工作簿

当完成工作簿的共享设置后，其他用户便可像编辑本地工作簿一样，在其中输入和修改数据。为了避免多人在编辑工作簿时发生冲突，还需对工作簿设置修订。共享工作簿的修订主要有以下两个方面：

(1) 突出显示修订：打开已共享的工作簿，单击“审阅”选项卡中“更改”组的“修订”按钮，在打开的下拉列表中选择“突出显示修订”选项。之后在打开的“突出显示修订”对话框中默认选中“编辑时跟踪修订信息，同时共享工作簿”复选框，然后设置时间、修订人、位置等选项，完成设置后单击“确定”按钮即可，如图 2-57 所示。

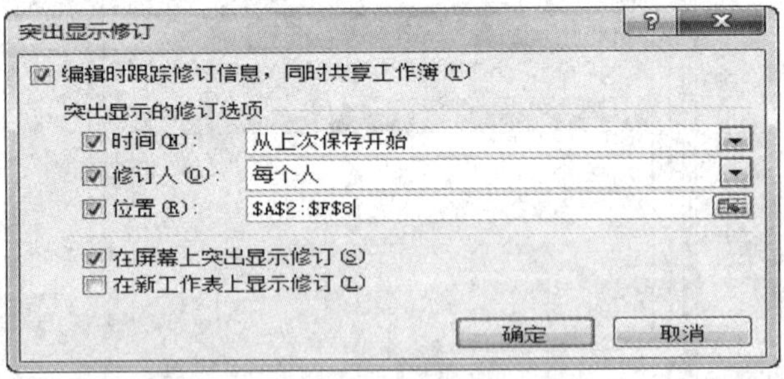

图 2-57　“突出显示修订”对话框

(2) 接受或拒绝修订：打开已共享的工作簿，单击“审阅”选项卡中“更改”组的“修订”按钮，在打开的下拉列表中选择“接受或拒绝修订”选项。之后在打开的“接受或拒绝修订”对话框中设置时间、修订人、位置等选项，然后单击“确定”按钮，在打开的“接受或拒绝修订”对话框中将显示有关修订的详细信息，如图 2-58 所示。当修改共享工作簿中的数据时，单击“接受”按钮接受该修订，单击“拒绝”按钮则拒绝对相应信息作出的修改，也可单击“全部接受”按钮或“全部拒绝”按钮接受或拒绝所有对共享工作簿作出的修改，如图 2-59 所示。

图 2-58　“接受或拒绝修订”对话框

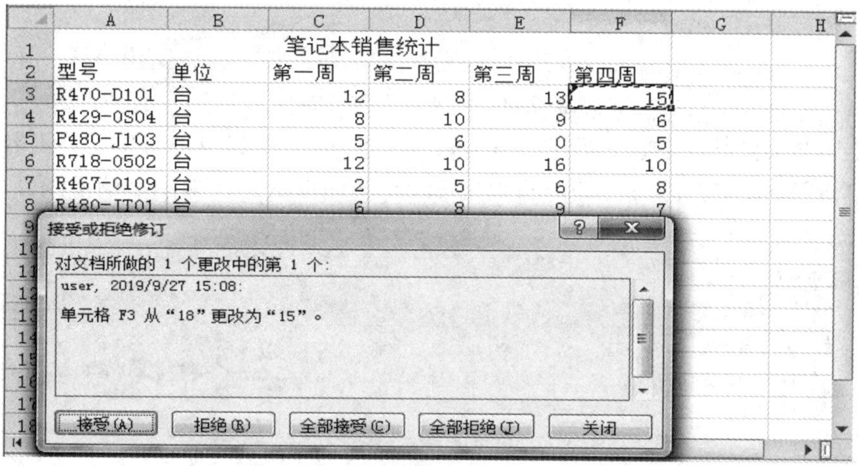

图 2-59　“接受或拒绝修订”详细信息

2.6.2　Excel 与其他 Office 程序的协作

在 Excel 中，还可以实现与其他 Office 程序(如 Word、PowerPoint、Access 等)协作办公，它们之间可以共享数据，快速完成所需数据的编辑。

1. Excel 与 Word 的协作应用

在 Word 文档中插入 Excel 制作好的表格，然后再进行编辑，可提高办公效率。同样的，也可在 Excel 中插入 Word 编辑过的表格，然后再在 Excel 中对插入表格进行数据处理、格式设置与美化操作。

1) 在 Word 中插入 Excel 表格

Excel 制作的表格插入到 Word 中，Excel 表格将被作为对象插入到 Word 中，这种操作通过“对象”对话框来实现。

例如，将制作好的“采购列表.xlsx”电子表格插入到“采购单.docx”Word 文档中的具体操作如下：

(1) 打开“采购单.docx”文档，将鼠标光标定位到要插入表格的位置。单击“插入”选项卡中“文本”组的“对象”按钮，在打开的“对象”对话框中选择“由文件创建”选项卡，之后单击“文件名”文本框右侧的“浏览”按钮，指定文件“采购列表.xlsx”即可，如图 2-60 所示。

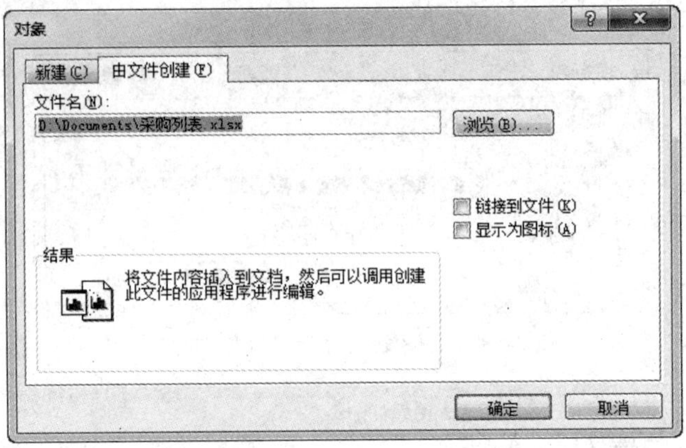

图 2-60　“对象”对话框

(2) 双击插入的表格对象，可进入 Excel 工作界面，在其中可对单元格内容和格式进行设置。单击 Word 文档的空白处，将退出 Excel 的编辑状态，如图 2-61 所示。

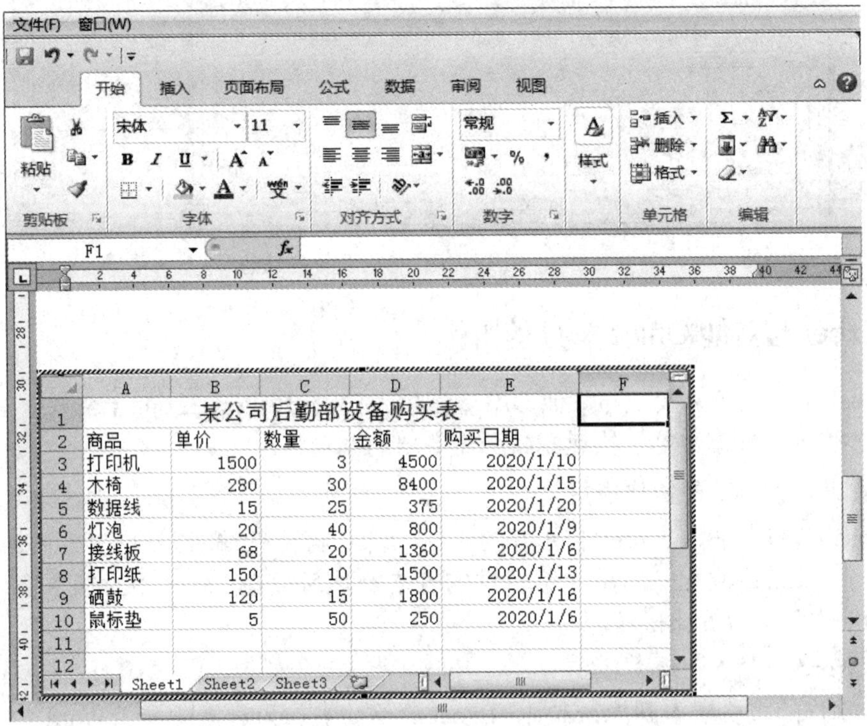

图 2-61　Word 中插入 Excel 工作表

2) 在 Excel 中应用 Word 创建的表格

在 Excel 中也可利用由 Word 创建的表格快速输入数据，同时可在 Excel 中编辑 Word 文档创建的表格，使制作的表格更准确、美观。在 Excel 中应用由 Word 创建的表格可直接通过复制与粘贴操作实现。

在 Excel 中插入 Word 文档与在 Word 中插入 Excel 表格的操作方法类似，也是通过“对象”对话框来实现，插入后，双击鼠标可进入 Word 工作界面。

2. 在 PowerPoint 演示文稿中插入 Excel 图表

在利用演示文稿进行总结时，常需要使用图表、数据等直观地将要点展现出来。此时可将 Excel 中的表格数据和图表应用到演示文稿中，也可将演示文稿中的图表直接应用到 Excel 中。在 PowerPoint 中插入 Excel 图表可直接通过复制与粘贴操作来实现。

3. 获取 Access 数据

Excel 具有获取外部数据的功能，它可以十分方便地获取 Office 的组件，即 Access 数据库中的数据，以提高输入与编辑数据的效率。

在 Excel 中获取 Access 数据库的具体操作如下：

(1) 打开工作簿，单击【数据】|【获取外部数据】组中的“自 Access”按钮，弹出“选取数据源”对话框，在地址栏中选择 Access 数据库的文件夹并选择要插入的 Access 文件。

(2) 在打开的“导入数据”对话框中选择单选按钮图标 ◉表(T)，以表的形式导入数据库数据，同时在“现有工作表”文本框中指定数据放置的位置，实现 Access 数据的导入，如图 2-62 所示。

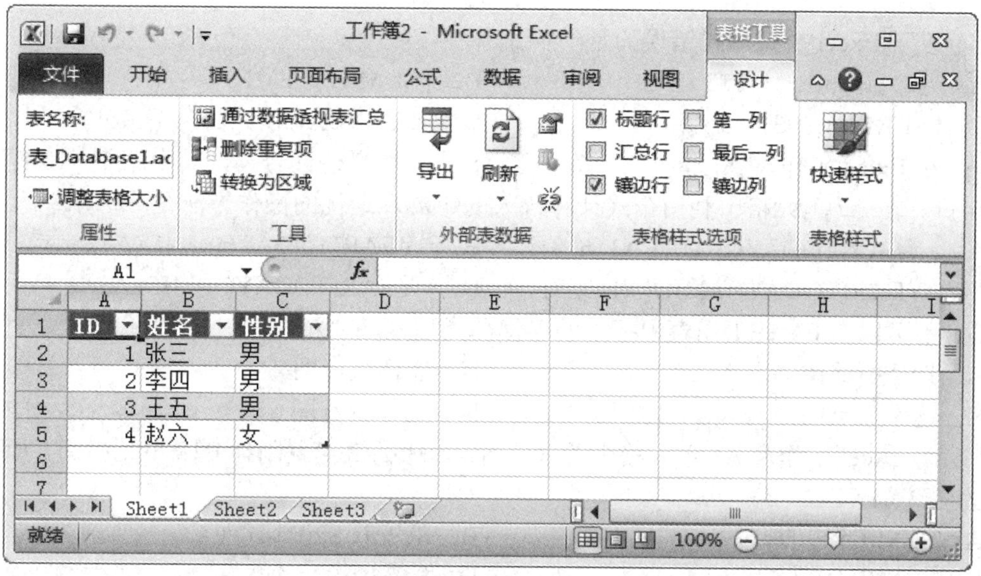

图 2-62　导入 Access 数据库后的效果

总之，Excel 2010 作为 Microsoft Office 2010 的组件之一，其优势主要体现在数据计算、统计和管理上。Excel 2010 与 Word 的文字编辑、PowerPoint 的演示文稿制作、Access 的数据库管理等形成相互补充，和谐而又统一的效果。熟练地运用各种办公软件，发挥各自所长，对提高广大用户的工作效率具有显著意义。

课后习题二

选择题

(1) 在 Excel 2010 中不能完成的操作是(　　)。

A．分类汇总　B．加载宏　C．邮件合并　D．合并计算

(2) 在 Excel 中，下列地址为相对地址的是(　　)。

A．$D5　B．$E$7　C．C3　D．F$8

(3) 下列序列中，不能直接利用自动填充快速输入的是(　　)。

A．星期一、星期二、星期三、……　B．第一类、第二类、第三类、……

C．甲、乙、丙、……　D．Mon、Tue、Wed、……

(4) 小王从网站上查到了最近一次全国人口普查的数据表格，他准备将这份表格中的数据引用到 Excel 中以便进一步分析，最优的操作方法是(　　)。

A．对照网页上的表格，直接将数据输入到 Excel 工作表中

B．通过复制、粘贴功能，将网页上的表格复制到 Excel 工作表中

C．通过 Excel 中的“自网站获取外部数据”功能，直接将网页上的表格导入到 Excel 工作表中

D．先将包含表格的网页保存为 .htm 或 .mht 格式文件，然后在 Excel 中直接打开该文件

(5) 以下 Excel 公式形式错误的是(　　)。

A．=SUM(B3:E3)*$F$3　B．=SUM(B3:3E)*F3

C．=SUM(B3:$E3)*F3　D．=SUM(B3:E3)*F$3

(6) 在 Excel 工作表 A1 单元格里存放了 18 位二代身份证号码，其中第 7～10 位表示出生年份。在 A2 单元格中利用公式计算该人的年龄，最优的操作方法是(　　)。

A．=YEAR(TODAY())-MID(A1, 6, 8)　B．=YEAR(TODAY())-MID(A1, 6, 4)

C．=YEAR(TODAY())-MID(A1, 7, 8)　D．=YEAR(TODAY())-MID(A1, 7, 4)

(7) 不可以在 Excel 工作表中插入的迷你图类型是(　　)。

A．迷你折线图　B．迷你柱形图

C．迷你散点图　D．迷你盈亏图

(8) 将 Excel 工作表 A1 单元格中的公式 SUM(B$2:C$4)复制到 B18 单元格后，原公式将变为(　　)。

A．SUM(C$19:D$19)　B．SUM(C$2:D$4)

C．SUM(B$19:C$19)　D．SUM(B$2:C$4)

(9) 小李在 Excel 中整理职工档案，希望“性别”一列只能从“男”“女”两个值中进行选择，否则系统将提示错误信息，最优的操作方法是(　　)。

A．通过 If 函数进行判断，控制“性别”列的输入内容。

B．请同事帮忙进行检查，错误内容用红色标记。

C．设置条件格式，标记不符合要求的数据。

D．设置数据有效性，控制“性别”列的输入内容。

(10) 在 Excel 2010 中，模拟运算表有(　　)种类型。

A．1　B．4　C．3　D．2

(11) 在 Excel 2010 中，以下说法错误的是(　　)。

A．在相关联的数据透视表中对字段布局和数据所做的修改，会立即反映在数据透视图中

B．数据透视图及其相关联的数据透视表必须始终位于同一个工作簿中

C．为数据透视图提供源数据的是相关联的数据透视表

D．数据透视图及其相关联的数据透视表可以不在同一个工作簿中

(12) Excel 2010 附带了三种模拟分析工具，不包括在内的是(　　)。

A．方案管理器　　　　B．模拟运算表

C．单变量求解　　　　D．合并计算

(13) 在 Excel 2010 中，以下有关获取外部数据的说法中，错误的是(　　)。

A．默认情况下，所导入的数据与外部数据源保持连接关系

B．除了向工作表中直接输入各项数据外，Excel 允许从其他来源获取数据

C．可以断开导入数据与原数据间的连接

D．默认情况下，当外部数据源发生改变时，工作表中的数据会被自动更新

(14) 如果函数 VLOOKUP(Sheet1!K3, Sheet1!$B$5:$E$15, 2, 0)在计算时检索成功，则(　　)。

A．返回工作表区域 Sheet1!$B$5:$F$15 中对应行，第 C 列数据值

B．返回工作表区域 Sheet1!$B$5:$F$15 中对应行，第 E 列数据值

C．返回工作表区域 Sheet1!$B$5:$F$15 中对应行，第 B 列数据值

D．返回工作表区域 Sheet1!$B$5:$F$15 中对应行，第 D 列数据值

(15) 在 Excel 中计算一项目的总价值，如果单元格 A5 中是单价，C5 中是数量，则计算公式是(　　)。

A．=A5×C5　　　　B．A5*C5

C．=A5*C5　　　　D．+A5×C5

(16) 小李在 Excel 中编辑一个包含上千人的工资表，他希望在编辑过程中总能看到表明每列数据性质的标题行，最优的操作方法是(　　)。

A．通过 Excel 的拆分窗口功能，使得上方窗口显示标题行，同时在下方窗口中编辑内容

B．通过 Excel 的冻结窗格功能将标题行固定

C．通过 Excel 的新建窗口功能，创建一个新窗口，并将两个窗口水平并排显示，其中上方窗口显示标题行

D．通过 Excel 的打印标题功能设置标题行重复出现

(17) 在 Excel 成绩单工作表中包含了 20 个同学的成绩，C 列为成绩值，第一行为标题行，在不改变行列顺序的情况下，在 D 列统计成绩排名，最优的操作方法是(　　)。

A．在 D2 单元格中输入"=RANK(C2，$C2:$C21)"，然后向下拖动该单元格的填充柄到 D21 单元格

B．在 D2 单元格中输入=RANK(C2.C$2:C$21)"，然后向下拖动该单元格的填充柄到 D21 单元格

C．在 D2 单元格中输入"=RANK(C2，$C2:$C21)"，然后双击该单元格的填充柄

D．在 D2 单元格中输入*=RANK(C2，C$2:C$21)"，然后双击该单元格的填充柄

(18) 在 Excel 工作表中存放了第一中学和第二中学所有班级总计 300 个学生的考试成绩，A 列到 D 列分别对应“学校”“班级”“学号”“成绩”，利用公式计算第一中学三班的平均分，最优的操作方法是(　　)。

A．=SUMIFS(D2:D301, A2:A301, "第一中学", B2:B301, "3 班")/COUNTIFS(A2:A301, "第一中学", B2:B301, "3 班")

B．=SUMIFS(D2:D301, B2:B301, "3 班")/COUNTIFS(B2:B301, "3 班")

C．=AVERAGEIFS(D2:D301, A2:A301, "第一中学", B2:B301, "3 班")

D．=AVERAGEIF(D2:D301, A2:A301, "第一中学", B2:B301, "3 班")

(19) 在 Excel 工作表中，编码与分类信息以“编码|分类”的格式显示在一个数据列内，若将编码与分类分为两列显示，最优的操作方法是(　　)。

A．重新在两列中分别输入编码列和分类列，将原来的编码与分类列删除

B．将编码与分类列在相邻位置复制一列，将一列中的编码删除，另一列中的分类删除

C．使用文本函数将编码与分类信息分开

D．在编码与分类列右侧插入一个空列，然后利用 Excel 的分列功能将其分开

(20) Excel 工作表中 B 列保存了 11 位手机号码信息，为了保护个人隐私，需将手机号码的后 4 位均用“*”表示。以 B2 单元格为例，最优的操作方法是(　　)。

A．=REPLACE(B2, 7, 4, "****")　　B．=REPLACE(B2, 8, 4, "****")

C．=MID(B2, 7, 4, "****")　　D．=MID(B2, 8, 4, "****")

第3章　PowerPoint 2010 整体效果的美化

演示文稿被广泛应用在工作汇报、演讲报告、企业宣传、产品推介、项目竞标、管理咨询、教育教学、主题会议、婚礼庆典等各个领域，已成为人们工作、学习和生活的重要组成部分。PowerPoint 2010 是一款非常出色的演示文稿编辑制作软件，其功能非常强大。本章将主要介绍演示文稿整体效果美化的有关操作。通过本章的学习，读者将进一步提高演示文稿的制作水平。

【主要内容】

(1) 编辑幻灯片中的对象；
(2) 幻灯片页面设置；
(3) 对幻灯片进行分节设置；
(4) 演示文稿主题应用；
(5) 幻灯片背景设置；
(6) 幻灯片母版设置及应用；
(7) 幻灯片放映设置；
(8) 共享演示文稿。

3.1　编辑幻灯片中的对象

3.1.1　使用形状

1. 绘制形状

在幻灯片中绘制形状常用以下两种方法：

(1) 单击“开始”选项卡，然后单击“绘图”区中的“形状”命令，在显示的全部图形中单击需要绘制的形状(如图 3-1 所示)，将鼠标移动到幻灯片的编辑区，长按并拖动鼠标，松开鼠标后便在幻灯片上绘制出相应的图形。

(2) 单击“插入”选项卡，单击“形状”命令，在显示的全部图形中单击需要绘制的形状(如图 3-2 所示)，将鼠标移动到幻灯片的编辑区，长按并拖动鼠标，松开鼠标后便在幻灯片上绘制出相应的图形。

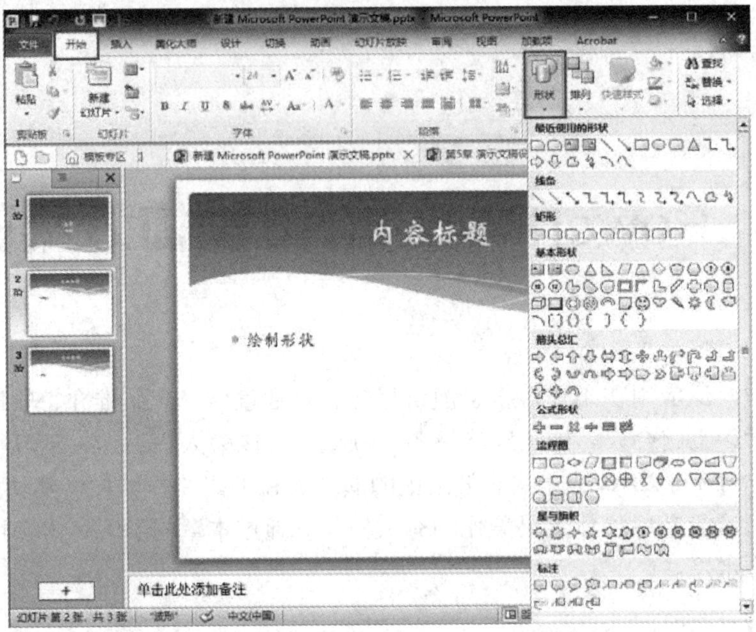

图 3-1　在幻灯片中绘制形状的方法一

图 3-2　在幻灯片中绘制形状的方法二

2. 编辑形状

1) 更改形状

完成形状的绘制后，如果发现形状不是自己的目标形状，要如何解决？一个思路是删除该形状，然后重新绘制自己需要的形状，但它的实际操作不是很方便。PowerPoint 2010提供了一个更便捷的操作方式——更改形状。具体操作步骤为：选中形状，单击“绘图工具/格式”选项卡下的“编辑形状/更改形状”命令，在显示的图形列表框中单击选取目标形状(如图 3-3 所示)，便完成了形状的更改。

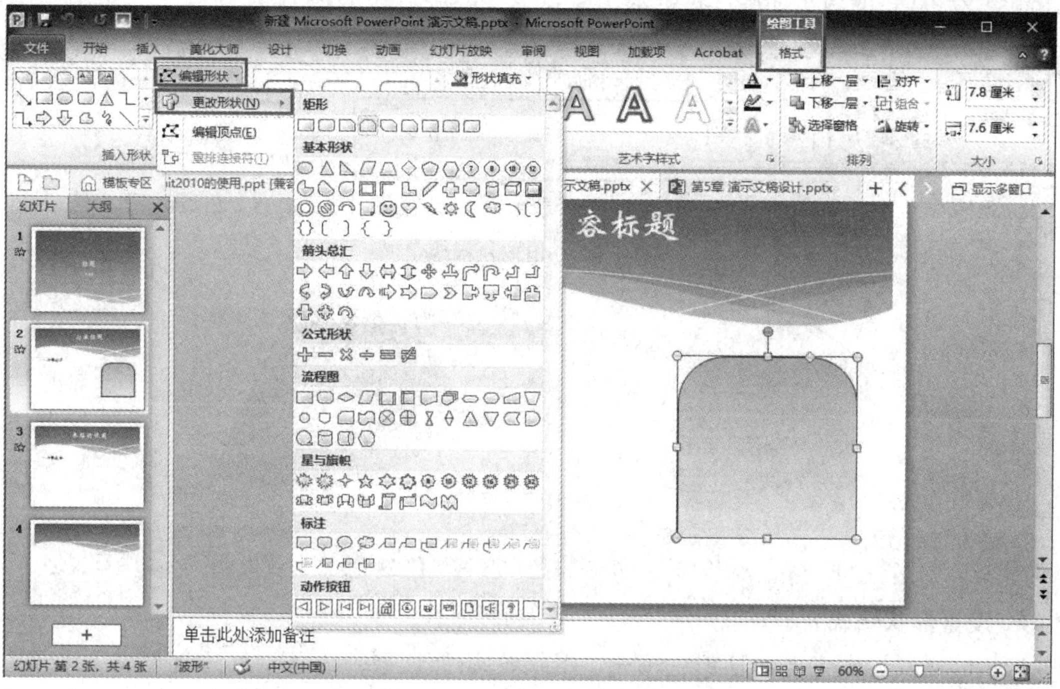

图 3-3　更改形状

2) 编辑顶点

与更改形状不同的是，编辑顶点不需要重新选择一个形状，而是使原形状进入可编辑状态，通过调整顶点来改变其形状。通常，当现有图形与目标图形相差较大时，可利用更改形状的方法另外选择一个与目标图形更接近的图形以节省时间。但如果 PowerPoint 提供的形状都不符合要求，可选择一个相近的形状，利用编辑顶点的方法对它稍加调整就能满足要求。具体操作步骤为：选中要编辑顶点的形状，单击“绘图工具/格式”选项卡下的“编辑形状/编辑顶点”命令，会显示形状的可编辑顶点，如图 3-4 所示。左边形状上的 4 个黑点就是形状的顶点。选中该形状最左边的一个顶点进行拖动，当出现目标形状时就松开鼠标，新的形状绘制便完成了。

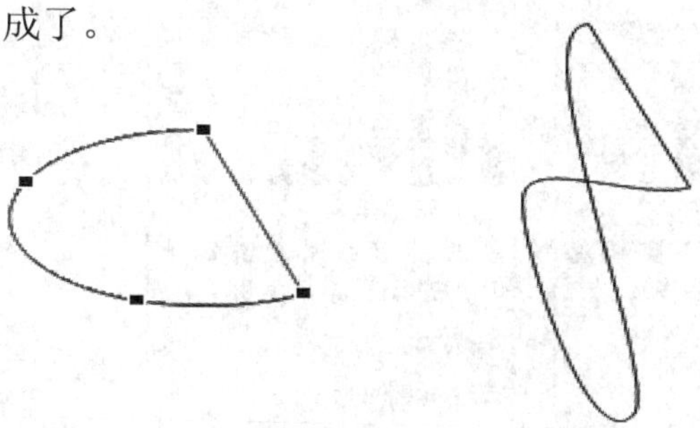

图 3-4　编辑顶点形成新的形状

3. 套用形状样式

PowerPoint 提供了 54 种形状样式，选中图形，单击“绘图工具/格式”选项卡下“形状样式”列表中的目标样式(如图 3-5 所示)，便能快速应用该样式。应用“彩色填充-蓝色，强调颜色 2”样式的效果如图 3-6 所示。

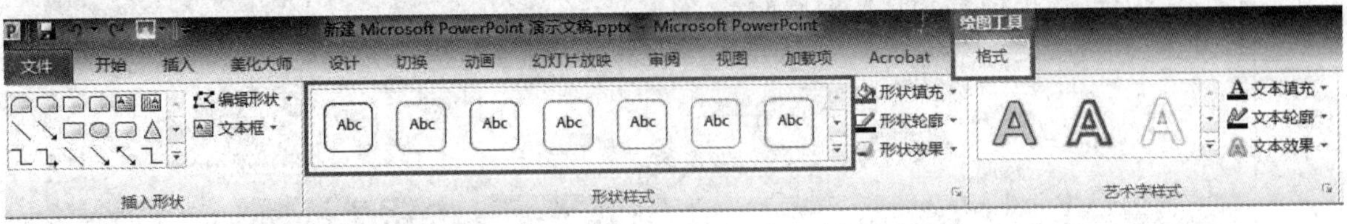

图 3-5　套用形状样式

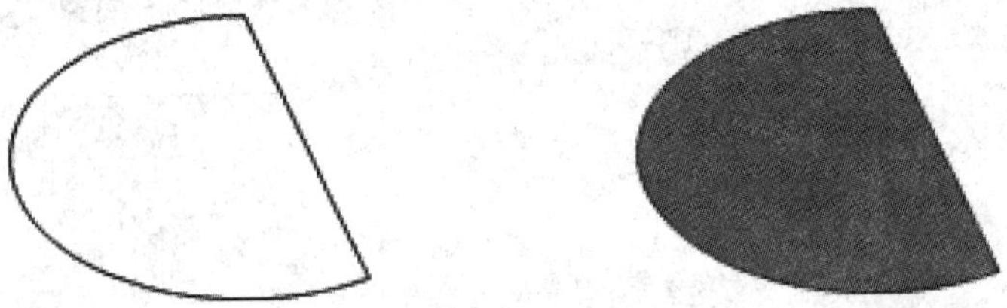

图 3-6　应用“彩色填充-蓝色，强调颜色 2”样式的效果

4. 设置形状格式

形状的格式设置主要包括形状填充、形状轮廓(如线型、线条颜色)和形状效果设置三个方面。设置形状格式一般有以下两种方法：

(1) 选中形状，分别单击“绘图工具/格式”选项卡下的“形状填充”“形状轮廓”“形状效果”命令，在展开的列表中选择相应的设置，如图 3-7、图 3-8 所示。

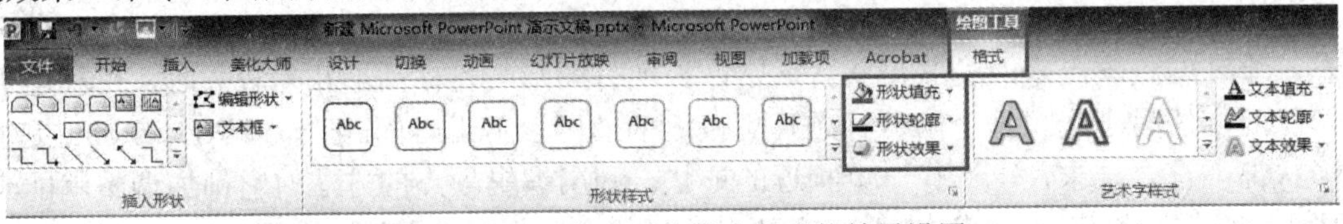

图 3-7　形状填充、形状轮廓和形状效果设置

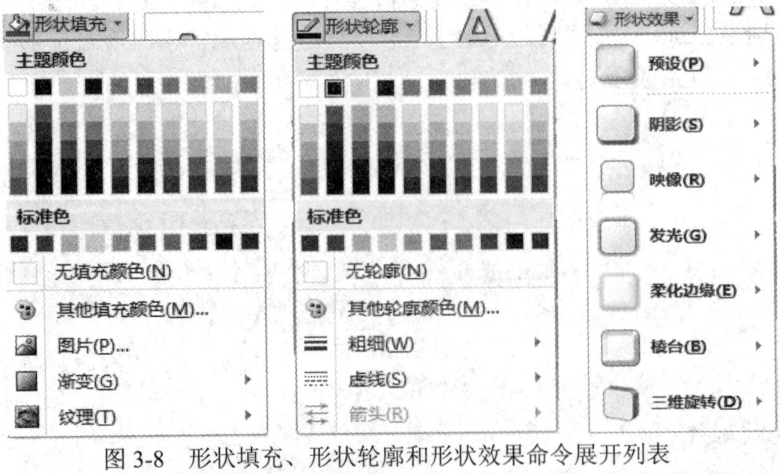

图 3-8　形状填充、形状轮廓和形状效果命令展开列表

(2) 选中形状，右击，选择“设置形状格式”命令，在弹出的“设置形状格式”对话

框中可进行形状填充设置、线条颜色和线型等轮廓设置及阴影、映像、发光和柔化边缘等效果设置，如图 3-9 所示。具体操作可根据实际需要进行调整，在此不作展开介绍。

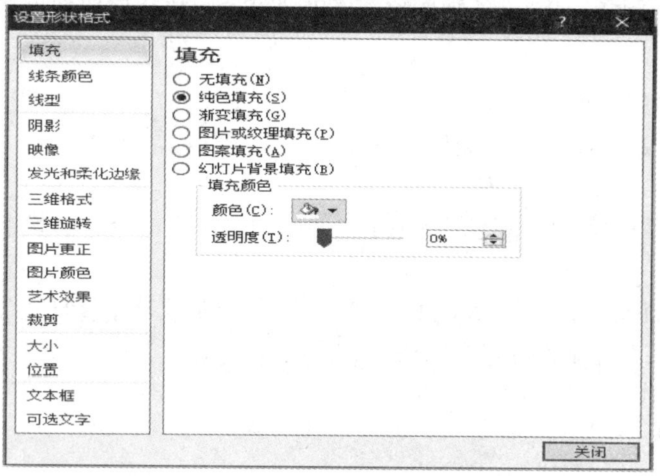

图 3-9　设置形状格式对话框

5. 形状的排列

当一页幻灯片上存在多个形状时，为了整齐和美观，有必要对形状进行相关排列设置，如图 3-10 所示。排列设置主要包括设置形状所在层的位置、对齐形状、组合形状、旋转形状等操作。

图 3-10　对形状进行排列相关设置

具体操作方法如下：

(1) 设置层：选中单个形状，单击“绘图工具/格式”选项卡下排列组区域中的上移一层、下移一层、选择窗格等命令可设置图形所在层的位置。

当最上层的形状完全挡住下方的形状时，要对下方的形状进行操作，可不必移开上方的形状，单击“选择窗格”，在选择窗格中单击上层形状名称右侧的眼睛图标(如图 3-11 所示)，将上层形状隐藏后再对下层形状进行操作。操作完成后再次单击该眼睛图标，被隐藏的形状将被显示出来。

(2) 对齐形状：选中多个形状，单击“对齐”命令，在展开的列表中可以选择“左对齐”“左居中”“右对齐”“顶端对齐”“上下居中”“底端对齐”等对齐命令实现多个形状对齐排列。

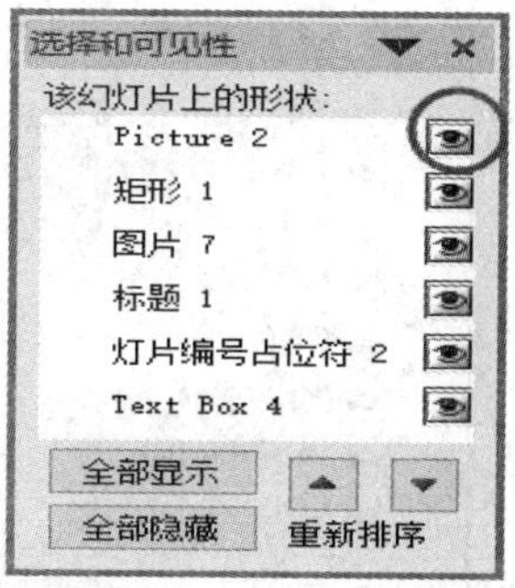

图 3-11　选择窗格

(3) 组合形状：选中多个形状，单击“组合”命令，可将多个形状捆绑在一起，使它们成为一个整体。

(4) 旋转形状：选中形状，单击“旋转”命令，在展开的列表中选择对应的旋转方式，可以实现形状的精确旋转。除了精确旋转，还可通过选中形状后拖动形状上方的绿色控点随意旋转形状。

6. 在形状中添加文本

在形状中添加文本常用下面两种方法：

(1) 选中形状，直接输入文本。

(2) 右击形状，在弹出的快捷菜单中单击“编辑文字”命令，形状中将出现光标，输入文字即可。

添加文本后，还可通过“绘图工具/格式”选项卡下的“艺术字样式”“文本填充”“文本轮廓”“文本效果”等命令对文本的格式进行设置。

3.1.2 使用图片

1. 插入图片

单击“插入”选项卡下的“图片”命令(如图 3-12 所示)，在弹出的“插入图片”对话框中找到图片文件所在的位置，选中图片文件，单击“插入”按钮，如图 3-13 所示。

图 3-12　插入图片操作

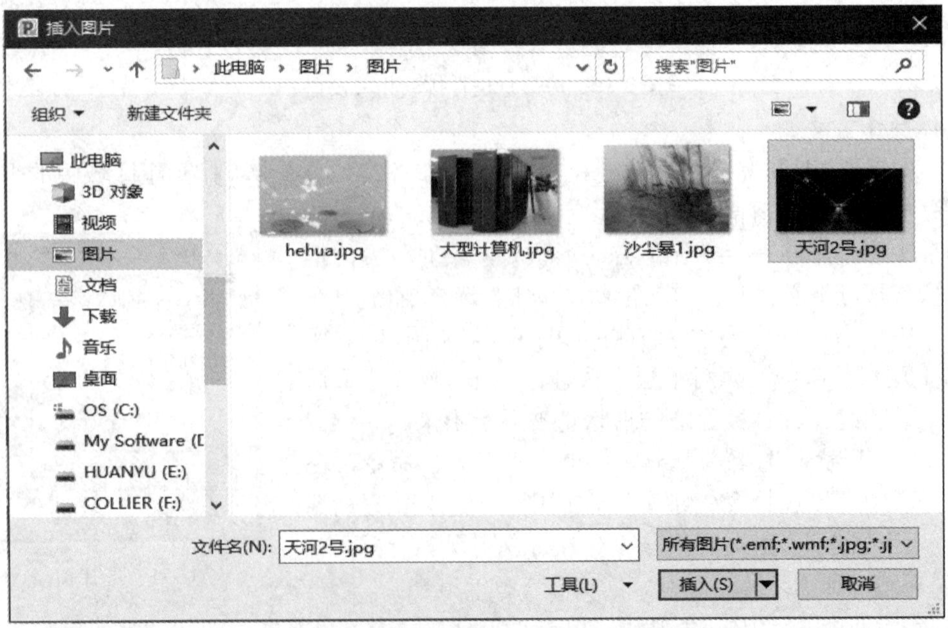

图 3-13　“插入图片”对话框

2. 调整图片

图片插入到幻灯片后，通常需要根据实际情况进行调整。选中图片，单击“图片工具/格式”选项卡，在调整区可以看到对图片进行调整的有关操作主要包括删除背景、更正、颜色、艺术效果、压缩图片、更改图片、重设图片等，如图 3-14 所示。

图 3-14　对图片进行调整

【例题 3-1】 删除图片(如图 3-15 所示)的背景，并对图片进行柔化 25%、亮度 +20%、对比度 −20%、饱和度 66%等处理。

图 3-15　示例图片(月亮)

【操作要点】

① 选中图片，单击“图片工具/格式”选项卡中调整区的“删除背景”命令，图片进入删除背景状态，如图 3-16 所示。

② 待删除的部分为紫红色状态，调整矩形框使其完全覆盖整个月亮，如图 3-17 所示。

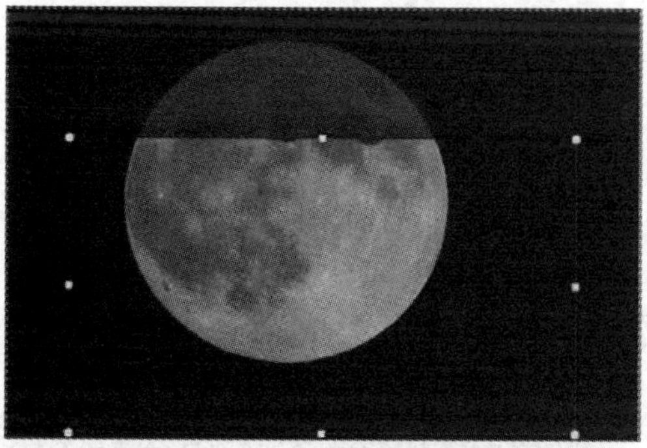

图 3-16　图片进入删除背景状态

图 3-17　调整矩形框完全覆盖整个月亮

③ 在图片之外单击鼠标，完成背景的删除，删除背景后的效果如图 3-18 所示。

④ 单击调整区中的“更正”命令(如图 3-19 所示)，单击“柔化：25%”，完成图片柔化 25%的处理，如图 3-19 所示。

图 3-18　完成背景删除

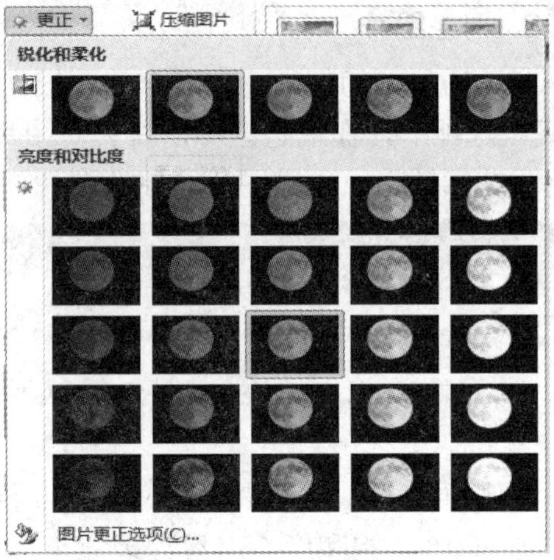

图 3-19　对图片进行柔化 25%处理

⑤ 单击调整区中的“更正”命令，在展开的列表中单击“亮度：+20%、对比度 -20%”，完成图片亮度 +20%、对比度 -20% 的处理。

⑥ 单击调整区中的“颜色”命令，在展开的列表中单击“饱和度：66%”(如图 3-20 所示)，完成图片饱和度处理。最终效果如图 3-21 所示。

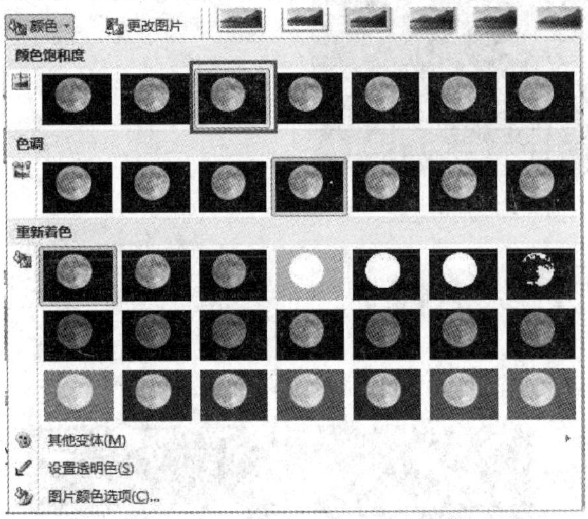

图 3-20　对图片进行饱和度 66%处理

图 3-21　最终效果图

3. 套用图片样式

PowerPoint 提供了 28 种图片样式。选中图形，单击“图片工具/格式”选项卡下“图片样式”列表中的目标样式(如图 3-22 所示)，便能快速应用该样式。如应用“棱台形椭圆，黑色”样式的效果如图 3-23 所示。

图 3-22　套用图片样式

图 3-23　应用“棱台形椭圆，黑色”样式效果

4. 图片格式设置

图片格式设置主要包括图片边框、图片效果和图片版式设置三个方面。设置图片格式一般有以下两种方法：

(1) 选中图片，分别单击“图片工具/格式”选项卡下的“图片边框”“图片效果”“图片版式”命令(如图 3-24、图 3-25 所示)，然后在展开的列表中选择相应的设置。

图 3-24　图片边框、图片效果和图片版式设置

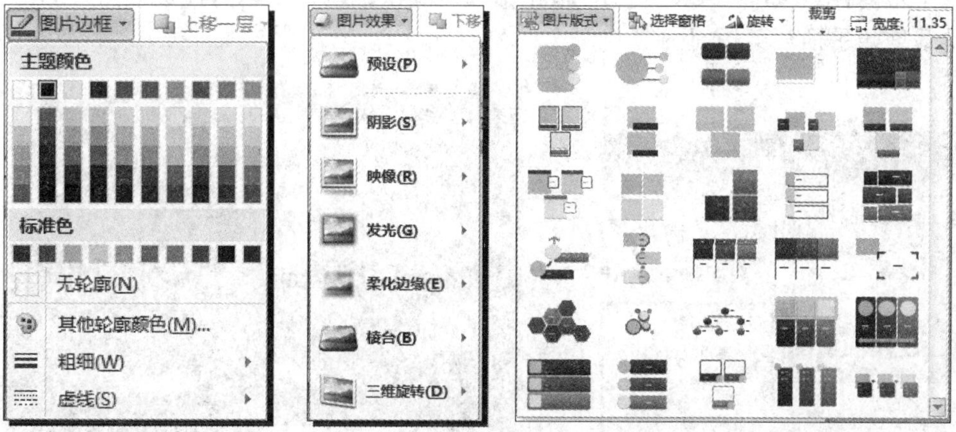

图 3-25　图片边框、图片效果和图片版式命令展开列表

(2) 选中图片，右击，选择“设置图片格式”命令，在弹出的“设置图片格式”对话框中可进行图片填充、线条颜色和线型等边框设置及阴影、映像、发光和柔化边缘等效果设置(如图 3-26 所示)。具体操作可根据实际需要进行调整，在此不作展开介绍。

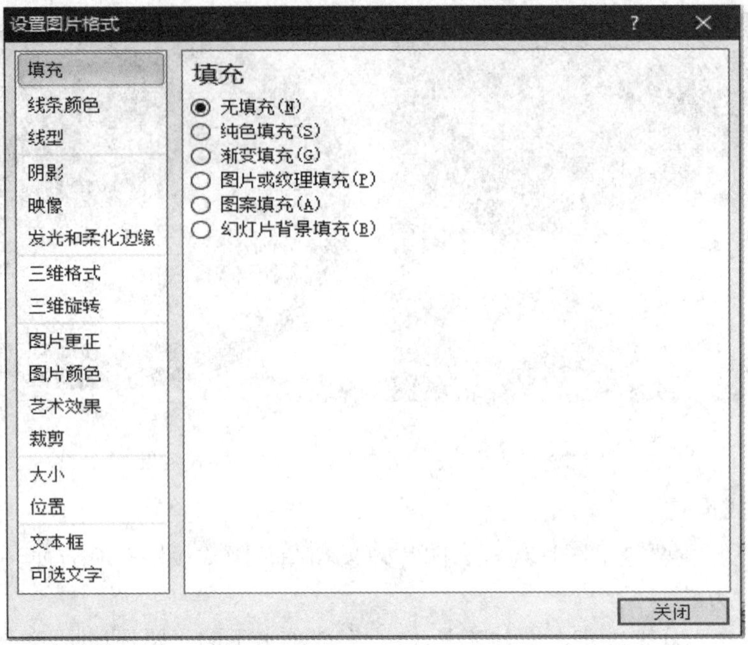

图 3-26　“设置图片格式”对话框

5. 裁剪图片

在幻灯片中使用图片时，为了展示效果需要，经常会对图片进行裁剪。PowerPoint 2010 提供了自由裁剪、裁剪为特定形状、按纵横比例裁剪等多种裁剪方式。具体操作方法如下：

(1) 选中要裁剪的图片，在“图片工具/格式”选项卡下单击“裁剪”命令下方的小三角形，展开裁剪功能列表，如图 3-27 所示。

(2) 如果要自由裁剪，则单击展开列表中的“裁剪”命令，图片进入裁剪状态，图片四周出现了裁剪控点(如图 3-28 所示)，根据需要可一次拖动一个裁剪控点裁剪一侧，也可向内拖动裁剪角手柄裁剪相邻两边。

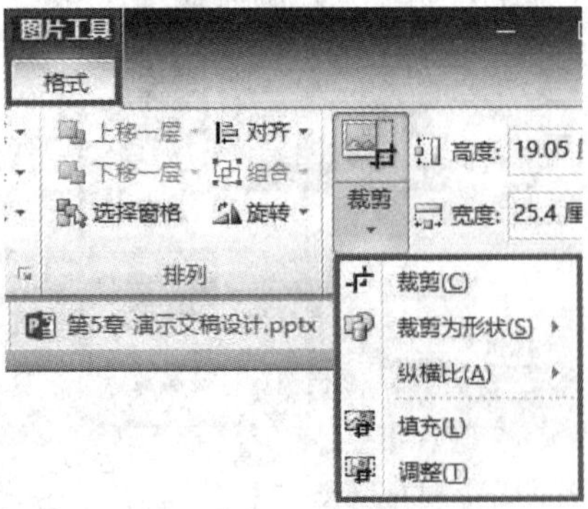

图 3-27　对图片进行裁剪

图 3-28　图片进入裁剪状态

(3) 如果要裁剪为特定形状，则单击展开列表中的“裁剪为形状”命令，在显示的图形列表中单击选择目标形状，图片则被裁剪成目标形状。

(4) 如果需要按纵横比例裁剪，则单击展开列表中的“纵横比”命令，在显示的纵横比列表中单击选择需要的比例，则图片被按比例裁剪。

3.1.3　使用表格

1. 插入表格

在幻灯片中插入表格的方法与在 Word 中插入表格的方法类似，单击“插入”选项卡下的“表格”命令，在显示的下拉列表中移动鼠标，此时下拉列表顶部将显示当前表格的行列数，在幻灯片中也将同步出现相应行列数的表格，单击便可完成表格的插入，如图 3-29 所示。

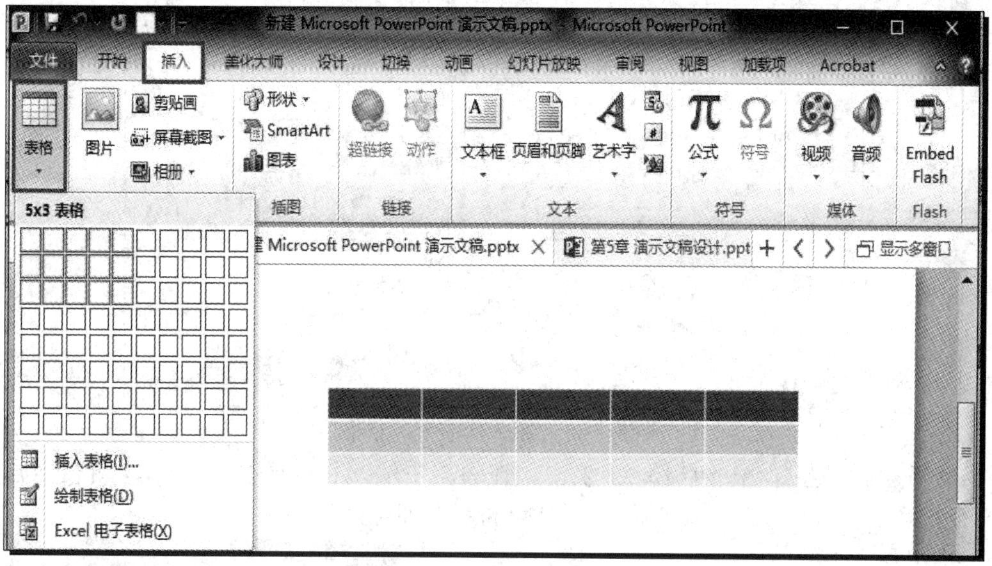

图 3-29　插入 5×3 表格

另一种常用的方法是在“表格”命令下拉列表中单击“插入表格”命令，在弹出的“插入表格”对话框中输入行数、列数(如图 3-30 所示)，单击“确定”按钮，完成表格插入。

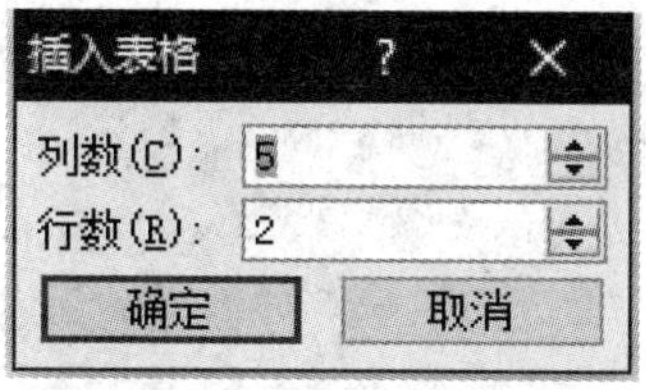

图 3-30　插入指定行数和列数的表格

2. 表格的编辑

表格插入后，通常需要对表格进行编辑。除设置文本格式外，对表格的编辑还包括通过鼠标拖动表格控点来调整表格的大小、行高和列宽以及位置，还可以利用“表格工作/设计”和“表格工作/布局”两个选项卡下的命令，完成表格的样式设置、插入与删除行(列)、合并与拆分单元格、对齐方式等操作。

表格的上述编辑操作和在 Word 中的表格的编辑完全一样，在此不再赘述。

3.1.4　使用图表

1. 插入图表

在幻灯片中，使用图表展示数据往往比单纯地使用文字和数据更直观、更生动。常用的图表主要有柱形图、饼图、折线图、圆环图等。插入图表的操作为：单击“插入”选项卡下的“图表”命令，在弹出的“插入图表”对话框中选择需要添加的图表类型(如图 3-31 所示)，单击“确定”按钮，即可插入图表。

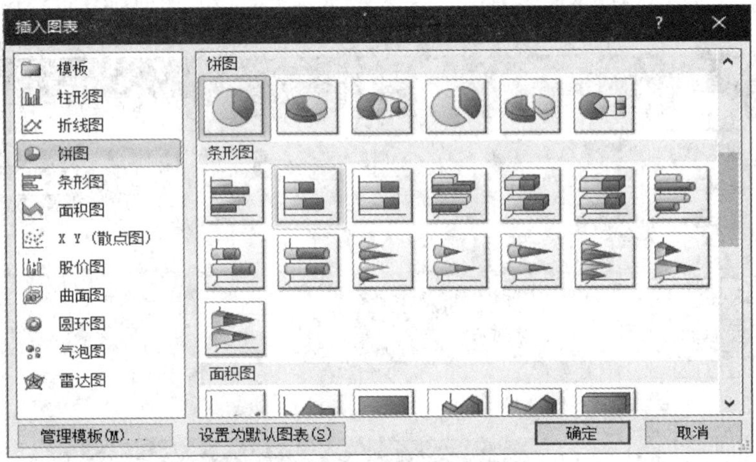

图 3-31　“插入图表”对话框

图表插入后，会弹出一个 Excel 表格，在表格中输入相应的数据信息，图表会同步变化，如图 3-32 所示。关闭 Excel 表格，对应的图表便生成了。

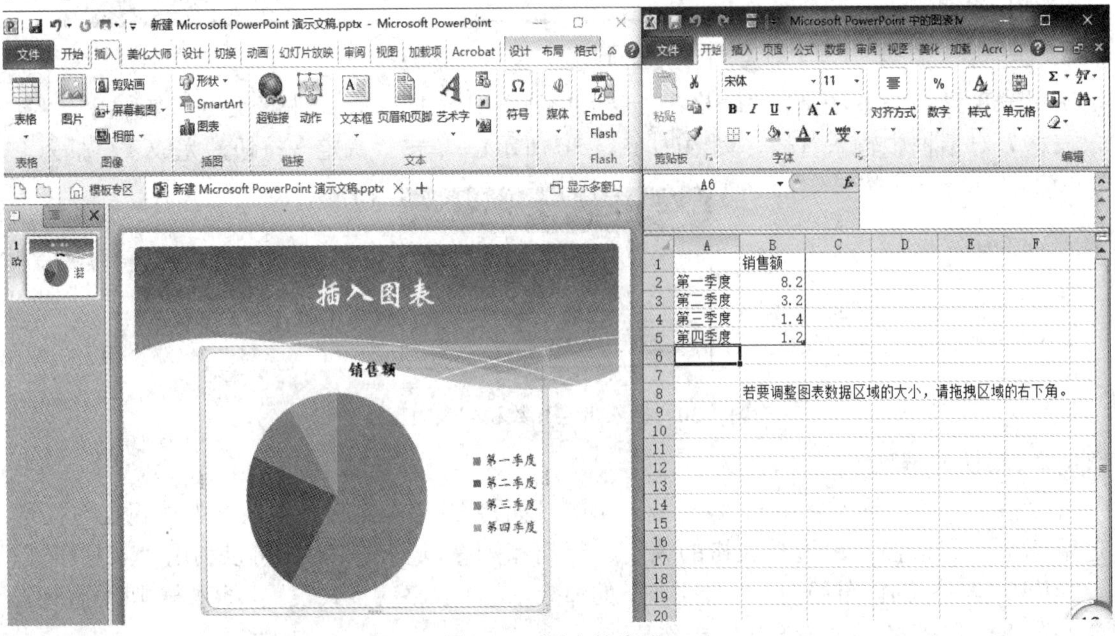

图 3-32　图表的生成

2. 图表的编辑

图表生成后，选中图表，在 PowerPoint 的工作窗口出现了“图表工具/设计”“图表工具/布局”“图表工具/格式”三个选项卡，可实现对图表的所有编辑，如图 3-33、图 3-34 和图 3-35 所示。

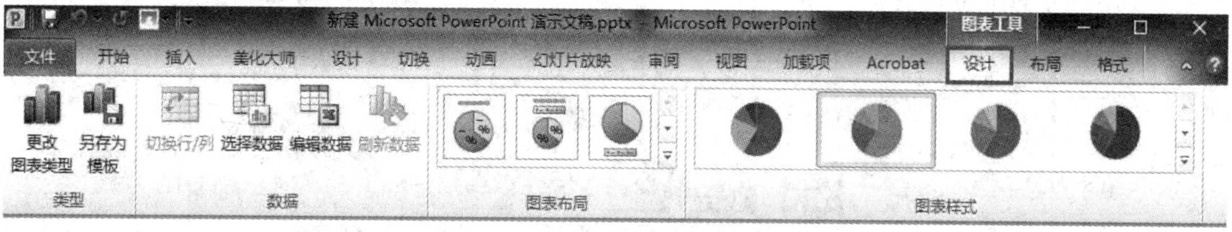

图 3-33　图表的编辑/设计选项卡系列命令

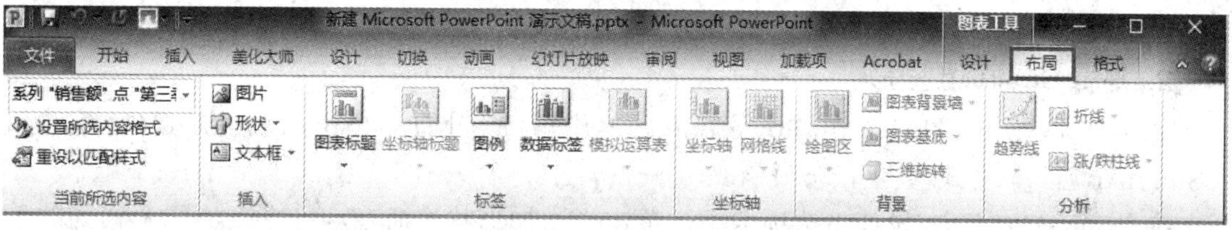

图 3-34　图表的编辑/布局选项卡系列命令

图 3-35　图表的编辑/格式选项卡系列命令

在“图表工具/设计”选项卡下，单击“更改图表类型”，可以对已经生成的图表进行类型更改(如由饼图更改为柱形图)；单击“选择数据”命令，可以更改图表中包含的数据区域；单击“编辑数据”命令，可以对图表的数据进行修改。同时，还可以对图表的布局、样式进行设置。

在“图表工具/布局”选项卡下，可以对图表的标签、坐标轴等进行设置。

在“图表工具/格式”选项卡下，可以对图表的形状样式、艺术字样式、排列等进行设置。

3.1.5　使用 SmartArt 图形

SmartArt 图形可以直观地表现各种层级关系、附属关系、并列关系或循环关系等常用关系结构。PowerPoint 提供了八大类 SmartArt 图形，用户可根据实际表达的需要灵活选择。在 PowerPoint 中使用 SmartArt 图形与在 Word 中使用 SmartArt 图形的方法是完全相同的。

1. 插入 SmartArt 图形

单击“插入”选项卡下的“SmartArt”命令，弹出“选择 SmartArt 图形”对话框，如图 3-36 所示。在该对话框中选择要添加的图形，单击“确定”按钮，即可完成 SmartArt 图形的插入。

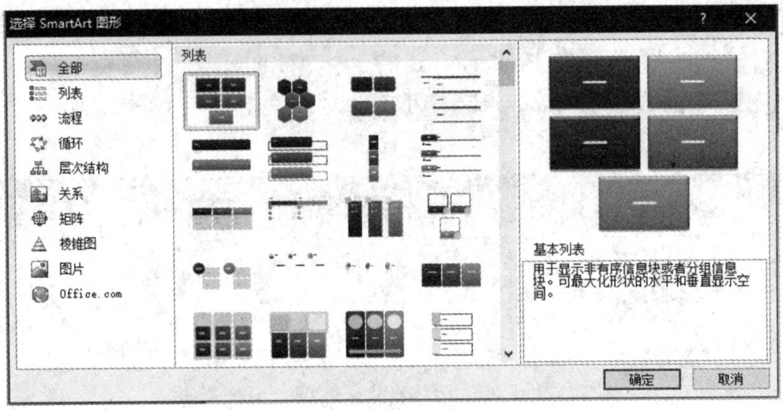

图 3-36 “选择 SmartArt 图形”对话框

2. 编辑 SmartArt 图形

选中 SmartArt 图形，在 PowerPoint 工作窗口将增加“SmartArt 工具/设计”和“SmartArt 工具/格式”两个选项卡。

在“SmartArt 工具/设计”选项卡下，单击“添加形状”命令，可以添加一个相同的形状；在“布局”命令组下可以重新选择一个 SmartArt 图形；在“更改颜色”命令下可以修改图形的颜色；在“SmartArt 样式”功能组下可以选择样式进行应用，如图 3-37 所示。

在“SmartArt 工具/格式”选项卡下，可以设置 SmartArt 图形的形状样式、艺术字体、对齐方式等，如图 3-38 所示。

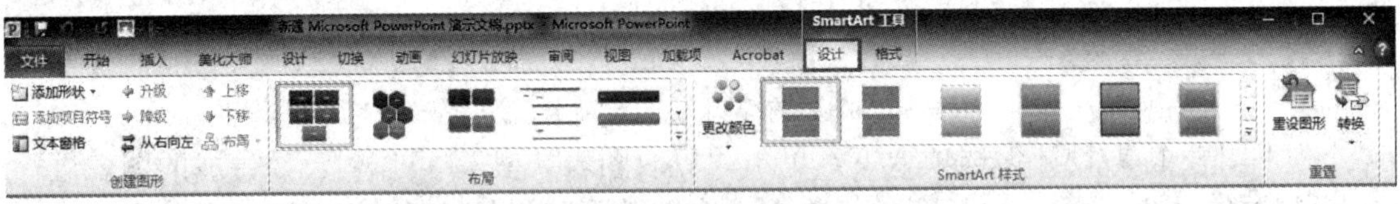

图 3-37 SmartArt 工具/设计选项卡系列命令

图 3-38 SmartArt 工具/格式选项卡系列命令

3.1.6 使用音频和视频

在制作幻灯片时，根据内容和情景需要适当使用一些音频和视频素材，能使幻灯片显得更生动、更有感染力，从而增强整个幻灯片的展示效果。

1. 插入音频文件及相关设置

单击“插入”选项卡下的“音频”命令，在弹出的“插入音频”对话框中找到音频文件所在的路径，单击要插入的音频文件，单击“插入”按钮，便可完成音频文件的插入，如图 3-39 所示。

图 3-39　插入音频文件

插入音频文件后，幻灯片上会出现一个喇叭图形，鼠标指针指向该图形，下方便会出现一个播放控制器(如图 3-40 所示)，单击“播放”按钮，即可进行播放。

图 3-40　播放控制器

通常，需要对幻灯片中插入的音频文件进行格式和播放设置。选中喇叭图形，出现如图 3-41 和图 3-42 所示的两个选项卡。其中，格式设置是针对喇叭图形的，其设置方法和图片的格式设置方法完全相同。而播放设置中主要包括播放方式设置和音频文件裁剪。播放方式设置主要包括设置音频开始播放的方式(如自动播放、单击时播放、跨幻灯片播放)以及是否循环播放等。裁剪音频文件只需在“裁剪音频”对话框中设置开始时间和结束时间即可，如图 3-43 所示。

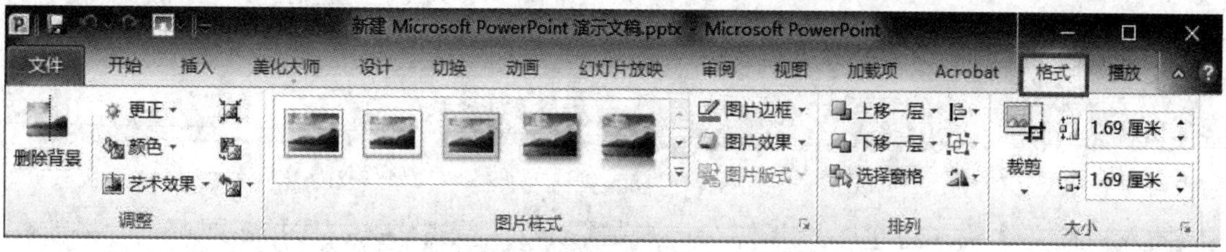

图 3-41　音频文件格式设置

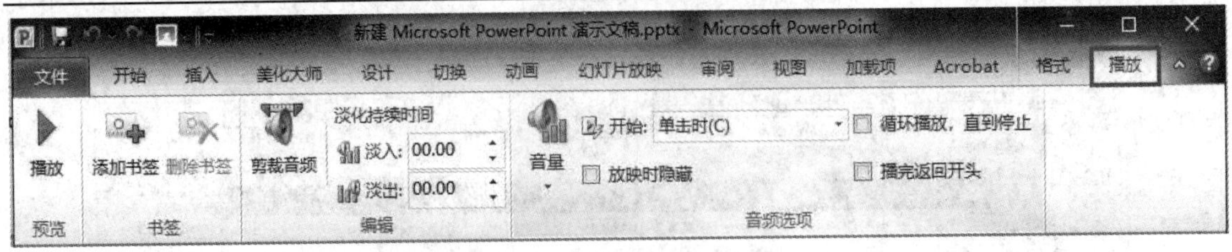

图 3-42　音频文件播放设置

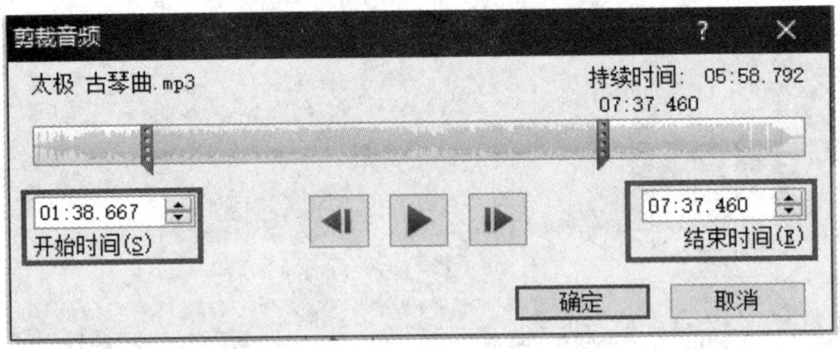

图 3-43　裁剪音频

2. 插入视频文件及相关设置

插入视频文件的方法和插入音频文件的方法类似。单击“插入”选项卡下的“视频”命令，在弹出的“插入视频”对话框中找到视频文件所在的路径，选中要插入的视频文件，单击“插入”按钮，完成视频文件插入，如图 3-44 所示。

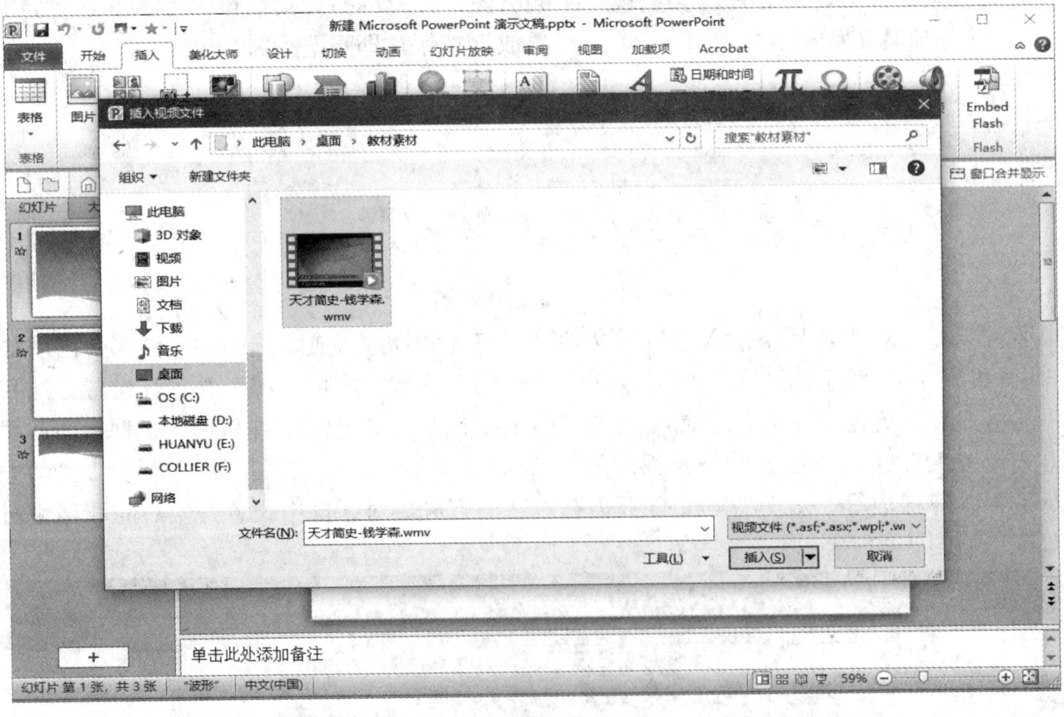

图 3-44　插入视频文件

插入视频文件后，幻灯片上出现一个视频播放器，单击“播放”按钮即可进行播放，拖动进度条或单击快进、后退按钮可控制视频播放进度，如图 3-45 所示。

图 3-45　视频播放器

对幻灯片中插入的视频文件也可进行格式和播放设置，其中常用的有播放方式设置和视频文件裁剪。播放方式设置主要包括设置视频开始播放的方式(如自动播放或单击时播放)以及是否全屏播放、循环播放等。视频文件的裁剪也很简单，只需在“裁剪视频”对话框中设置开始时间和结束时间即可，如图 3-46 所示。

图 3-46　裁剪视频

3.1.7　使用艺术字

1. 插入艺术字

插入艺术字的具体操作步骤如下：

(1) 选中要插入艺术字的幻灯片。

(2) 单击“插入”选项卡下的“艺术字”命令，出现艺术字样式列表，如图 3-47 所示。

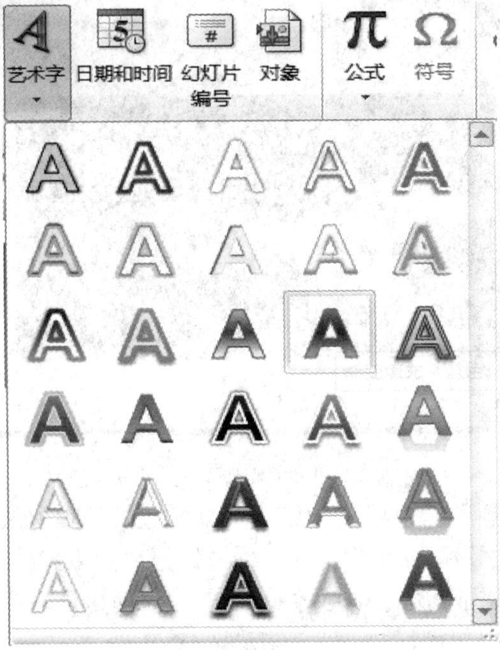

图 3-47　艺术字样式列表

(3) 在艺术字样式列表中选择一种艺术字样式(如“渐变填充-蓝色，强调文字颜色 1”)，将出现指定样式的艺术字编辑框，其中内容为“请在此放置您的文字”，在艺术字编辑框中删除原有文本并输入艺术字文本(如“我爱你，中国！”)，如图 3-48 所示。

图 3-48　插入艺术字

2. 艺术字相关编辑

艺术字的编辑和形状的编辑类似。插入艺术字后，选中艺术字，在 PowerPoint 工作窗口中会增加“绘图工具/格式”选项卡，如图 3-49 所示。在该选项卡下可以对艺术字进行形状样式、艺术字样式、对齐等各种设置。

图 3-49　图片工具/格式选项卡

下面介绍几种常用的艺术字编辑的方法：

(1) 改变艺术字填充：选择艺术字，单击“绘图工具/格式/文本填充”命令，在出现的下拉列表中可以分别用颜色、纹理、图片等填充艺术字。

(2) 改变艺术字轮廓：选择艺术字，单击“绘图工具/格式/文本轮廓”命令，在出现的下拉列表中可以分别设置艺术字轮廓的颜色、粗细、线型等。

(3) 改变艺术字的效果：选中艺术字，单击“绘图工具/格式/文本效果”命令，在出现的下拉列表中可以设置艺术字的各种效果(如阴影、发光、映像、棱台、三维旋转和转换等)。

(4) 编辑艺术字文本：单击艺术字，直接编辑修改文字即可。

(5) 旋转艺术字：选择艺术字，拖动绿色控点，可以自由旋转艺术字。

3.2　幻灯片页面设置

有时候，我们会发现 PPT 在播放时没有铺满整个屏幕，在左右或上下出现看起来很不协调的黑边，如图 3-50、图 3-51 所示。

图 3-50　幻灯片播放时出现左右黑边

图 3-51　幻灯片播放时出现上下黑边

出现这种情况的原因是幻灯片的大小比例与屏幕的大小比例不一致。实际上，在 Office 2013 之前的版本中，当我们新建一个演示文稿时，幻灯片的默认宽度为 25.4 厘米，默认高度为 19.05 厘米，宽高之比为 4∶3。而目前流行的显示屏一般为宽屏，其宽高之比为 16∶9。因此，我们需要在新建演示文稿后对幻灯片的大小重新设置，可通过“页面设置”命令来实现。具体操作步骤如下：

(1) 打开演示文稿。

(2) 单击“设计”选项卡下的“页面设置”命令，弹出“页面设置”对话框，如图 3-52 所示。

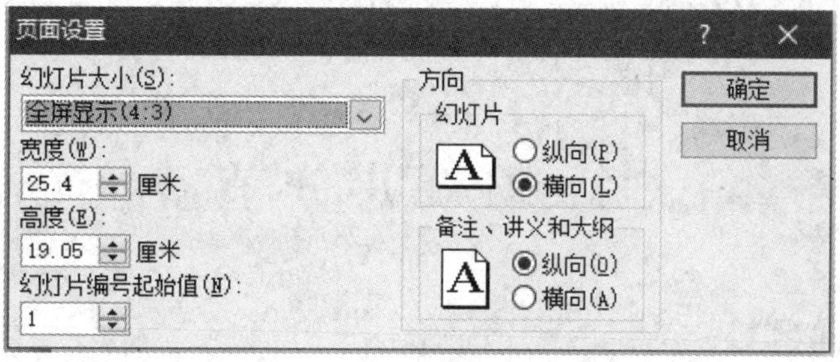

图 3-52　“页面设置”对话框

(3) 在“页面设置”对话框(如图 3-53 所示)的“幻灯片大小”列表框中选择“全屏显示(16∶9)”，如图 3-54 所示。

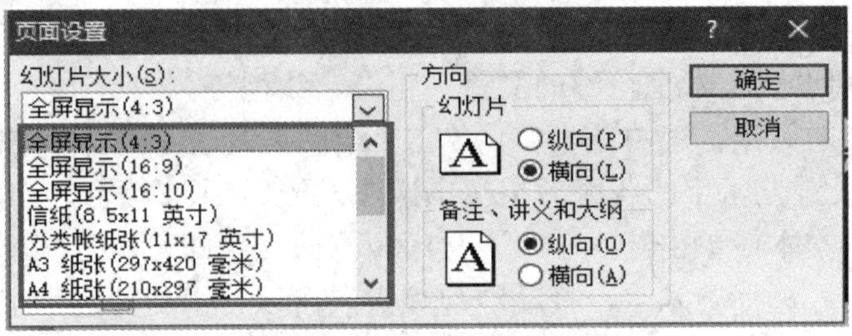

图 3-53　在列表框中选择幻灯片的大小

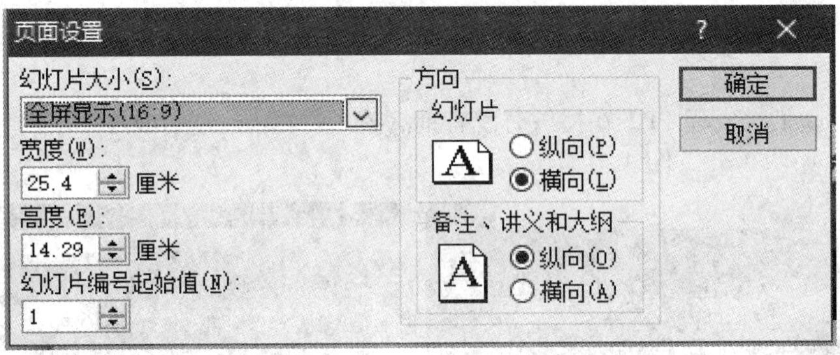

图 3-54　选择宽屏比例

(4) 单击“确定”按钮，完成页面设置操作。

页面设置完成后，幻灯片在播放时便能铺满整个屏幕，效果如图 3-55 所示。

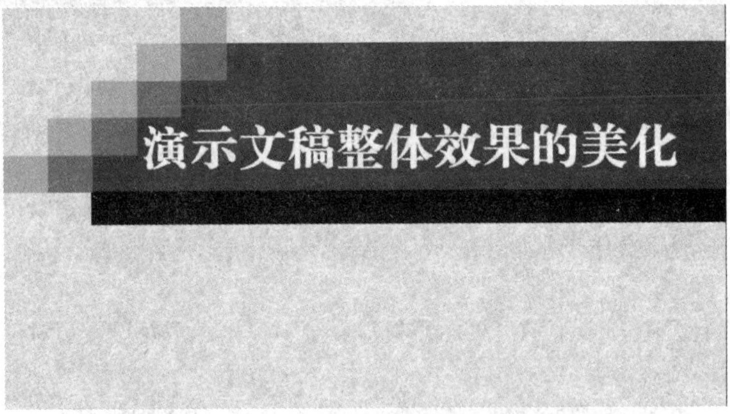

图 3-55　幻灯片播放时铺满整个屏幕

3.3　幻灯片分节

3.3.1　分节与重命名节

1. 对幻灯片进行分节

当演示文稿内容量很大，幻灯片页面很多时，为便于管理，我们可以运用分节的方法把若干张幻灯片划分为一节，一节就相当于一组，这非常类似基础数学中的分组和化整为零的思想。对幻灯片进行分节操作的常用方法有以下两种：

(1) 打开演示文稿，在幻灯片普通视图下，在需要进行分节的幻灯片之间右击或者直接右击需要分节的幻灯片，如在第 2 张幻灯片和第 3 张幻灯片之间右击或者直接右击第 3 张幻灯片，选择“新增节”，如图 3-56 所示。之后出现一个“无标题节”，如图 3-57 所示。该节包含了该幻灯片及其后面所有的幻灯片，该幻灯片之前的所有的幻灯片为“默认节”，如图 3-58 所示。

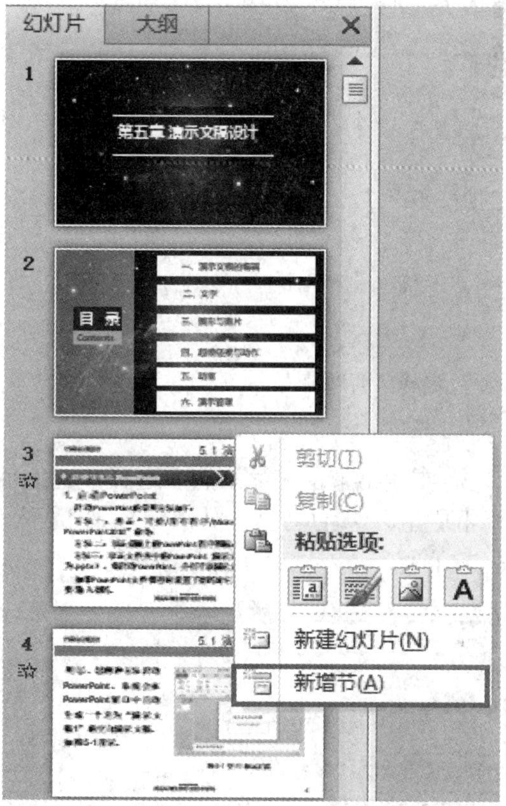

图 3-56　右击，选择“新增节”

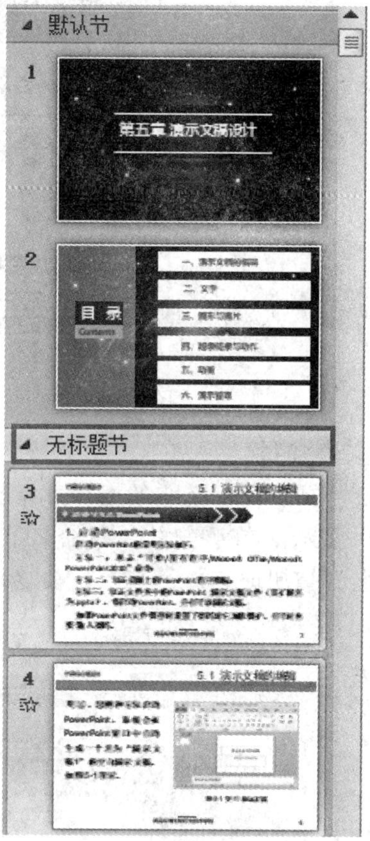

图 3-57　出现“无标题节”

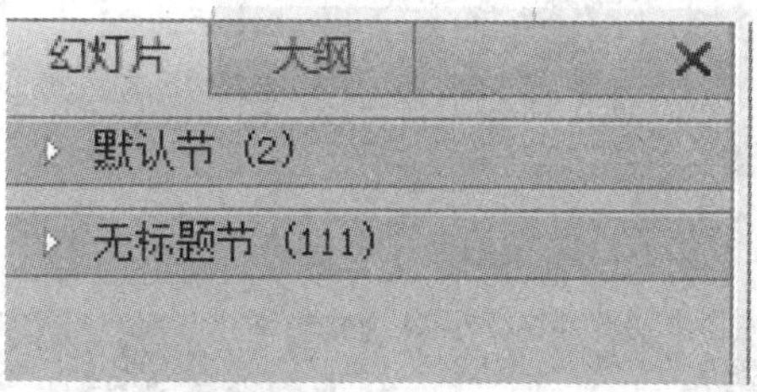

图 3-58　幻灯片被划分为两节

(2) 打开演示文稿，选中需要分节的幻灯片，如第 3 张幻灯片，单击“开始”选项卡下的“节”命令，选择“新增节”(如图 3-59 所示)，幻灯片将划分成“默认节”和“无标题节”。

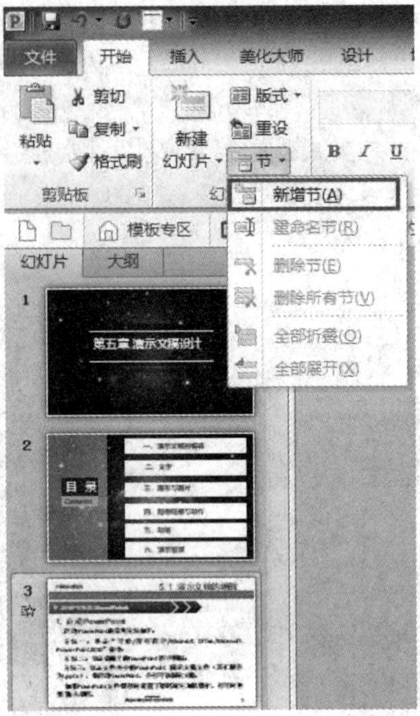

图 3-59　单击“节”命令，选择“新增节”

2. 节的重命名

对幻灯片节进行重命名的操作非常简单，只需要右击节的名字，然后选择“重命名节”(如图 3-60 所示)，在弹出的“重命名节”对话框中输入节的名字，如“第一节”，然后单击“重命名”按钮便完成了节的重命名，如图 3-61 所示。

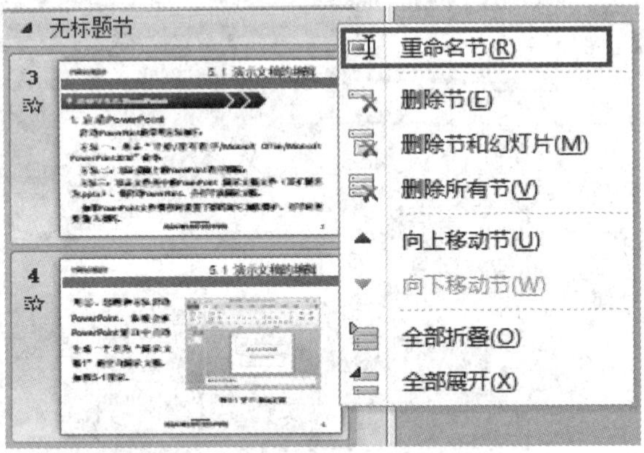

图 3-60　右击节的名字，选择“重命名节”

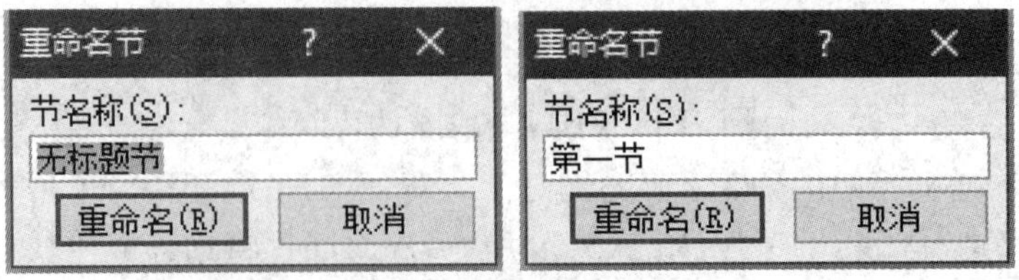

图 3-61　输入节的名字后单击“重命名”按钮

对节重命名后，在幻灯片浏览视图下可以非常清晰地看到幻灯片分节的效果，如图 3-62 所示。

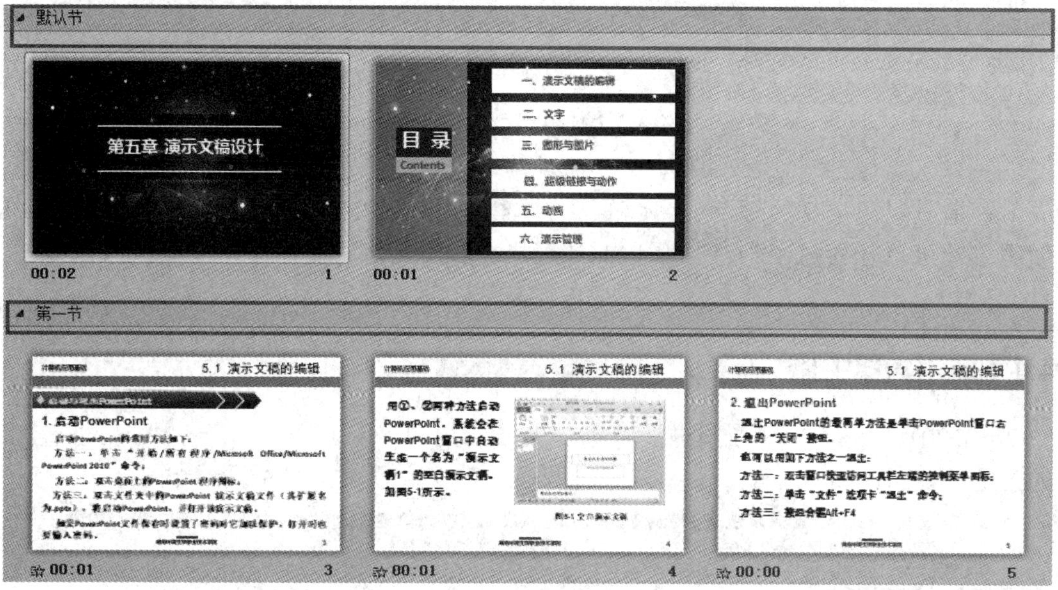

图 3-62　幻灯片浏览视图下分节效果展示

3.3.2　与分节相关的基本操作

与分节相关的基本操作主要包括删除节、删除所有节、移动节、全部折叠、全部展开等操作，下面以删除节为例进行讲解。

方法一：选中节，然后右击，选择“删除节”即可，如图 3-63 所示。

方法二：选中节，然后单击“开始”选项卡下的“节”命令，选择“删除节”即可，如图 3-64 所示。

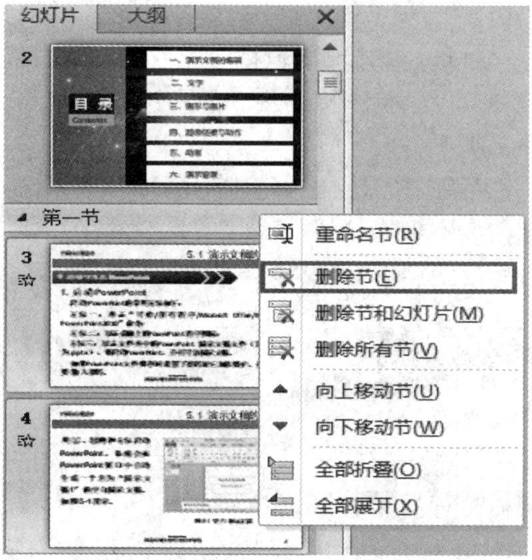

图 3-63　右击节，然后选择“删除节”

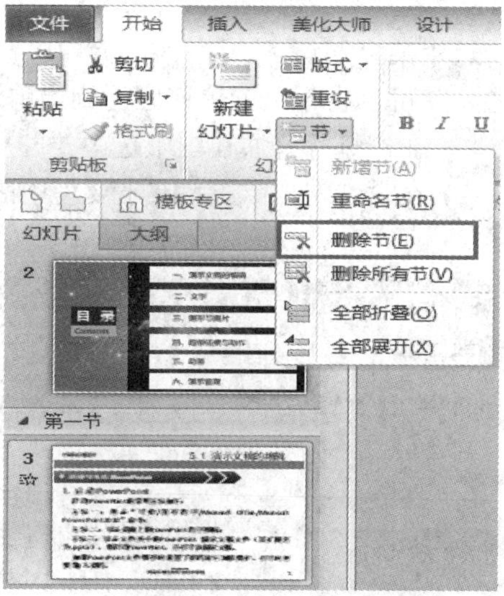

图 3-64　单击“节”命令，然后选择“删除节”

删除所有节、全部折叠、全部展开等操作和删除节的操作类似，都可以采用上述两种方法完成，在此不再赘述。移动节除了可以使用上述第一种方法操作，还可直接用鼠标拖动节向上或向下移动到目标位置。

3.4　应用设计主题

主题是一组预定义的颜色、字体和视觉效果，相当于 PPT 的模板样式。在 PowerPoint 中使用主题可以轻松赋予幻灯片一致的外观风格，极大地简化了演示文稿风格设计的工作量。

3.4.1　应用内置主题

Office 2010 内置了一系列主题库，包括几十种主题，单击“设计”选项卡可以看到所有的主题，如图 3-65 所示。

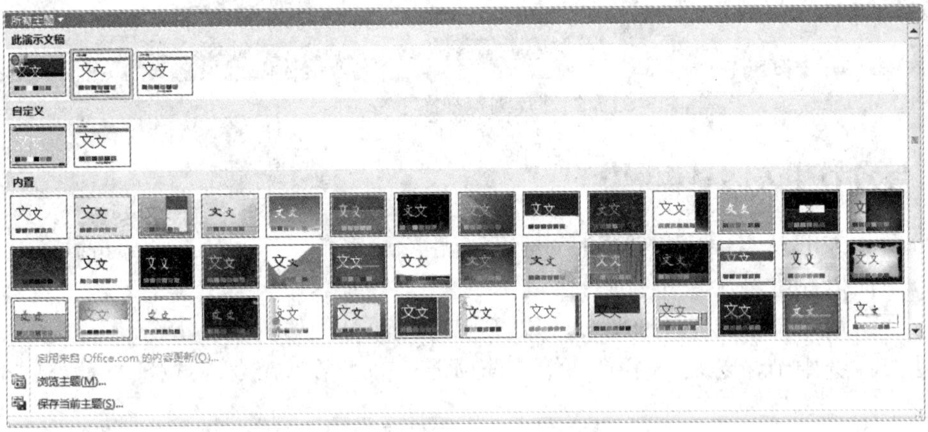

图 3-65　PowerPoint 2010 内置的主题

选中某张幻灯片，鼠标移动到某个主题上，就可以实时预览到相应的效果。单击某个主题，就可以将该主题快速应用到当前演示文稿中。具体操作方法如下：

(1) 在幻灯片普通视图中选中要应用主题的幻灯片。

(2) 在设计选项卡下，右击要使用的主题，然后选择“应用于选定幻灯片”，如图 3-66 所示。

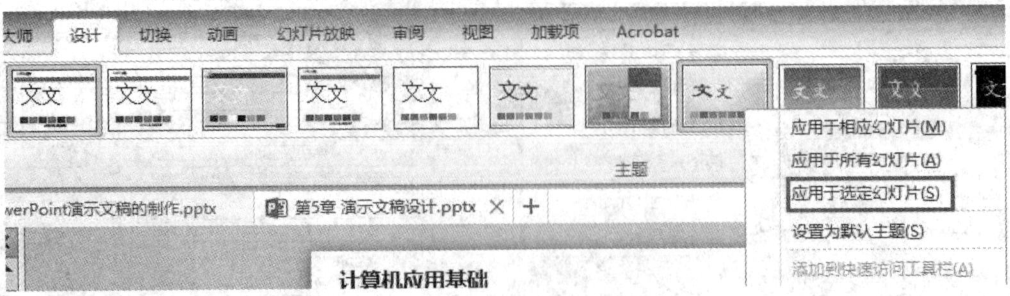

图 3-66　在演示文稿中使用主题

注意事项：

(1) 如果选中一张幻灯片，直接单击要使用的主题，则默认是“应用于相应幻灯片”，与选中的幻灯片母版相同的所有幻灯片都将应用该主题。

(2) 如果选中多张幻灯片，直接单击要使用的主题，其效果和右击后选择“应用于选定幻灯片”的效果一样。

(3) 如果要把主题应用到所有幻灯片中，需要右击选择“应用于所有幻灯片”。

3.4.2 导入外部主题

PowerPoint 2010 除了可以应用丰富的内置主题外，还可以导入并应用外部主题。何为外部主题？顾名思义，外部主题就是该主题不是一个内置主题，它不在内置主题库中，确切地说是指相对某个给定的 PPT 而言它不是一个内置主题。很多情况下，内置主题库中可能没有我们想要应用的主题，甚至对内置主题的颜色、字体、效果进行修改后仍然不能达到我们想要的效果，这时便可以考虑应用外部主题。那么，外部主题来自哪里？外部主题来自你自己选择的演示文稿模板。具体操作通常分为如下三个步骤：

(1) 确定演示文稿模板。常用下面两个方法：

方法一：到 Office 模板和主题官网(https://templates.office.com/)下载。

访问 Office 模板和主题官网，输入关键字“毕业答辩”并搜索，然后找到自己想要的主题(如图 3-67 所示)，比如图中毕业答辩模板页面中的第四个“汇报答辩通用模板”，单击该主题便会进入下载页面。单击“下载”链接，弹出“新建下载任务”对话框，在该对话框中修改文件名和文件保存的路径位置，然后单击“下载”按钮便可完成下载，如图 3-68 所示。

(a)

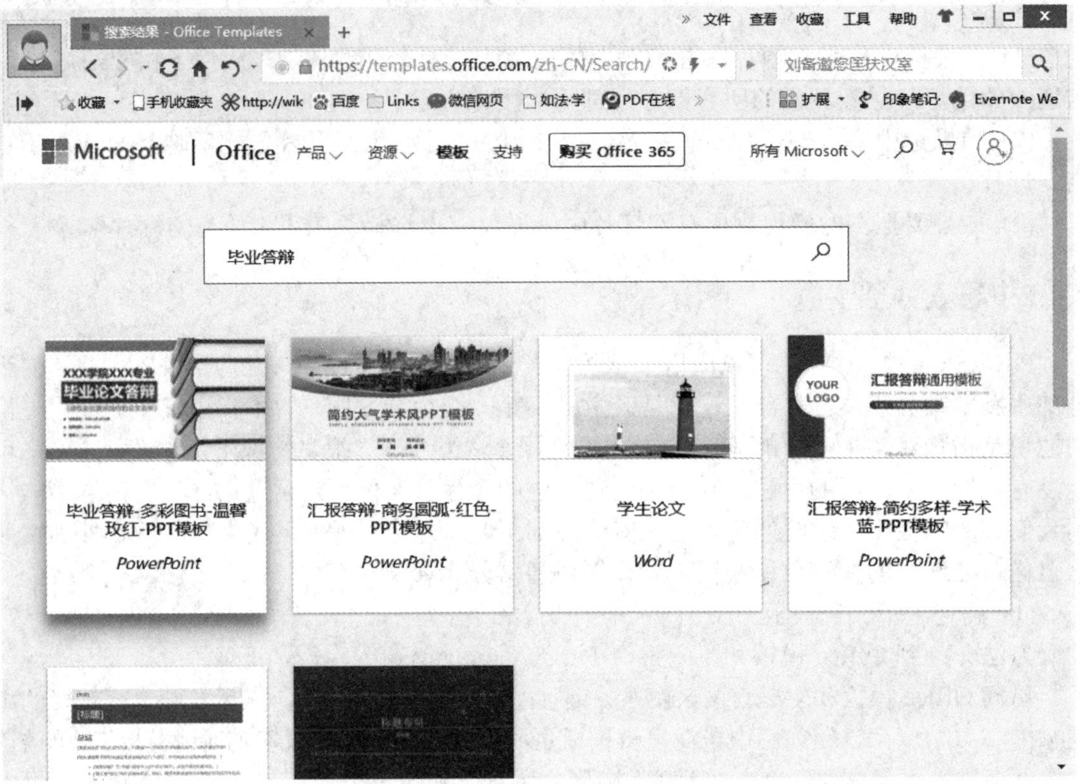
搜索结果 - Office Templates
https://templates.office.com/zh-CN/Search/
文件 查看 收藏 工具 帮助
Microsoft
Office
产品
资源
模板
支持
购买 Office 365
所有 Microsoft
毕业答辩
毕业答辩-多彩图书-温馨玫红-PPT模板
PowerPoint
汇报答辩-商务圆弧-红色-PPT模板
PowerPoint
学生论文
Word
汇报答辩-简约多样-学术蓝-PPT模板
PowerPoint

(b)

图 3-67　搜索主题

https://templates.office.com/zh-cn/汇报答辩
文件 查看 收藏 工具 帮助
Microsoft
Office
产品
资源
模板
支持
购买 Office 365
所有 Microsoft
模板 / 业务 / 汇报答辩-简约多样-学术蓝-PPT模板
汇报答辩-简约多样-学术蓝-PPT模板
汇报答辩，简约多样学术蓝设计，适用于多种商务策划的场景。需要更多合适的模板？请到：http://www.officeplus.cn
PowerPoint
下载
在浏览器中编辑
YOUR LOGO
汇报答辩通用模板
Common template for reporting and defense
OfficePLUS.cn

(a)

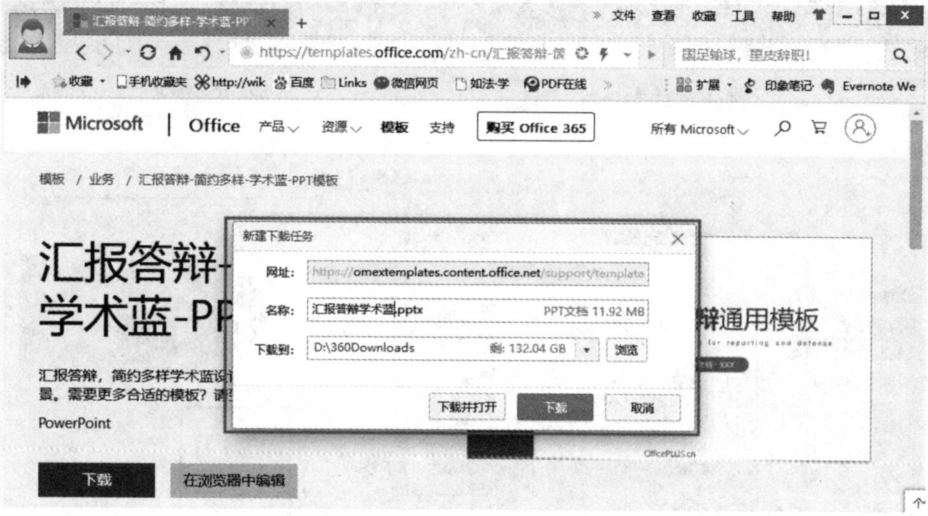

(b)

图 3-68　下载主题模板

方法二：利用主题创建演示文稿时完成下载。

该方法的本质还是到官网下载，只是不需要直接访问官网，而是利用主题创建演示文稿时完成模板的下载。其具体方法如下：

单击“文件”选项卡，在出现的菜单中选择“新建”命令，在右侧“Office.com 模板”下面选择“主题”。然后在出现的“主题”列表中选择一个主题模板，如“商战风云设计模板”，单击“下载”按钮，下载完成后便自动创建了一个演示文稿，如图 3-69 和图 3-70 所示。

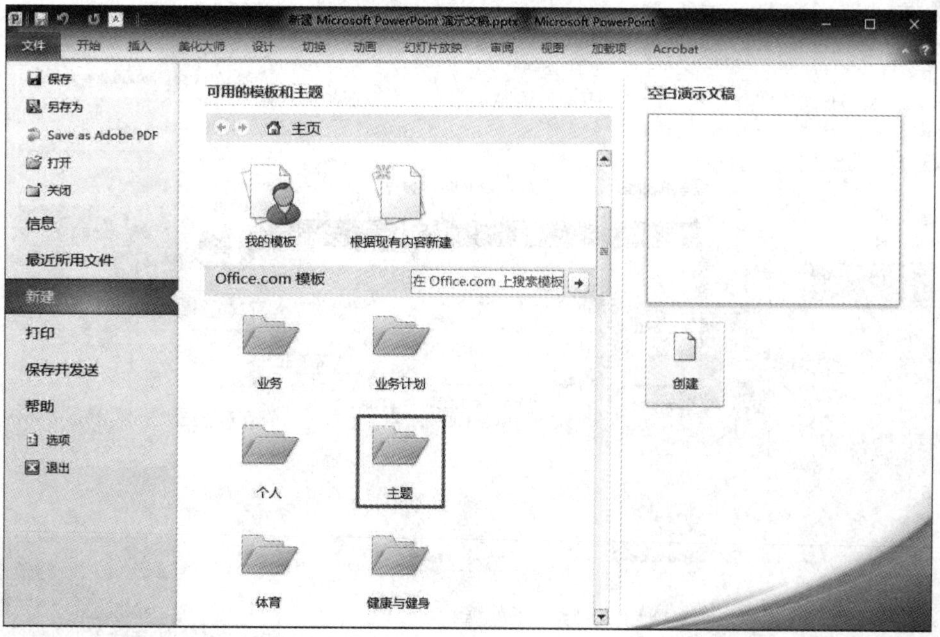

(a)

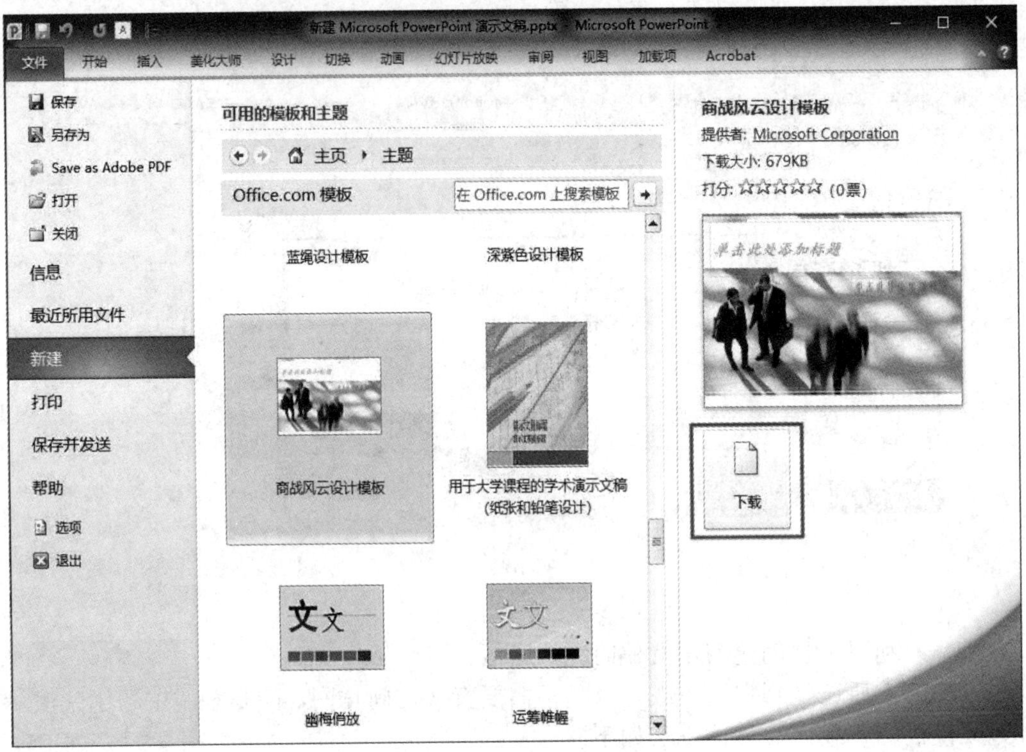

(b)

图 3-69　选择主题模板创建演示文稿

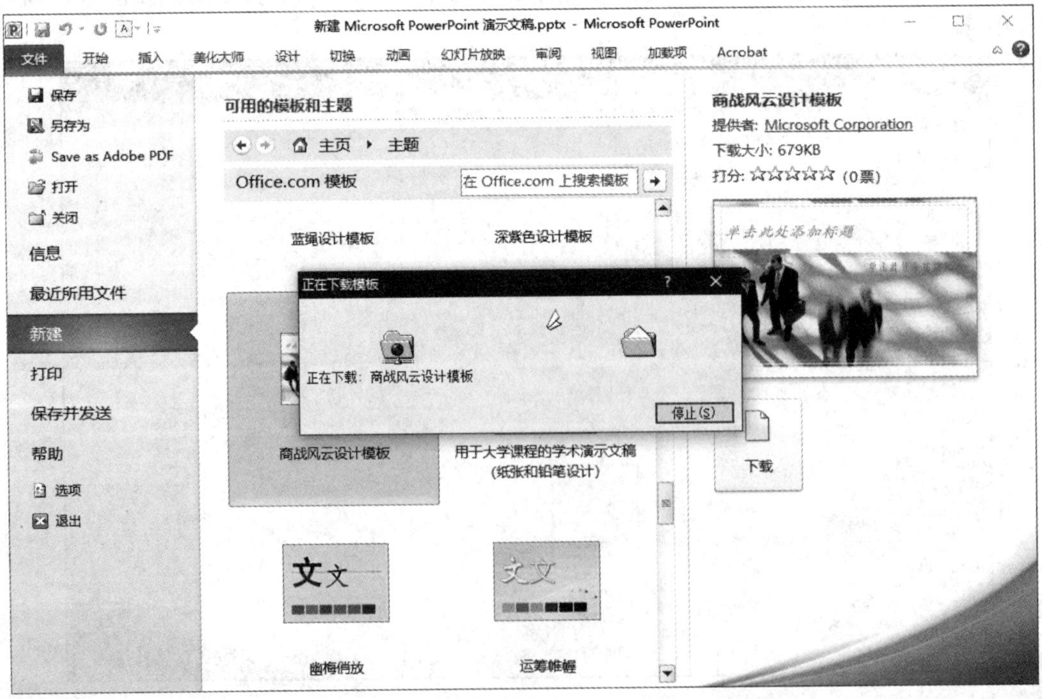

(a)

(b)

图 3-70　主题模板下载完成后自动完成演示文稿创建

(2) 保存演示文稿模板的主题。其具体方法如下：

打开步骤(1)确定好的演示文稿模板，单击“设计”选项卡右下角黑色的小三角形按钮，然后单击“保存当前主题”，弹出“保存当前主题”对话框，在该对话框中修改文件名和文件保存的路径位置，单击“保存”按钮便完成了该主题模板的保存，如图 3-71 所示。

(a)

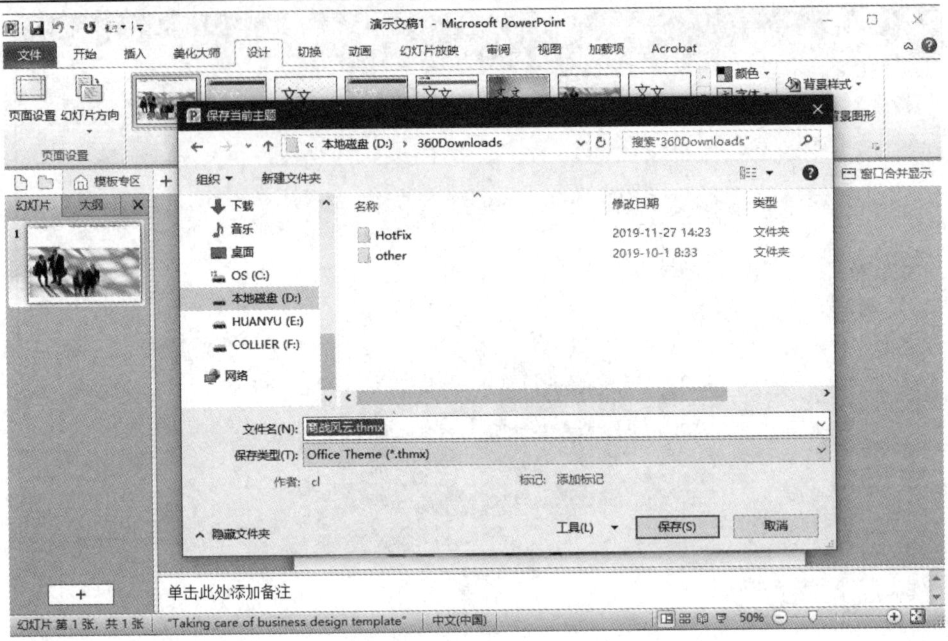

(b)

图 3-71　保存当前主题

(3) 导入并应用主题。其具体方法如下：

打开要应用主题的演示文稿，单击“设计”选项卡右下角黑色的小三角形按钮，然后单击“浏览主题”，弹出“选择主题或主题文档”对话框，选择步骤(2)保存好的主题，然后单击“应用”便完成了主题的应用，如图 3-72 所示。

(a)

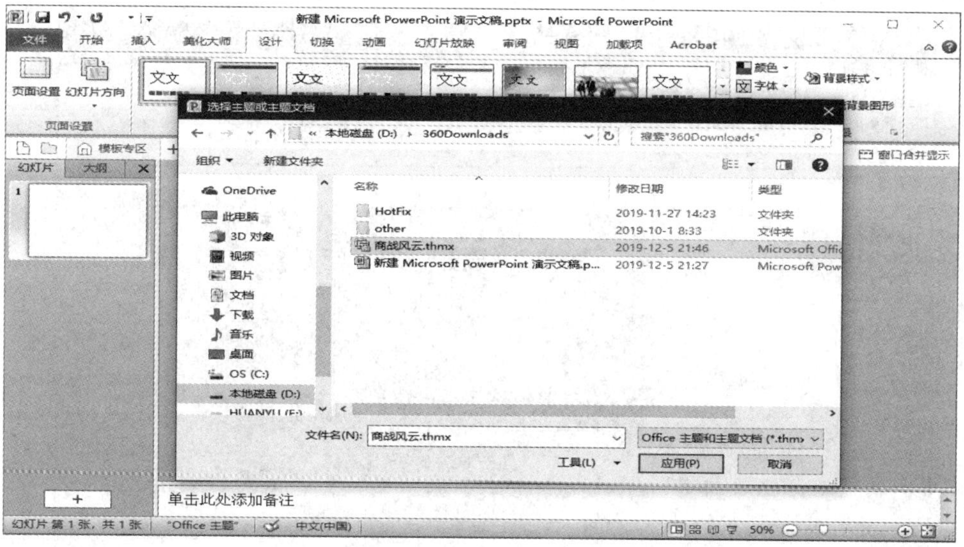

(b)

图 3-72　导入并应用主题

3.4.3 自定义主题

自定义主题主要是通过对当前主题的颜色、字体、效果等进行个性化设置以达到主题重构的效果。其具体操作方法如下：

单击“设计”选项卡右边的“颜色”“字体”“效果”三个选项，可以分别对当前主题的颜色、字体和效果进行修改，如图 3-73 所示。以“流畅”主题为例，自定义修改前后的效果如图 3-74 所示。

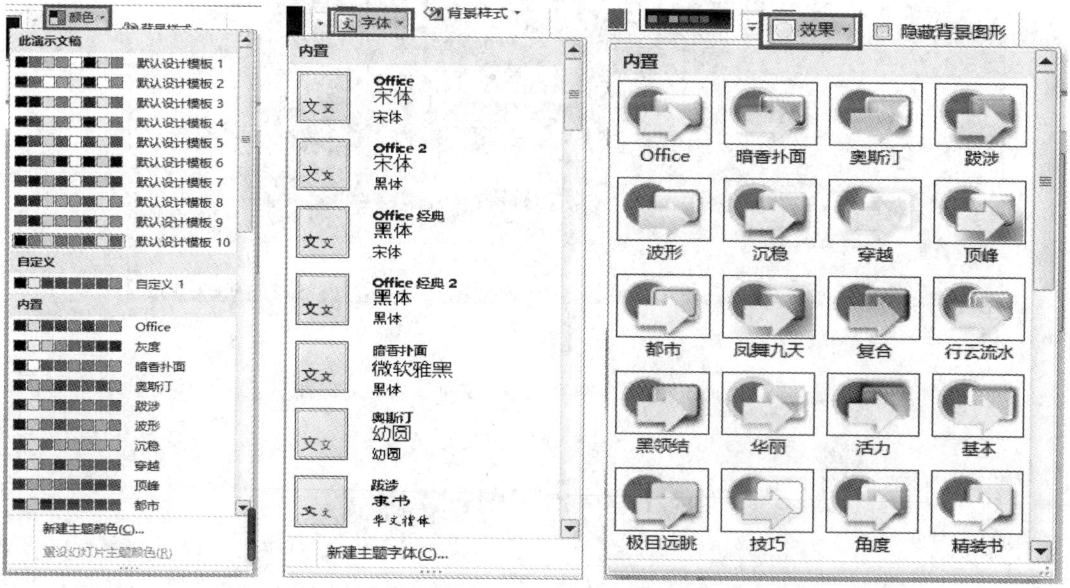

图 3-73　分别修改当前主题的颜色、字体和效果

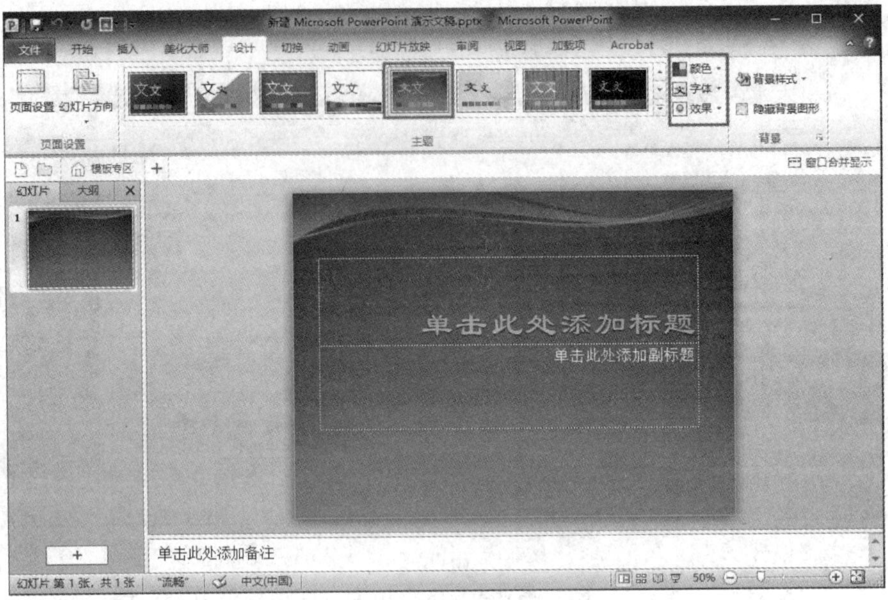

(a)

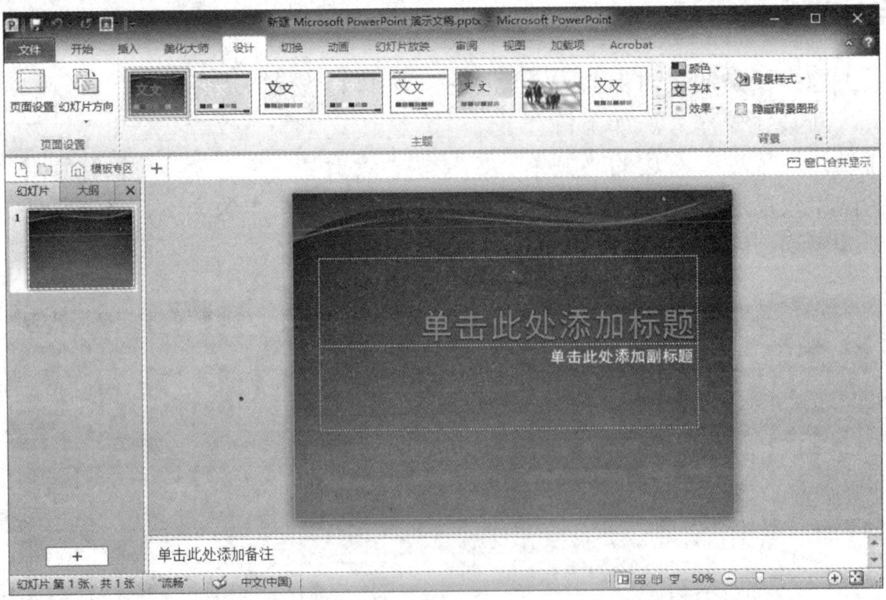

(b)

图 3-74 “流畅”主题并自定义修改前、后效果对比

3.5　应用幻灯片背景样式

幻灯片背景的好坏直接影响着幻灯片的观感，这种影响甚至是决定性的。那什么样的

背景才算一个好的幻灯片背景呢？实际上，一张优秀的幻灯片，上面任何元素的出现和安排都有它的必然性，背景亦是如此。背景的选择，不单要思考是否具有美感，还要注意整体审美的协调，注意和内容之间的关系，注意使用的场合和气氛，避免出现与内容毫无联系、反差过小、审美不足、过于单一等问题。

3.5.1　应用内置的背景样式

PowerPoint 2010 提供了丰富的内置背景样式，可供用户快速选择和应用。那么应如何应用内置的背景样式呢？其具体操作步骤如下：

(1) 选中幻灯片(如图 3-75 所示)，单击“设计”选项卡下面的“背景样式”命令，将显示所有的内置背景样式，鼠标指向某个样式即可预览该样式效果。

图 3-75　右击背景样式，根据需要选择相应的操作

(2) 右击选取背景样式，如“样式 8”，选择“应用于所选幻灯片”，则可将该背景样式应用到选中的幻灯片中。

注意事项：

(1) 鼠标指向某个样式后，如果单击，则默认执行的是“应用于相应幻灯片”命令，即应用于和选中幻灯片版式相同的所有幻灯片中。

(2) 如果要把背景样式应用到所有的幻灯片中，则需要右击背景样式，选择“应用于所有幻灯片”选项。

3.5.2　自定义背景样式

自定义背景样式主要是通过“设置背景格式”对话框来实现的。打开“设置背景格式”对话框的方法：

方法一：选中幻灯片，单击“设计”选项卡下面的“背景样式”命令，在展开的列表中单击“设置背景格式”命令(如图 3-76 所示)，便会打开“设置背景格式”对话框。

图 3-76　单击“设置背景格式”命令

方法二：右击幻灯片，在弹出的菜单中单击“设置背景格式”命令(如图 3-77 所示)，便会打开“设置背景格式”对话框，如图 3-78 所示。

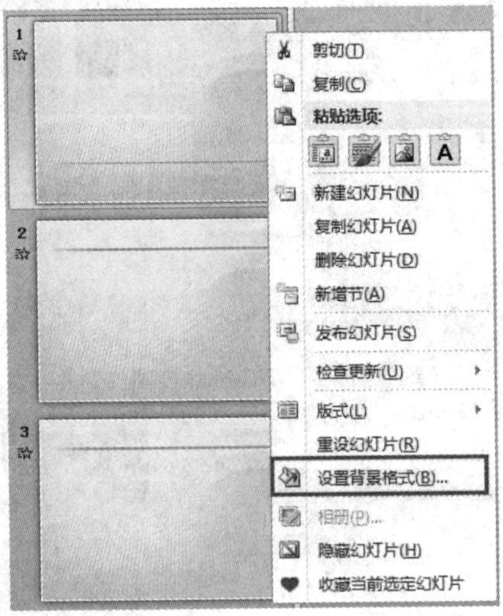

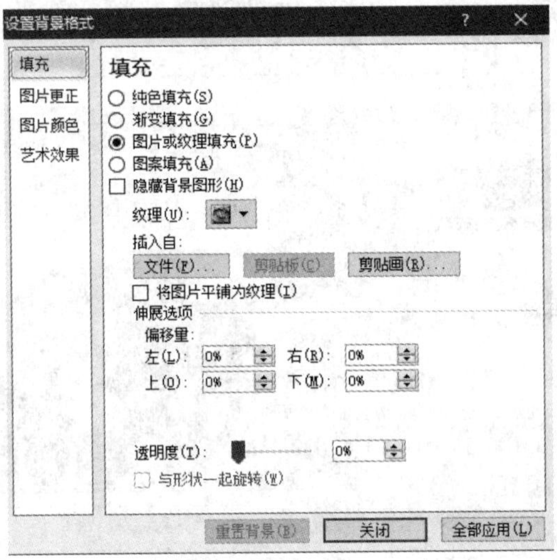

图 3-77　右击幻灯片，单击“设置背景格式”　　　图 3-78　“设置背景格式”对话框

在“设置背景格式”对话框中，选择左侧的“填充”选项，可以看到有 4 种填充模式，分别是“纯色填充”“渐变填充”“图片或纹理填充”和“图案填充”。下面依次进行讲解。

1. 纯色填充

在“设置背景格式”对话框中选择“纯色填充”模式，单击下方的“颜色”按钮，将显示颜色组(如图 3-79 所示)，根据实际情况单击选择需要的颜色，那么该颜色便会填充到选中的幻灯片中。需要注意的是，鼠标指向颜色时，旁边会提示该颜色的名称，如“橙色，强调文字颜色 1，淡色 40%”。

在“颜色”的下面有一个设置透明度的滚动条，可以拖动滚动条或在编辑框中直接输入透明度数字进行设置。

设置完毕后，如果只需要为选中的幻灯片应用该背景，则单击“设置背景格式”对话框右下角的“关闭”按钮。如果需要演示文稿中的全部幻灯片都应用该背景，则单击“全部应用”按钮。

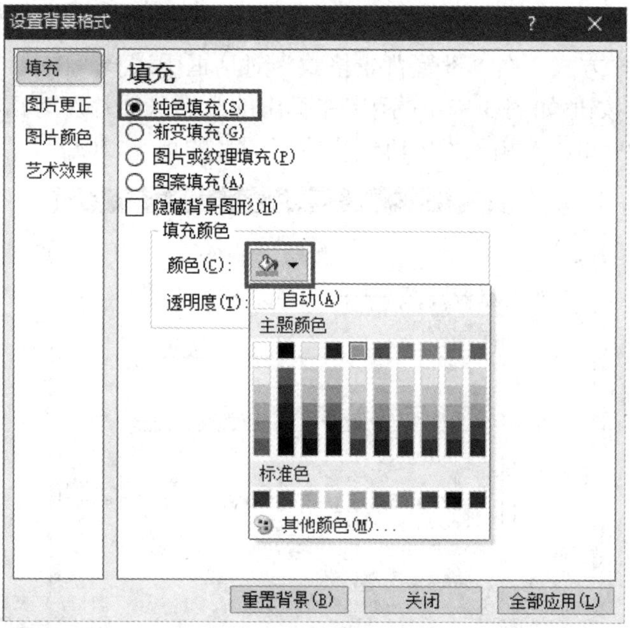

图 3-79　纯色填充

2. 渐变填充

如图 3-80 所示，在“设置背景格式”对话框中选择“渐变填充”模式，单击“预设颜色”按钮，可根据需要选取自己想要的颜色，如“雨后初晴”。

在“渐变填充”模式下，还可以根据需要对渐变的类型、方向、角度、渐变光圈、颜色、亮度、透明度等进行设置。如预设颜色为“碧海青天”，类型为“矩形”、方向为“从左上角”、亮度为 30%。

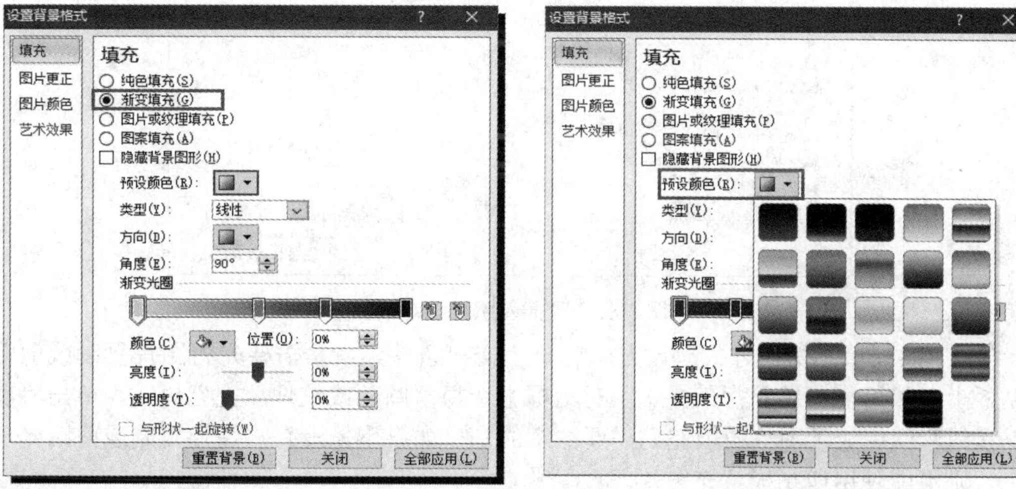

图 3-80　渐变填充

3. 图片或纹理填充

在“设置背景格式”对话框中，选择“图片或纹理填充”模式，若要进行图片填充，则必须选择图片来源。PowerPoint 2010 提供了三种填充方式，分别是文件填充、剪贴板填充和剪贴画填充。

(1) 文件填充操作方式。在“设置背景格式”对话框中选择“图片或纹理填充”模式，然后单击“文件...”按钮(如图 3-81 所示)，在弹出的“插入图片”对话框中选择图片文件(如图 3-82 所示)，然后单击“插入”按钮便完成了图片的填充，该图片将铺满整个幻灯片。

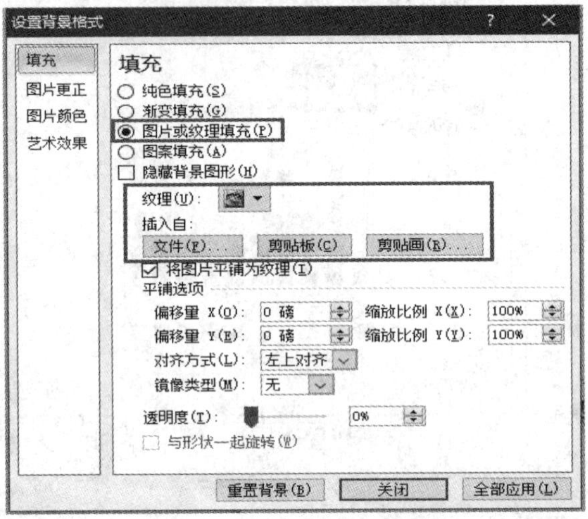

图 3-81　图片或纹理填充

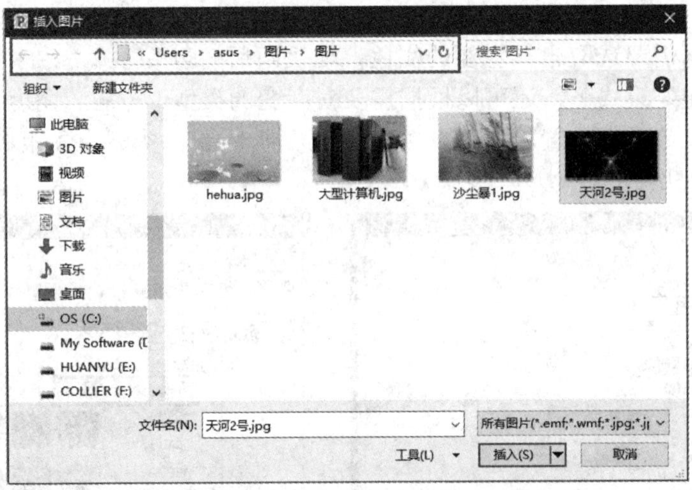

图 3-82　“插入图片”对话框

(2) 剪贴板填充操作方式。该方法有一个先决条件，就是需要先将图片复制或剪贴到剪贴板上，然后在“设置背景格式”对话框中选择“图片或纹理填充”模式，单击“剪贴板”按钮，便完成了图片的填充。需要注意的是，如果事先没有将图片复制或剪贴到剪贴板上，则不能使用剪贴板填充图片。

(3) 剪贴画填充操作方式。在“设置背景格式”对话框中选择“图片或纹理填充”模式，然后单击“剪贴画”按钮，弹出“选择图片”对话框，在该对话框中可以按关键字搜索需要的剪贴画，如图 3-83 所示。搜索“汽车”，然后选择自己想要的剪贴画，单击“确定”按钮，便完成了剪贴画填充，效果如图 3-84 所示。

图 3-83　“选择图片”对话框

图 3-84　剪贴画填充效果

4. 图案填充

如图 3-85 所示，在“设置背景格式”对话框中选择“图案填充”模式，在下方将显示可填充的图案，单击选取需要的图案，如“对角砖形”，便完成了图案的填充。

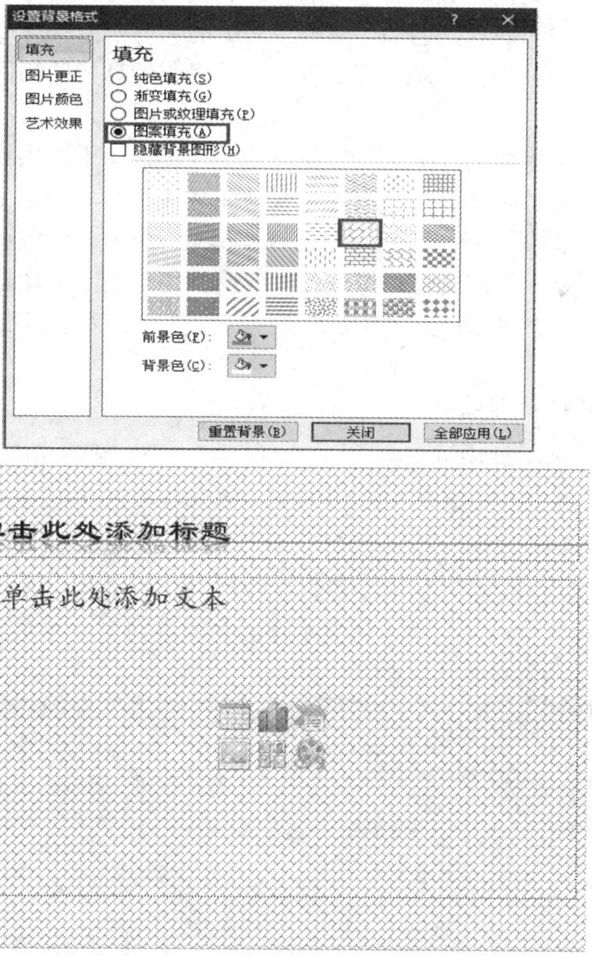

图 3-85　选择“对角砖形”图案填充及其效果图

在“设置背景格式”对话框中，还提供了“图片更正”“图片颜色”和“艺术效果”三种修改美化背景图片效果的选项，它们主要用于调整图片的亮度、对比度，更改颜色饱和度、色调，重新着色或者实现线条图、影印、蜡笔平滑等效果，可根据实际需要来设置，在此不作一一说明。

3.6　应用幻灯片母版

3.6.1　幻灯片母版概述

幻灯片母版是存储相关应用的设计模板信息的幻灯片，包括字形、占位符大小或位置、背景设计和配色方案等。如果要让每张幻灯片上都显示同样的对象，最快的方法就是修改母版，因为母版上的对象会出现在每张幻灯片上相同的位置。这样不仅便于快速统一幻灯片的风格，还可实现一次编辑永久使用，极大地减少了重复的编辑工作。

幻灯片母版和演示文稿模板是有区别的。母版是一类特殊幻灯片，它能控制所有的幻灯片，体现了演示文稿的外观，包含了演示文稿中的共有信息。对母版的任何修改都会体现在所有基于母版的幻灯片上，通常可用母版来做每张幻灯片的相同内容，这样可提高工作效率。

演示文稿模板是扩展名为 .pot 的一类特殊演示文稿，用于提供样式文稿的格式、配色方案、母版样式及特效的字体样式等内容，快速生成风格统一的演示文稿。

PowerPoint 2010 提供了三种母版，即幻灯片母版、讲义母版和备注母版，其中最常用的是幻灯片母版。通常，使用幻灯片母版进行的操作包括更改字体或项目符号、插入要显示在多个幻灯片上的图片(如徽标)以及更改占位符的位置、大小和格式等。

3.6.2　自定义幻灯片母版

自定义幻灯片母版的操作步骤如下：

(1) 进入幻灯片母版编辑模式。单击“视图”选项卡下的“幻灯片母版”命令(如图 3-86 所示)，打开幻灯片母版视图，进入幻灯片母版的编辑模式后可以在左侧的预览中看到 PowerPoint 2010 提供了 12 种默认的幻灯片母版样式。其中第一张幻灯片为基础页，对基础页进行的设置，对所有页面有效，会显示在所有的页面上，而对其他版式进行的设置，则只对该版式有效，只会显示在该版式页面上。

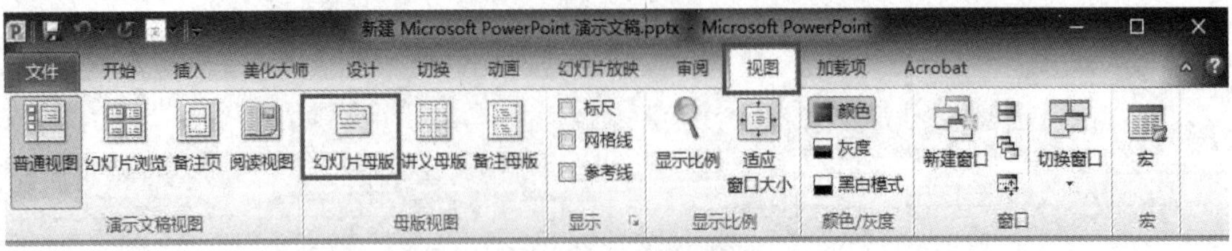

图 3-86　单击“幻灯片母版”命令

(2) 在幻灯片母版编辑模式下对母版进行编辑，如插入幻灯片母版、插入版式、插入占位符、主题设置、背景设置、页面设置等。具体编辑方法与在幻灯片普通视图下一样。下面以在非基础页中插入占位符为例进行介绍。

如图 3-87 所示，在幻灯片母版编辑模式下，选中要插入占位符的非基础页，单击“幻灯片母版”选项卡下的“插入占位符”按钮，选择相应类型的占位符，并调整大小移动到合适的位置。此外，还可以对该占位符进行字体、颜色和位置等相关设置。

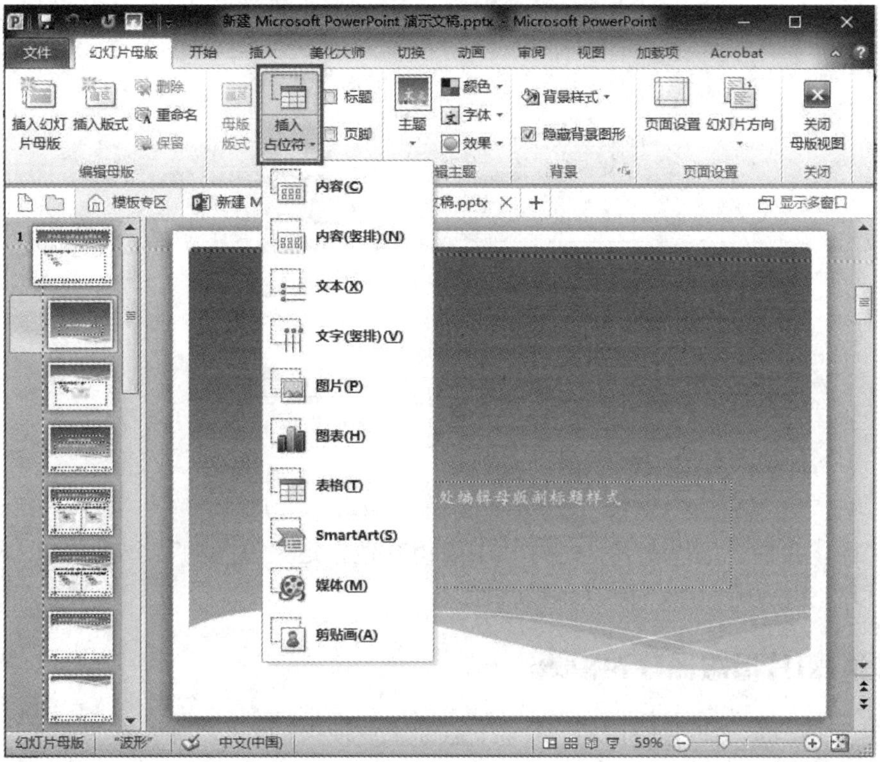

图 3-87　在非基础页插入占位符

3.6.3　应用多个幻灯片母版

为了使幻灯片风格呈现多种变化，在制作 PPT 时可能需要对一个幻灯片使用多个幻灯片母版。其具体操作步骤如下：

(1) 单击“视图”选项卡下的“幻灯片母版”命令，打开幻灯片母版视图，进入幻灯片母版编辑模式。

(2) 选择左侧最上面的幻灯片母版，对其进行自定义设置。

(3) 单击“幻灯片母版”选项卡，在“编辑母版”组中单击“插入幻灯片母版”按钮，将在左窗格添加新的幻灯片母版，同样，单击该母版进行自定义设置。

(4) 按照需要，使用同样的方法再次插入新的幻灯片母版，然后对其进行自定义设置。为了便于使用和管理，分别右击自定义的幻灯片母版，进行重命名，然后关闭母版视图。

(5) 在编辑幻灯片时，单击“开始”选项卡，在“幻灯片”组中单击“新建幻灯片”命令(如图 3-88 所示)，可以看到我们之前设计的几个幻灯片母版样式，选择其中一个母版中的某个版式，该母版就应用到当前幻灯片中了。

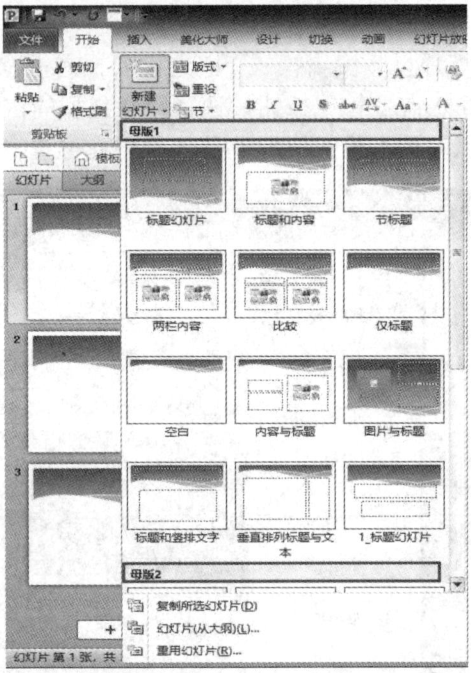

图 3-88　选择不同母版下的版式新建幻灯片

(6) 同样，我们也可以在其他幻灯片中应用其他自定义母版的某个版式，这样就实现了在一个 PPT 中应用多个幻灯片母版的目的。

3.6.4　将幻灯片母版保存为模板

幻灯片母版自定义设置完成后，为便于后续重复使用，可以将其保存为演示文稿模板。具体操作为：单击“文件”选项卡，选择“另存为”命令，在弹出的“另存为”对话框的“保存类型”中选择“PowerPoint 模板(*.potx)”类型，然后输入文件名，单击“保存”按钮完成保存，如图 3-89 所示。

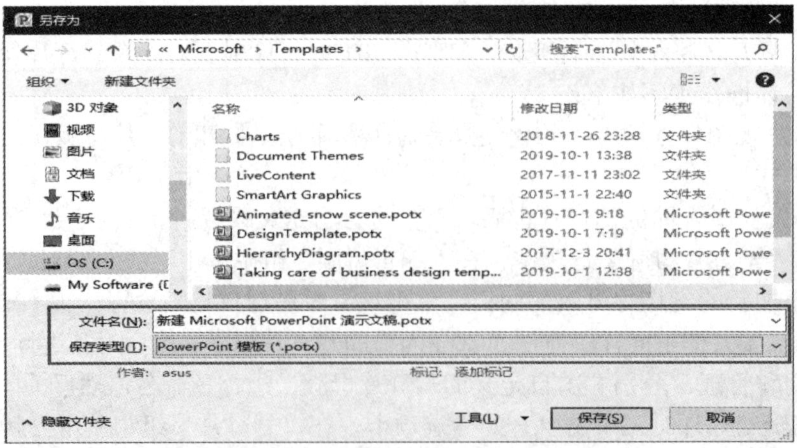

图 3-89　将修改好的幻灯片母版保存为演示文稿模板

3.7　设置幻灯片放映效果

3.7.1　放映演示文稿

幻灯片的放映也叫幻灯片的播放。播放幻灯片可以从头(即第一页幻灯片)开始，也可以从当前幻灯片开始，还可以从指定的幻灯片开始，可以手动播放，也可以自动播放。如图 3-90 所示，“幻灯片放映”选项卡提供了多种幻灯片播放方式，能够满足不同的放映需求。

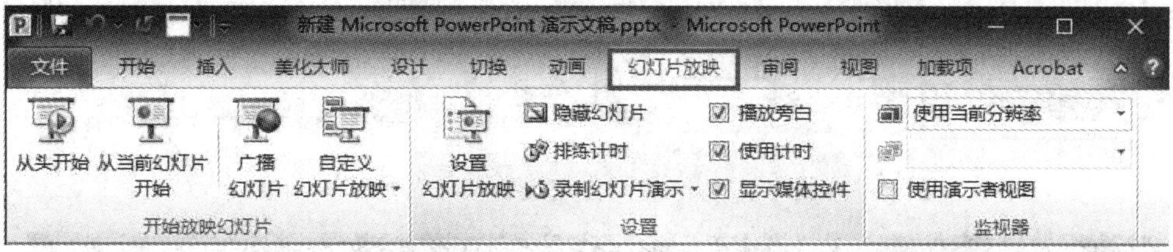

图 3-90　幻灯片放映功能

1. 从第一页幻灯片开始播放

让幻灯片从头开始播放有两种方法：

(1) 单击“幻灯片选项卡”下的“从头开始”命令。

(2) 按功能键 F5。

2. 从当前幻灯片开始播放

当前幻灯片即当前选中的幻灯片，让幻灯片从当前页开始播放有三种方法：

(1) 单击“幻灯片放映”选项卡下的“从当前幻灯片开始”命令。

(2) 单击状态栏右下角的“幻灯片放映”按钮 。

(3) 按组合键 Shift + F5。

3. 播放部分幻灯片

播放部分幻灯片常用以下两种方法：

(1) 设置放映范围。单击“幻灯片放映”选项卡下的“设置幻灯片放映”命令，在弹出的“设置放映方式”对话框中设置放映范围，如图 3-91 所示。

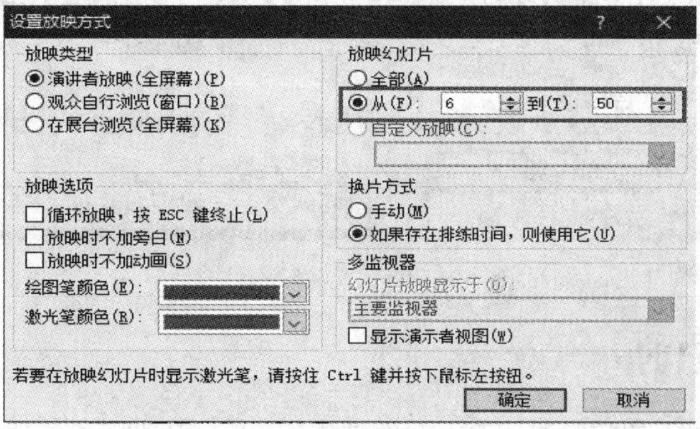

图 3-91　设置放映范围

(2) 自定义放映。如图 3-92 所示，单击“幻灯片放映”选项卡下的“自定义幻灯片放映”按钮，单击“自定义放映”命令，在弹出的“自定义放映”对话框中单击“新建”按钮，弹出“定义自定义放映”对话框，如图 3-93 所示。选中左侧的幻灯片添加到右侧，然后单击“确定”按钮，便建立了自定义放映方案。显然，该方法不仅可以设置放映连续的幻灯片，还可以设置放映不连续的幻灯片。

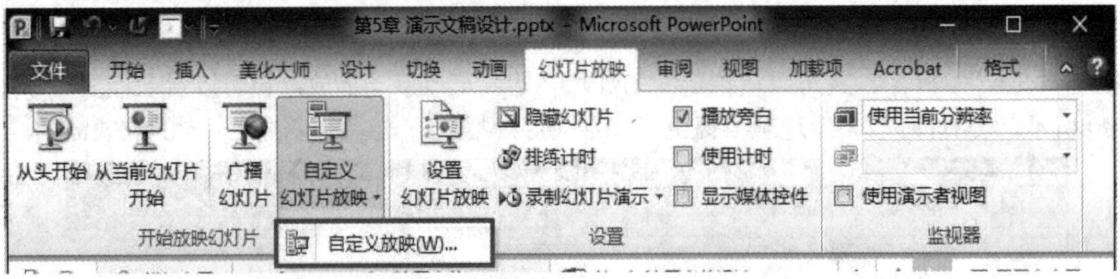

图 3-92　单击“自定义放映”命令

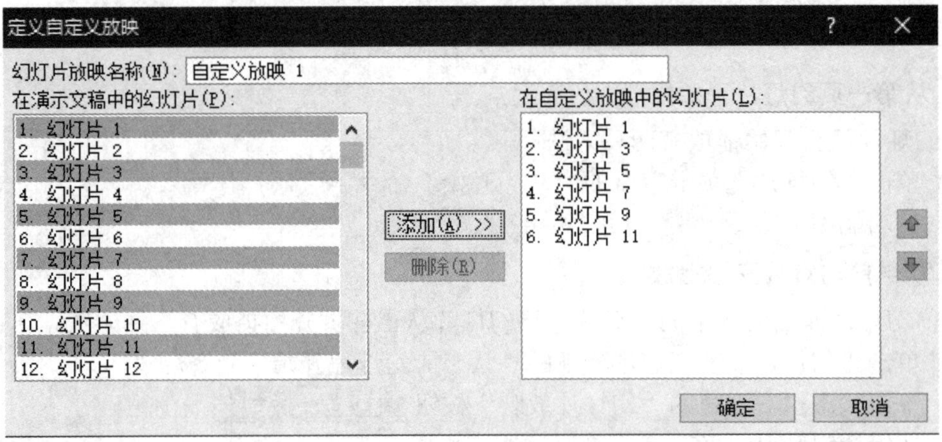

图 3-93　建立自定义放映方案

然后单击“幻灯片放映”选项卡下的“自定义幻灯片放映”按钮，单击前面定义好的“自定义放映 1”命令(如图 3-94 所示)，幻灯片便会按照既定方案进行播放。

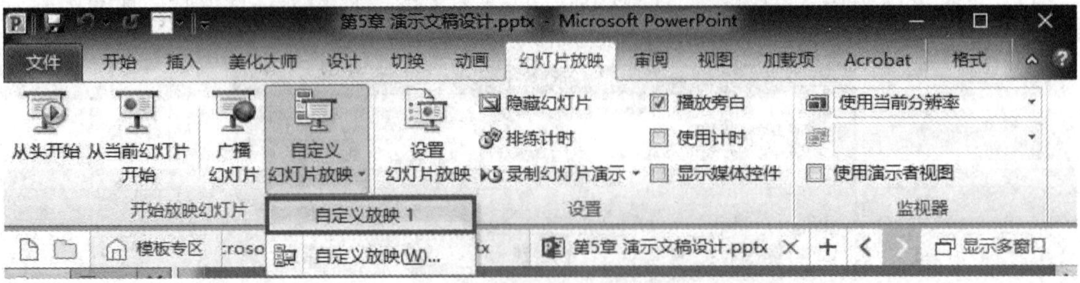

图 3-94　自定义放映幻灯片

3.7.2　设置排练计时

在工作中，对 PPT 的放映时间有时是有要求的，比如毕业答辩、演讲报告、项目汇报、新产品展示报告等，这种情况下应按照记录的时间间隔进行自动放映。

如图 3-95 所示，单击“幻灯片放映”选项卡下的“排练计时”命令，幻灯片便会从头开始播放，同时在屏幕的左上角会出现一个如图 3-96 所示的计时框。

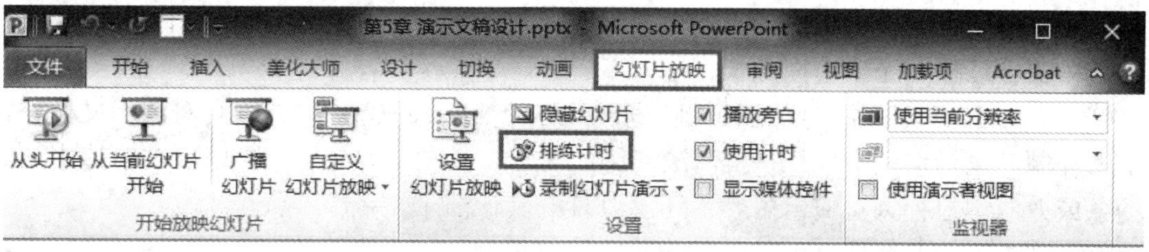

图 3-95　排练计时播放

图 3-96　计时框

若需要严格控制每一页幻灯片的播放时间，PPT 的排练计时功能可帮助用户正确把握这个时间，通过排练计时并提前多次演练，记录每页幻灯片的用时时长。此外，通过设置排练计时，还可实现在无人操作下的自动播放。

在计时框中有两个时间。前面一个是当前页面的计时，每切换到下一页幻灯片就会归零，重新计时。后一个是从开始到播放到当前幻灯片所用的总计时，时间会记录到整个 PPT 放映完毕。此外，3 个蓝色按钮从左到右分别是切换下一张、暂停当前计时和重新开始当前页面计时。

3.7.3　设置放映方式

单击“幻灯片放映”选项卡下的“设置幻灯片放映”命令，弹出“设置放映方式”对话框，如图 3-97 所示。在该对话框中可以对放映类型、放映范围、换片方式、放映时是否加旁白和动画等进行设置。

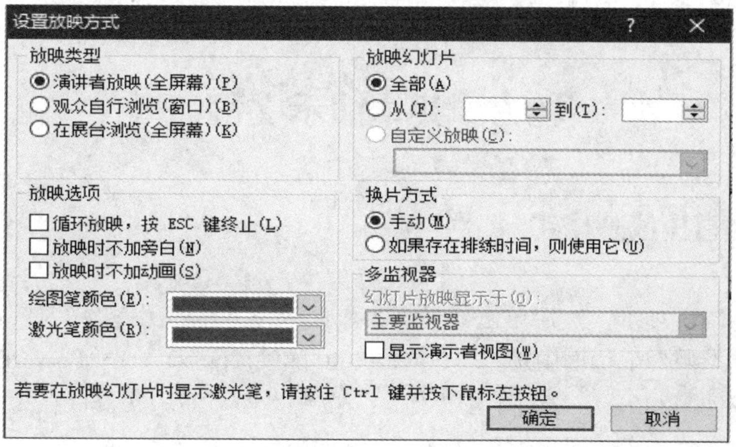

图 3-97　设置幻灯片放映方式

1. 放映类型

PowerPoint 2010 提供了三种放映类型，即演讲者放映(全屏幕)、观众自行浏览(窗口)和在展台浏览(全屏幕)。用户可以根据需要选择不同的放映类型。

(1) 演讲者放映(全屏幕)。这是一种默认的放映方式，以全屏的方式播放 PPT，放映时演讲者对演示过程有完全的控制权。

(2) 观众自行浏览(窗口)。这种放映方式又称为交互式放映，允许观众对演示文稿进行简单的控制，包括切换幻灯片、上下滚动等。观众可以在带有导航菜单的标准窗口中通过滚动条或方向键自行浏览演示内容，还可以打开其他演示文稿。

(3) 在展台浏览(全屏幕)。该方式也称为自动放映方式，通常事先设置好排练计时来自动切换幻灯片，不需要专人控制，无须使用鼠标手动放映幻灯片，观众不能对演示文稿做任何修改。

2. 换片方式

换片方式有手动和自动两种，其中自动换片方式可以通过排练计时来实现。如果事先设置好了排练计时，则在“设置放映方式”对话框中选择“如果存在排练时间，则使用它”命令或在“幻灯片放映”选项卡下勾选“使用计时”命令，这样演示文稿在放映时便会自动换片播放。

3.7.4　放映过程中的交互控制

幻灯片放映过程中，交互控制用于演示者和观众进行交流与讨论时使用。常用的交互控制主要有白屏、黑屏、暂停和模拟黑板(白板)等。

(1) 白屏：在放映时，按下“W”键，画面自动全白，按任意键恢复。

(2) 黑屏：在放映时，按下“B”键，画面自动全黑，按任意键恢复。

(3) 暂停：自动播放的演示文稿在放映时按下“S”键，所有的动画将全部暂停，再按则继续。该方法在截图时也经常使用。

(4) 模拟黑板(白板)：在黑屏或者白屏时，用画笔在屏幕上涂写或绘制。

3.8　共享演示文稿

3.8.1　转换为直接放映格式

单击“文件”选项卡，然后单击“另存为”命令，弹出“另存为”对话框，如图 3-98 所示。在“保存类型”下拉框中选择“PowerPoint 放映(*ppsx)”或“PowerPoint97-2003 放映(*.pps)”，如图 3-99 所示。之后单击“保存”按钮，便将演示文稿保存为直接放映格式。该格式的演示文稿在打开时便会自动放映。

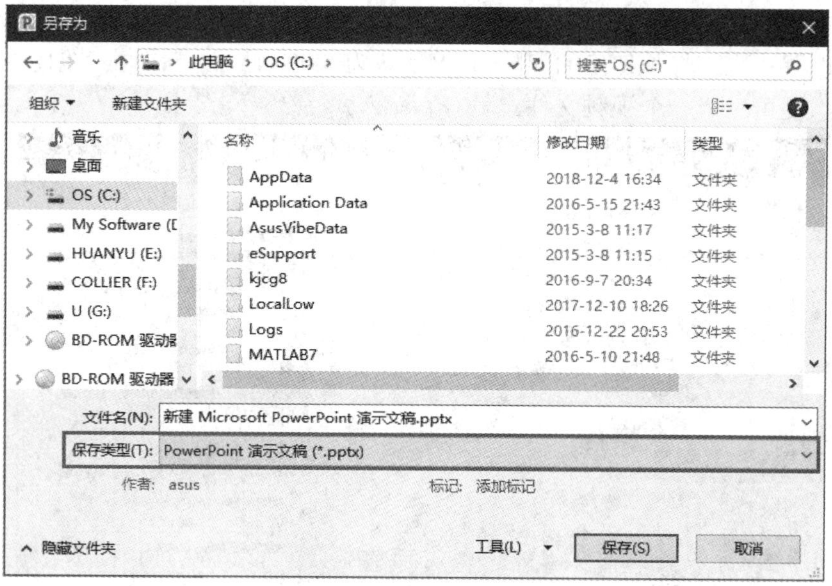

图 3-98　“另存为”对话框

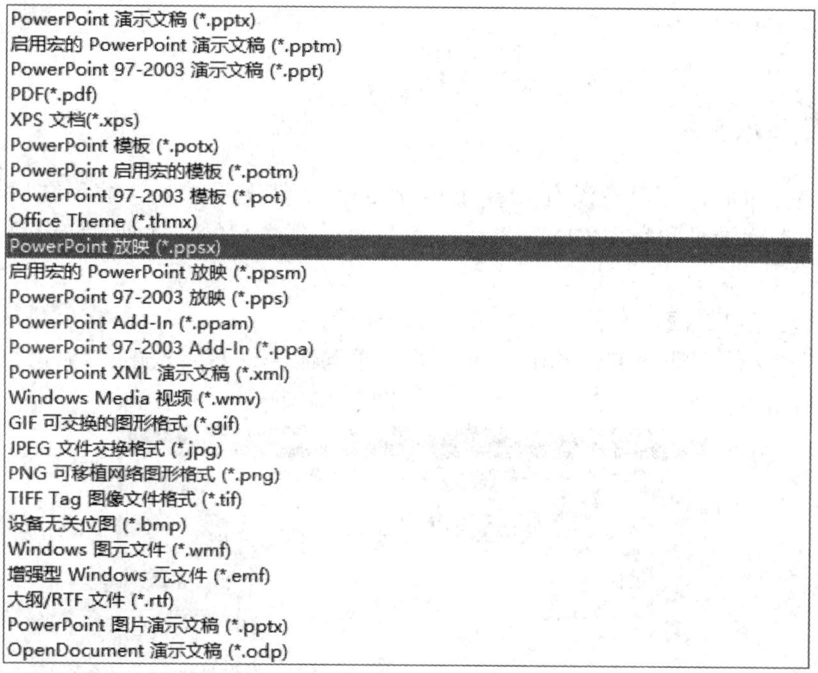

图 3-99　选择保存类型

3.8.2　转换为视频文件

将演示文稿转换为视频文件的方法有以下两种：

(1) 将演示文稿另存为视频文件。单击“文件”选项卡，然后单击“另存为”命令，在弹出的“另存为”对话框的“保存类型”下拉框中选择“Windows Media 视频(*.wmv)”，单击“保存”按钮，便将演示文稿保存为视频文件。

(2) 通过“保存并发送”命令创建视频。单击“文件”选项卡，单击“保存/创建视频”命令，可以设置每张幻灯片切换的间隔时间(默认为 5.00 秒)，然后单击“创建视频”(如图 3-100 所示)，便可生成一个视频文件。

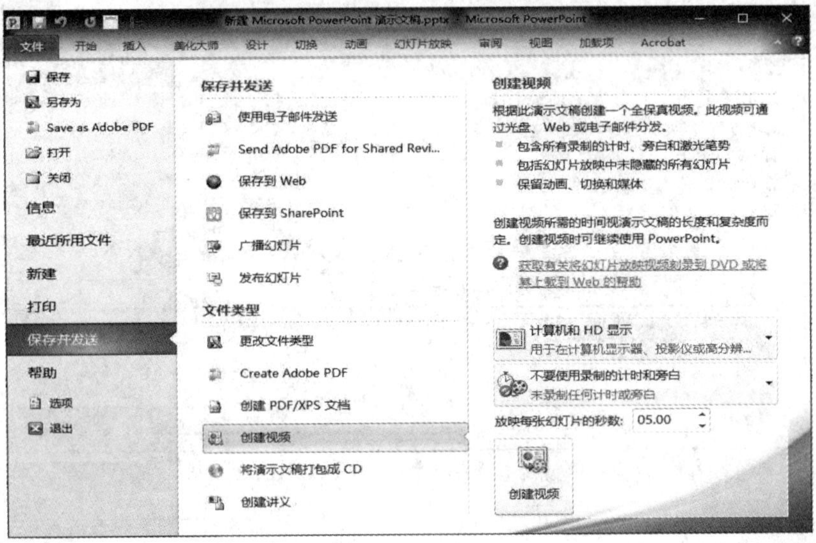

图 3-100　创建视频

3.8.3　打包演示文稿

演示文稿打包后，可以在没有安装 PowerPoint 的情况下放映。演示文稿可以打包到 CD 光盘(必须有刻录机和空白 CD 光盘)，也可以打包到磁盘的文件夹。打包演示文稿的具体步骤如下：

(1) 打开要打包的演示文稿。

(2) 单击“文件”选项卡，单击“保存并发送”命令，然后双击“将演示文稿打包成 CD”命令，将出现“打包成 CD”对话框，如图 3-101 所示。

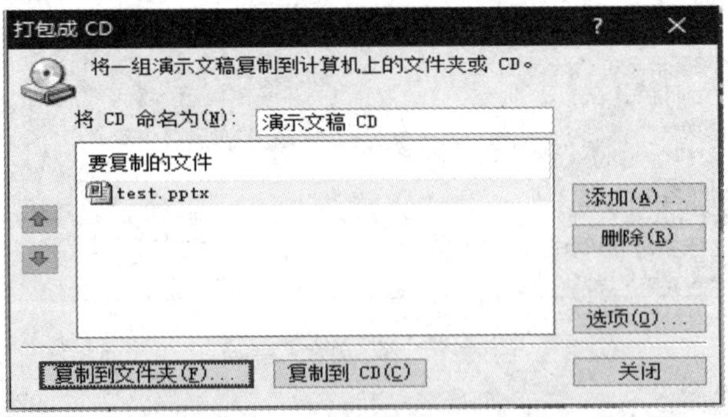

图 3-101　“打包成 CD”对话框

(3) 在“打包成 CD”对话框中显示了当前要打包的演示文稿(如 test.pptx)，若要将其他演示文稿也一起打包，则单击“添加”按钮，出现“添加文件”对话框，从中选择要打包的文件，并单击“打开”按钮。

(4) 在默认情况下，打包应包含与演示文稿有关的链接文件和嵌入的 TrueType 字体。

若想改变这些设置，可以单击“选项”按钮，在弹出的“选项”对话框中进行设置。

(5) 在“打包成 CD”对话框中单击“复制到文件夹”按钮，出现“复制到文件夹”对话框，如图 3-102 所示。输入文件夹名称，单击“浏览”按钮，选择文件夹保存的位置，然后单击“确定”按钮，统开始打包并存放到指定的文件夹中。

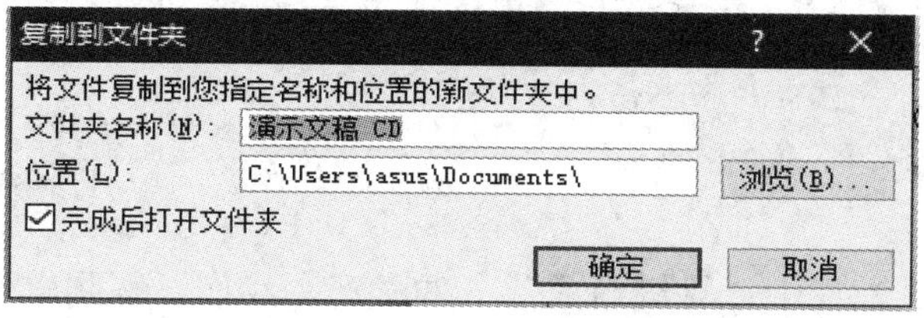

图 3-102　“复制到文件夹”对话框

(6) 若计算机安装了光盘刻录设备，也可以将演示文稿打包到 CD 中。在光驱中放入空白光盘，在“打包成 CD”对话框中单击“复制到 CD”按钮，出现“正在将文件复制到 CD”对话框，提示复制的进度。完成后询问“是否要将同样的文件复制到另一张 CD 中？”，单击“是”，则继续复制另一光盘，单击“否”，则终止复制。

课后习题三

操作题

根据以下要求，完成演示文稿的制作。

(1) 新建一个文稿，使用内置主题为“波形”。它包含七张幻灯片，设计第一张为“标题幻灯片”版式，第二张为“仅标题”版式，第三到第六张为“两栏内容”版式，第七张为“空白”版式。所有幻灯片统一设置背景样式，使用“预设样式 7”，将文件命名为 yswg.pptx 并保存到路径 D:\KSWJJ 中。

(2) 第一张幻灯片标题为“计算机发展简史”，副标题为“计算机发展的四个阶段”。第二张幻灯片标题为“计算机发展的四个阶段”。在标题下面空白处插入 SmartArt 图形，要求含有四个文本框，在每个文本框中依次输入“第一代计算机”“第二代计算机”“第三代计算机”和“第四代计算机”。更改图形颜色为“彩色范围-强调文字颜色 5 至 6”，设置文本框字体为三号宋体。

(3) 第三张至第六张幻灯片的标题内容分别为“1. 第一代计算机：电子管数字计算机(1946—1957 年)”“2. 第二代计算机：晶体管数字计算机(1958—1964 年)”“3. 第三代计算机：集成电路数字计算机(1965—1970 年)”和“4. 第四代计算机：大规模集成电路计算机(1971 年至今)”。左侧内容为每一代计算机的特点介绍，要求添加项目符号为“带填充效果的钻石形项目符号”，右侧为每一代计算机对应的图片。在第七张幻灯片中插入艺术字，内容为“谢谢!”，样式为“填充-浅蓝，文本 2，轮廓-背景 2”。

(4) 为第一张幻灯片的副标题、第三到第六张幻灯片的图片设置进入动画“飞入”，效果分别是“自底部”“自顶部”“自左侧”“自右侧”和“自右下部”。设置第二张幻灯片的四个文本框超链接到相应内容幻灯片。最后，为所有幻灯片设置切换动画“形状”。

第 4 章　文件管理工具

通过对计算机基础知识中计算机组成部分的学习，我们了解到软件分为两大类：系统软件和应用软件。除了在计算机中安装操作系统等必不可少的系统软件外，为了扩展计算机的用途，用户通常也会安装一些常用的工具软件。本章将对文件压缩、文件下载、格式转换等计算机常用的文件管理工具和软件进行介绍，以便用户更加得心应手地使用计算机。

【主要内容】

(1) 工具软件入门；

(2) 获取工具软件的方法；

(3) 文件管理工具介绍；

(4) 文件压缩——WinRAR；

(5) 文件下载——迅雷；

(6) 格式工厂。

4.1　工具软件入门

4.1.1　什么是工具软件

工具软件是指在使用电脑进行工作和学习时经常使用的软件。它们不但占用空间小，功能单一、使用方便，而且大部分工具软件可以从网上直接免费下载到本地电脑上供用户使用，如 WinRAR、ACDSee、酷狗音乐、迅雷等。这些软件方便用户进行压缩文件、浏览图片、下载等操作。这一章将重点介绍几款常用的工具软件。

4.1.2　工具软件的版本

工具软件更新较快，版本很多。下面以 Microsoft Office 软件的版本号进行说明。

Office 办公软件主要有以下五个版本：

1. Office 2003

Office 2003 是最早的 Office 办公软件，如图 4-1 所示。它内置了强大的功能，可以帮助用户解决业务难题并提高生产效率。微软公司已于 2014 年 4 月 8 日终止对 Office 2003 的支持。

图 4-1　Office 2003

2. Office 2007

Office 2007 是微软 Office 产品史上最具创新与革命性的一个版本。它具有全新设计的用户界面、稳定安全的文件格式、无缝高效的沟通协作功能。Office 2007 免费版几乎包括了 Word 2007、Excel 2007、PowerPoint、Outlook、Publisher、OneNote、Groove、Access、InfoPath 等所有的 Office 组件。

3. Office 2010

Office 2010 是微软 Office 官方于 2010 年推出的包括 Word、Excel、PowerPoint、OneNote、InofPath、Access、Outlook、Publisher、Communicator、SharePoint Workspace 等几乎所有组件在内的一个版本，如图 4-2 所示。

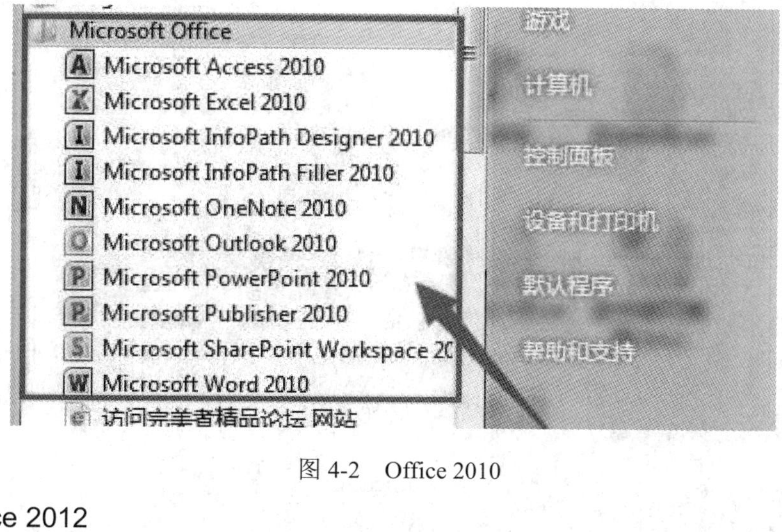

图 4-2　Office 2010

4. Office 2012

Office 2012 专业版启用了全新的智能界面，设计风格简洁时尚，最大的亮点是：四个独立应用与集成并存，在智能和经典界面之间可任意切换，永中文字、永中表格、永中简报、永中 PDF 阅读四大应用可分可合，让用户在日常办公中体验更专业、更时尚的便捷操作。同时，Office 2012 引进了 WPS 表格新引擎、多线程计算技术，可最大限度地发挥计算机的性能，使之效率更高，如图 4-3 所示。

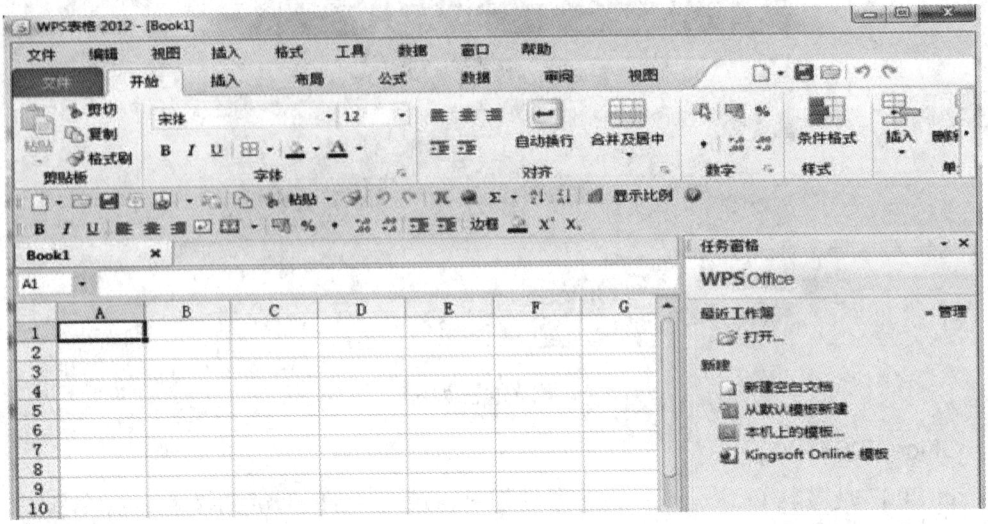

图 4-3　Office 2012

5. Office 2016

Microsoft Office 2016 是一款由官方发布的 Microsoft Office 的最新版，如图 4-4 所示。它免费开放给所有 Windows 用户免费使用。其中，Excel、Word、PPT 都非常智能化。界面加入暗黑主题，并且按钮的设计风格也开始向 Windows 10 靠拢。同时，它为基于模型的数据透视表进行时间分组，并通过 OLAP 连接实现 PowerView 数据透视表的自动关系检测。

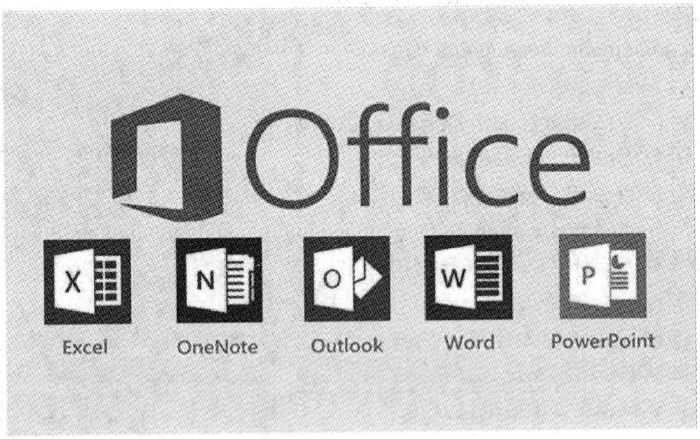

图 4-4　Office 2016

4.1.3　常用工具软件的分类

常用工具软件可根据其使用范围分类如下：

(1) 系统类：主要包括硬件工具、系统维护工具和美化系统软件。

(2) 图像类：包括众多针对创建、编辑、修改和查看等方面的软件。

(3) 多媒体类：主要包括媒体的音频、视频播放软件以及文件格式转换软件。

(4) 网络类：云盘、浏览器、聊天软件等。

(5) 游戏类：游戏盒子等。

(6) 其他类。

4.2　获取工具软件的方法

4.2.1　常用软件下载站点推荐

以下是一些常用的软件下载站点：

http://www.52pk.com 52PK 游戏网下载	http://www.onlinedown.net 华军下载
http://www.skycn.com/　天空下载	http://www.crsky.com/　非凡下载
http://download.zol.com.cn/　ZOL 下载	http://www.pconline.com.cn/download/　太平洋下载

几乎所有的工具软件都可以在网络上直接下载使用，以上这些下载站点都是相对安全的下载站点。

4.2.2　从软件官方网站直接下载

很多常用的软件都可以通过官方网站直接下载，如腾讯 QQ 这款普及率很高的即时聊天工具就可以通过在百度搜索引擎中搜索“腾讯官网”，进入如图 4-5 所示的页面进行相应版本的软件下载。

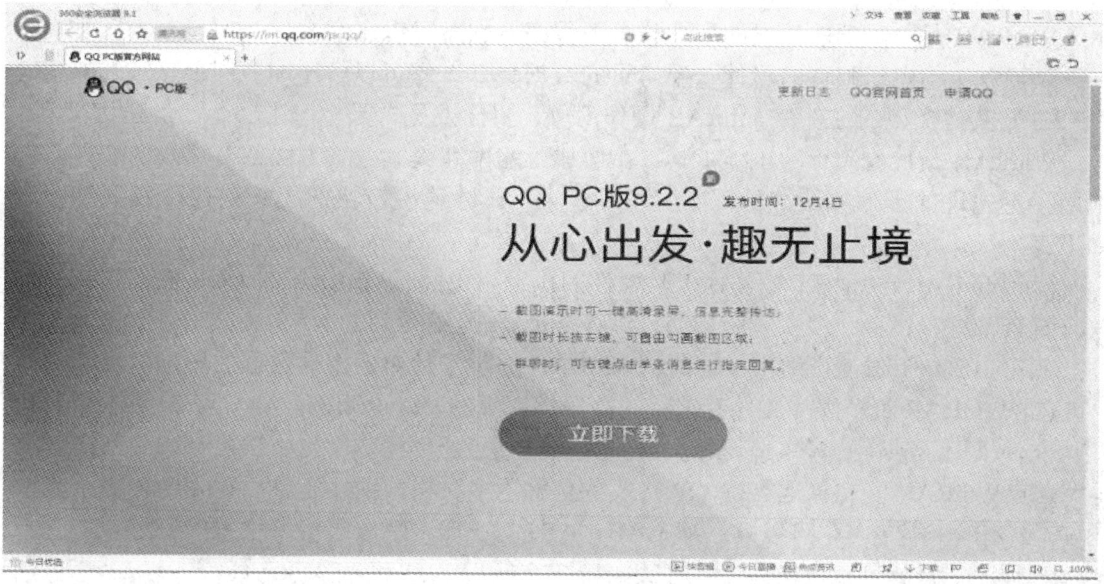

图 4-5　QQ 官网下载点

4.2.3　从软件下载站点直接下载

从之前推荐的常用下载站点也可以直接下载所需要的软件，如从华军软件园站点下载QQ 软件，可以在浏览器的地址栏中输入“http://www.onlinedown.net”(华军软件园的网址)，进入站点主页，如图 4-6 所示。在搜索栏输入关键字“QQ”，即可进入下载页面完成下载。

图 4-6　华军软件园主页

4.3　文件压缩工具 WinRAR

WinRAR 是一款功能强大的压缩包管理程序，它既可以压缩文件，也可以解压文件。它不仅可以压缩电子邮件的附件、要拷贝的数据文件，还可以解压缩从网上下载的 RAR、ZIP 2.0 及其他类型的文件。WinRAR 操作简单，界面友好，是电脑上必备的解压缩工具。

WinRAR 是目前流行的压缩工具，在增加压缩率和提高速度方面都有很好的表现。它采用了更先进的压缩算法，是目前压缩率较大、压缩速度较快的工具软件。其主要特点如下：

(1) WinRAR 的压缩率较其他工具软件的压缩率更高。WinRAR 在 DOS 操作系统时代就一直具备这种优势。多次试验证明，经 WinRAR 压缩得到的 RAR 格式一般比其他 ZIP 格式高出 10%～30%的压缩率。同时，WinRAR 提供了针对多媒体数据的压缩算法。

(2) WinRAR 对多媒体文件有独特的高压缩率算法。WinRAR 对 WAV 声音文件及 BMP 图像文件采用了独特的多媒体压缩算法，大大提高了压缩率。

(3) WinRAR 能完善地支持 ZIP 格式并且解压多种格式的压缩包。WinRAR 完全支持 RAR 及 ZIP 压缩包，也可以解压缩 CAB、ARJ、LZH、TAR 等多种格式的压缩包，它不需外挂程序支持就可直接建立 ZIP 格式的压缩文件。

(4) WinRAR 可以用来定制界面。启动 WinRAR 后，在其主界面中执行菜单栏中的“选项”\“设置”命令，打开“设置”对话框后，可以在“常规”“压缩”“路径”“文件列表”

“查看器”和“综合”选项卡中进行设置，从而使 WinRAR 更适合用户使用。

(5) WinRAR 对受损压缩文件的修复能力极强。在网上下载的 ZIP、RAR 类的文件往往因头部受损而不能打开，将其调入 WinRAR 后，只需单击界面中的按钮就可轻松修复，成功率极高。

4.3.1　安装 WinRAR

安装 WinRAR 的步骤如下：

(1) 在互联网上通过搜索引擎找到 WinRAR 的下载点，双击运行，之后就会打开安装向导界面，在这里可以直接单击“安装”按钮，如图 4-7 所示。这里需要注意，在默认情况下，WinRAR 安装在 C 盘目录下。如果不想占用太多系统盘资源，可以单击路径后面的“浏览”按钮，为 WinRAR 解压缩工具选择一个合适的安装位置。

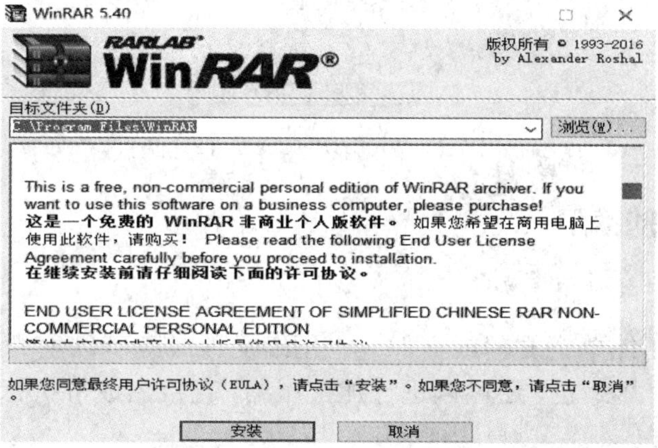

图 4-7　WinRAR 安装步骤一

(2) 确认安装路径后单击“安装”按钮，可以对软件的使用进行相关的设置，如 WinRAR 关联文件、界面、外壳整盒等设置，如图 4-8 所示。如果想深入了解相关内容可以单击界面的“帮助”按钮查看详情。这里选择默认勾选即可，之后单击“确定”按钮。

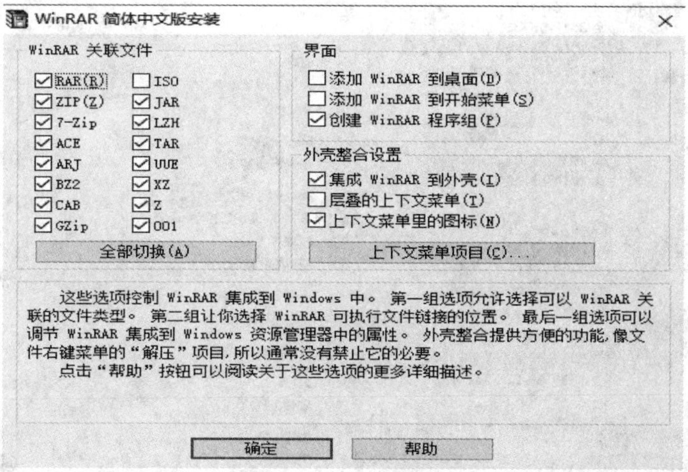

图 4-8　WinRAR 安装步骤二

(3) 最后等待 WinRAR 工具安装完成即可，安装完成后单击“完成”按钮退出安装向导，如图 4-9 所示。

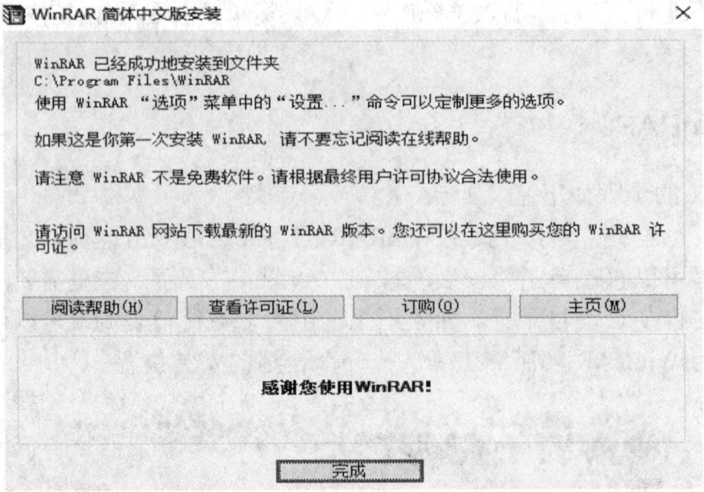

图 4-9　WinRAR 安装步骤三

4.3.2　WinRAR 的使用

1. 压缩文件

WinRAR 可以压缩单个文件或文件夹。压缩文件时既可以生成一个压缩包，也可以分卷压缩生成多个压缩包，还可以进行加密压缩，直接生成可执行文件等，如图 4-10 所示。

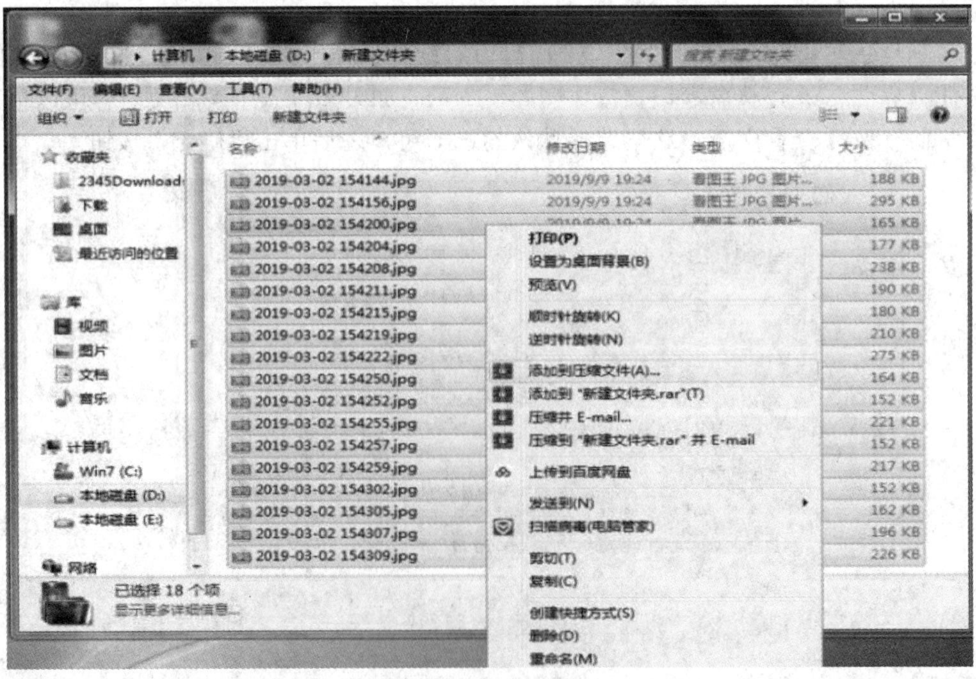

图 4-10　压缩文件

2. 常规压缩

使用 WinRAR 压缩文件或文件夹的方法非常简单，这里使用快捷菜单进行操作方便得多。其具体操作步骤如下：

(1) 如果要将多个文件压缩成一个压缩包，则需要先建立一个文件夹，然后将要压缩的文件放到该文件夹中。

(2) 在要压缩的文件或文件夹上单击鼠标右键，从弹出的快捷菜单中选择“添加到压缩文件”命令，如图 4-11 所示。

(3) 执行压缩后，将出现进程提示框，如果中途想中断压缩，按下 Esc 键即可。

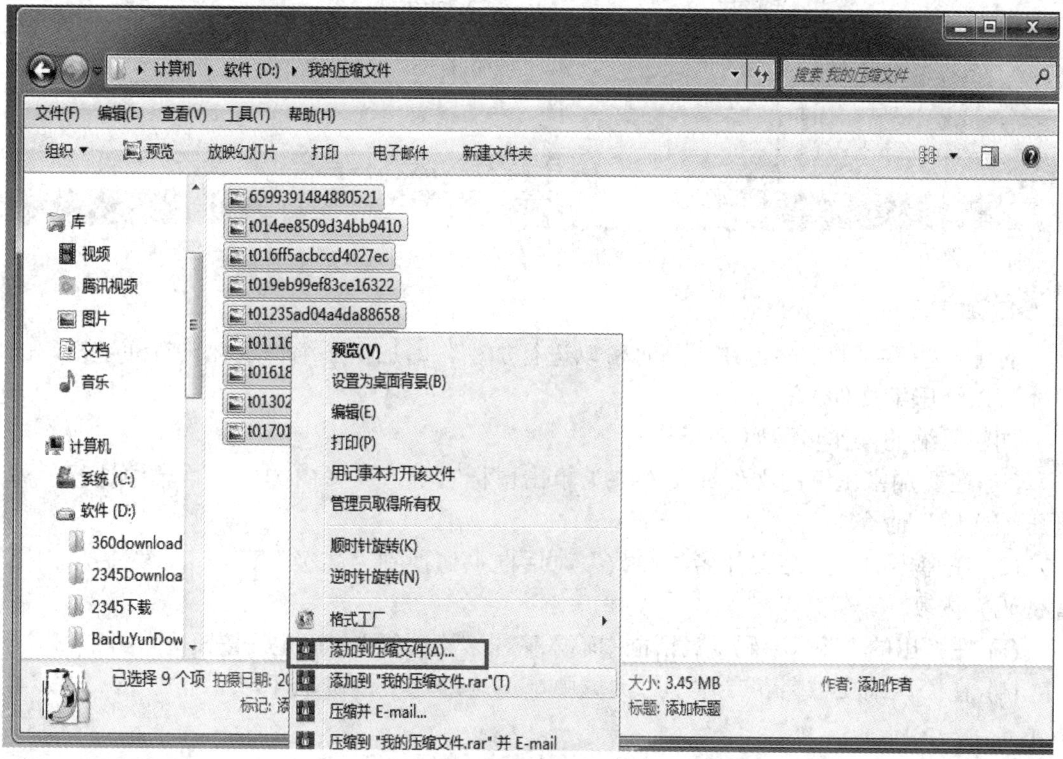

图 4-11　“添加到压缩文件”命令

3. 分卷压缩

如果一个文件较大，不方便移动与传播，那么可以将它分卷压缩。例如，A 电脑上有一个 4G 的文件，需要拷贝到 B 电脑上，而 U 盘的可用容量只有 1G，那么就可以将这个文件分卷压缩成 4 个 1G 的压缩包。其具体操作步骤如下：

(1) 在要分卷压缩的文件或文件夹上单击鼠标右键，从弹出的快捷菜单中选择“添加到压缩文件”命令。

(2) 这时弹出“压缩文件名和参数”对话框，从“切分为分卷，大小”下拉列表中选择分割后的文件大小，也可以直接输入自定义大小，如图 4-12 所示。

(3) 单击“确定”按钮，开始分卷压缩，这时将出现压缩进程提示框。压缩完成后，在同一个文件夹下可以看到生成的多个压缩包。

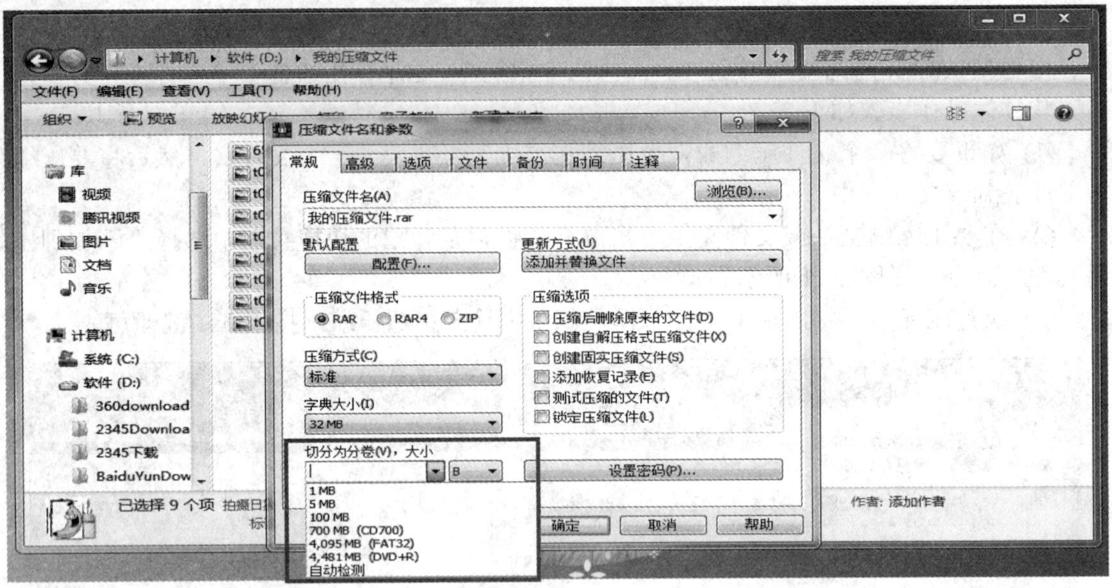

图 4-12　分卷压缩

4. 加密压缩

对于一些重要的文件，在压缩时可以进行加密，即加密压缩。这样只有知道密码的用户才可以解压缩文件。

加密压缩的操作步骤如下：

(1) 在要加密压缩的文件或文件夹上单击鼠标右键，从弹出的快捷菜单中选择“添加到压缩文件”命令。

(2) 在弹出的“压缩文件名和参数”对话框中切换到“高级”选项卡，然后单击“设置密码”按钮。

(3) 在弹出的“输入密码”对话框中输入密码，然后单击“确定”按钮，如图 4-13 所示。

(4) 在“压缩文件名和参数”对话框中单击“确定”按钮，开始压缩文件，如图 4-14 所示。

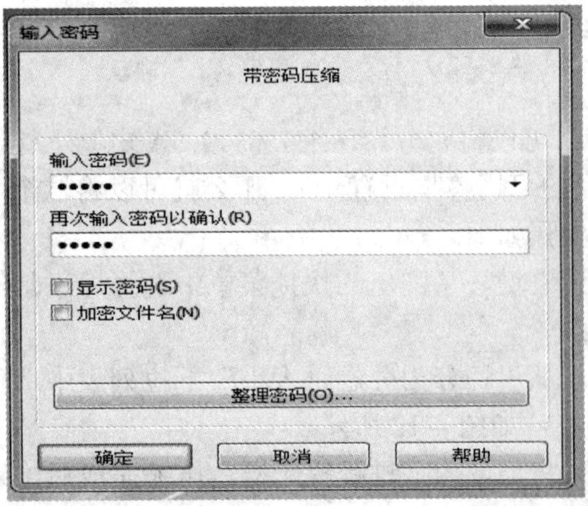

图 4-13　加密压缩一

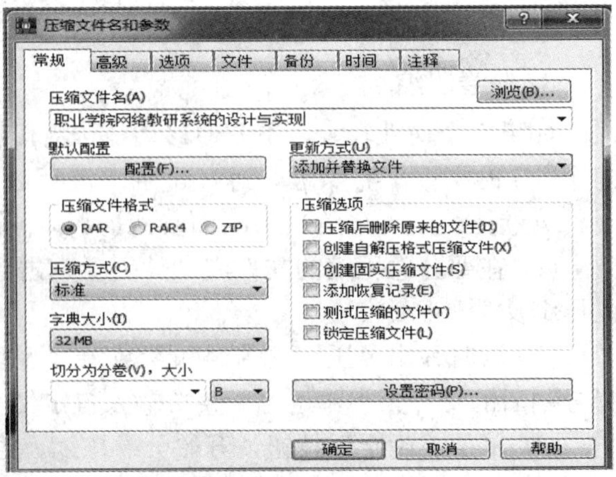

图 4-14　加密压缩二

5. 压缩为可执行文件

压缩文件的目的是便于传输，当用户要使用压缩文件时，需先将文件解压缩后才可以使用。为了使没有安装 WinRAR 的用户也能使用压缩文件，可以将文件压缩为可执行文件。这样不管用户是否装有 WinRAR 软件，都可以将压缩文件释放出来。

使用 WinRAR 程序压缩生成的可执行文件也称为自解压文件，即不需要借助 WinRAR 程序就可以解压缩的文件。创建自解压文件的具体操作步骤如下：

(1) 在要压缩的文件上单击鼠标右键，从弹出的快捷菜单中选择“添加到压缩文件”命令。

(2) 在弹出的“压缩文件名和参数”对话框中勾选“创建自解压格式压缩文件”选项，如图 4-15 所示。

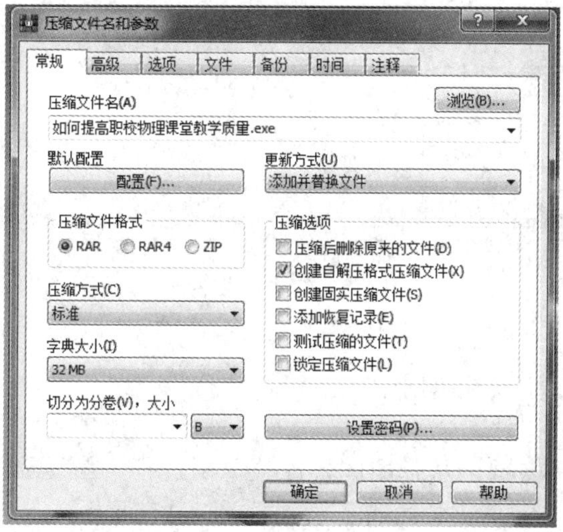

图 4-15　自解压文件

(3) 单击“确定”按钮，即可生成自解压文件。它的图标与普通压缩文件的图标略有不同，它可以通过图标判定压缩文件的格式。

已经制作完成的 RAR 格式文件可以先通过 WinRAR 程序打开，然后单击菜单栏中的“工具”\“压缩文件转换为自解压格式”命令，或单击工具栏中的按钮，即可得到自解压格式的压缩包。

6. 解压缩文件

压缩文件必须在解压后才能正常使用。解压文件有两种基本方式：一是解压到指定的文件夹中，二是快速解压文件。其具体介绍如下：

1) 解压到指定的文件夹

如果需要将压缩文件解压到指定的文件夹中，可以按如下步骤操作：

(1) 选择要解压缩的文件。

(2) 在文件上单击鼠标右键，从弹出的快捷菜单中选择“解压文件”命令。

(3) 在弹出的“解压路径和选项”对话框中输入目标路径，即解压到的指定文件的路径。如果该文件夹不存在，将自动创建该文件夹，然后选择相应的更新方式与覆盖方式，如图 4-16 所示。

(4) 单击“确定”按钮，即可将压缩文件解压到指定的文件夹中。

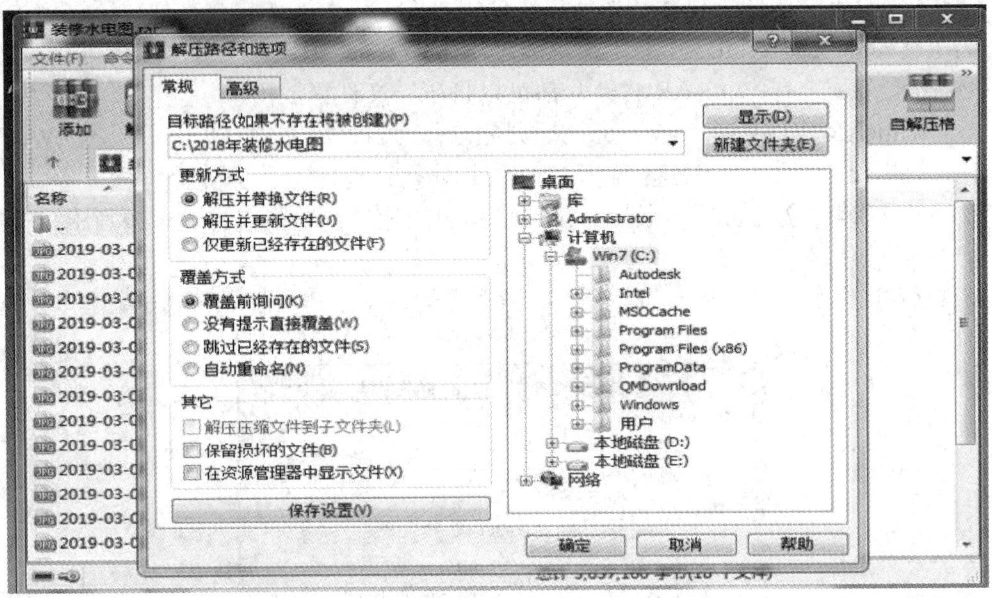

图 4-16　解压文件

2) 快速解压文件

快速解压缩文件的操作步骤如下：

(1) 选择要解压缩的文件。

(2) 在其上单击鼠标右键，从弹出的快捷菜单中选择“解压到当前文件夹”命令，即可以将文件解压到同一个文件夹，名称不变，如图 4-17 所示。

图 4-17　快速解压文件

4.4　文件下载工具——迅雷

迅雷是由迅雷公司开发的一款基于多线程的专业互联网下载工具。迅雷作为老牌的下载工具，从“宽带连接”上网的年代至今都被用户使用着，它可以同时从服务器、镜像和节点处下载网络资源，所以速度较快，适合下载比较大的文件，如软件、教学视频、光盘镜像等。要使用迅雷工具下载网络资源，必须先安装迅雷软件。比较流行的版本是迅雷 7，该软件是免费使用的，在迅雷网站或其他软件下载网站上下载迅雷安装程序后，安装到本地计算机中就可以使用它下载资源。

4.4.1　设置默认下载路径

迅雷工作界面如图 4-18 所示。使用迅雷下载网络资源可以通过直接右键选定对象，在快捷菜单中选择“使用迅雷软件下载”命令。在弹出的新建任务对话框中单击右侧的图标，即可设置下载文件的默认保存位置。

图 4-18　迅雷工作界面

4.4.2　在迅雷中搜索下载文件

使用迅雷下载网络资源的常用方法是在网页中找到资源的下载链接，然后使用迅雷工具进行下载。实际上，迅雷也集成了搜索功能，可以直接搜索下载资源。在下载界面中有一个快速搜索文本框，直接输入搜索关键字，按下回车键即可搜索下载资源。

如图 4-19 所示，单击“立即下载”按钮后，可设置保存的路径，如果是要保存在新的文件夹中，则必须提前创建此文件夹。

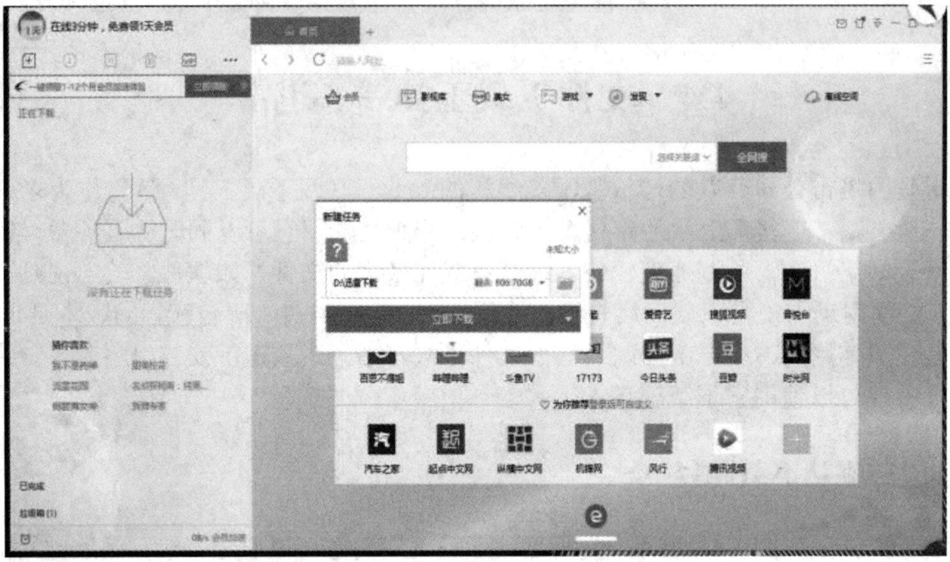

(a)

(b)

图 4-19　迅雷的搜索和下载操作

4.4.3　使用迅雷下载文件

在下载网络资源的过程中，用户可以自由控制下载进程，如开始、暂停或删除下载任务等。其具体操作步骤如下：

(1) 启动迅雷软件，打开迅雷主界面，如图 4-20 所示。

图 4-20　迅雷下载操作步骤一

(2) 在下载列表中选择要控制的下载任务，然后单击“暂停”按钮，可以暂停下载进程，如图 4-21 所示。

图 4-21　迅雷下载操作步骤二

(3) 如果不想继续下载和安装某个文件或误添加了下载任务，可以将其删除。选择要删除的下载任务，然后单击“删除”图标即可，如图 4-22 所示。

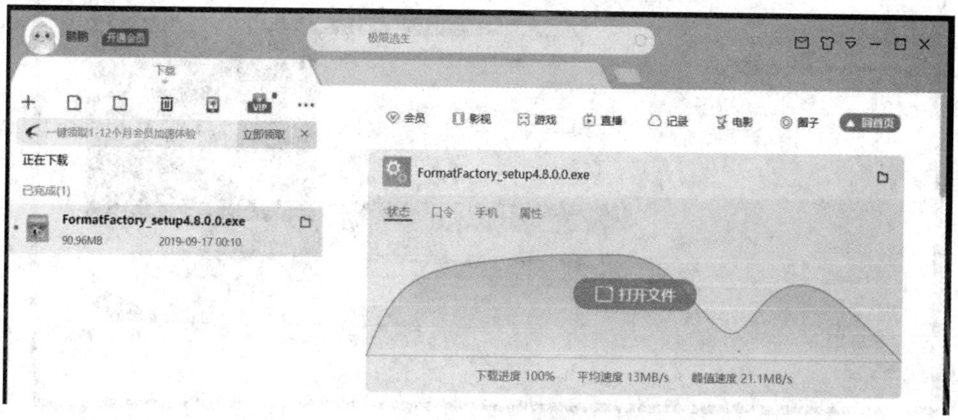

图 4-22　迅雷下载操作步骤三

4.4.4　批量下载文件

通常，在网页上下载资源都是逐个下载，如果要同时下载很多资源就会特别不方便。这时，可以利用迅雷进行批量下载。其具体操作步骤如下：

(1) 找到需要下载的页面，单击“下载”按钮出现下载对话框，把网址栏里的网址全部复制，再单击“新建”按钮，建立新任务。

(2) 将网址链接复制到 URL 窗口中，这里可以将链接最末尾的数字修改以便于识别，如图 4-23 所示。

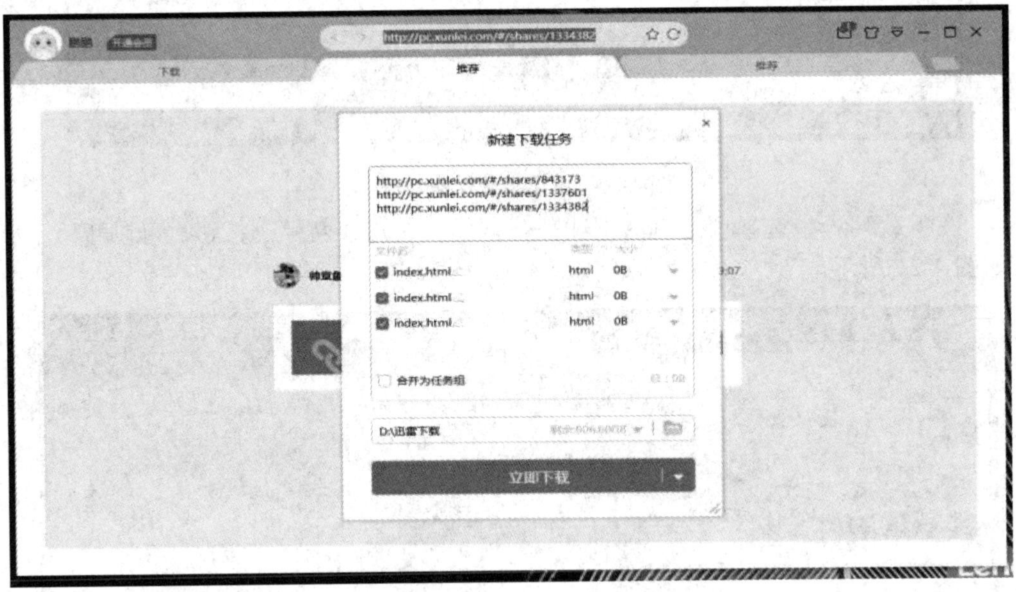

图 4-23　将网址链接复制到 URL 窗口中

(3) 最后选择好下载文件的保存地址，单击“立即下载”按钮即可，如图 4-24 所示。

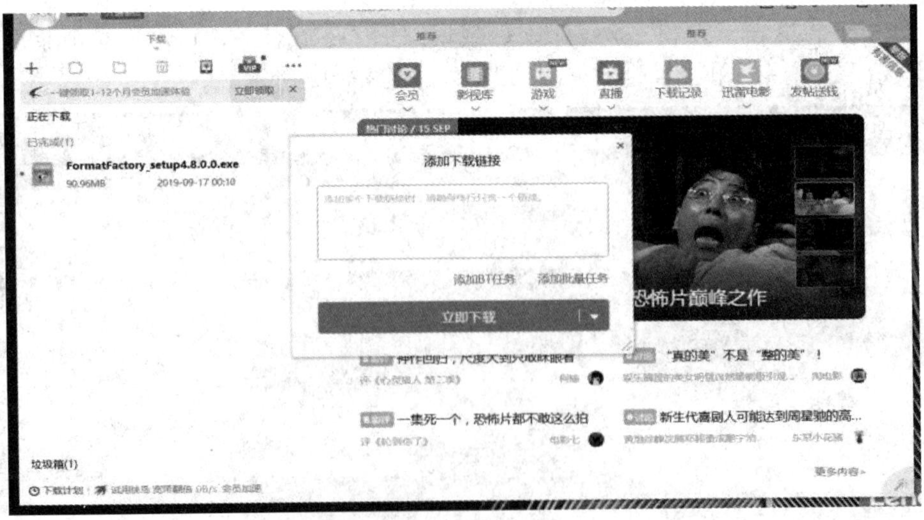

图 4-24　批量下载文件

4.5 格 式 工 厂

格式工厂(Format Factory)是一款功能全面的格式转换软件，支持转换几乎所有主流多媒体的文件格式，包括视频 MP4、AVI、3GP、WMV、MKV、SWF、GIF，音频 MP3、WMA、AAC、MMF、AMR、MP2、WAV、WavPack，图像 JPG、PNG、ICO、BMP、GIF 等。新版本的格式工厂更是对移动播放设备做了补充，如 iPhone、iPad、PSP、魅族手机等。用户不需要去研究不同设备应对应什么播放格式的问题，直接从格式工厂的列表中选择手中的设备型号即可轻松开始转换。格式工厂更快、更方便地满足了用户的需求。

4.5.1 安装和启动格式工厂

安装和启动格式工厂的具体操作步骤如下：

(1) 利用互联网搜索格式工厂的下载点，将格式工厂下载到本地计算机中，选择好安装路径，接下来准备执行“一键安装”，如图 4-25 所示。

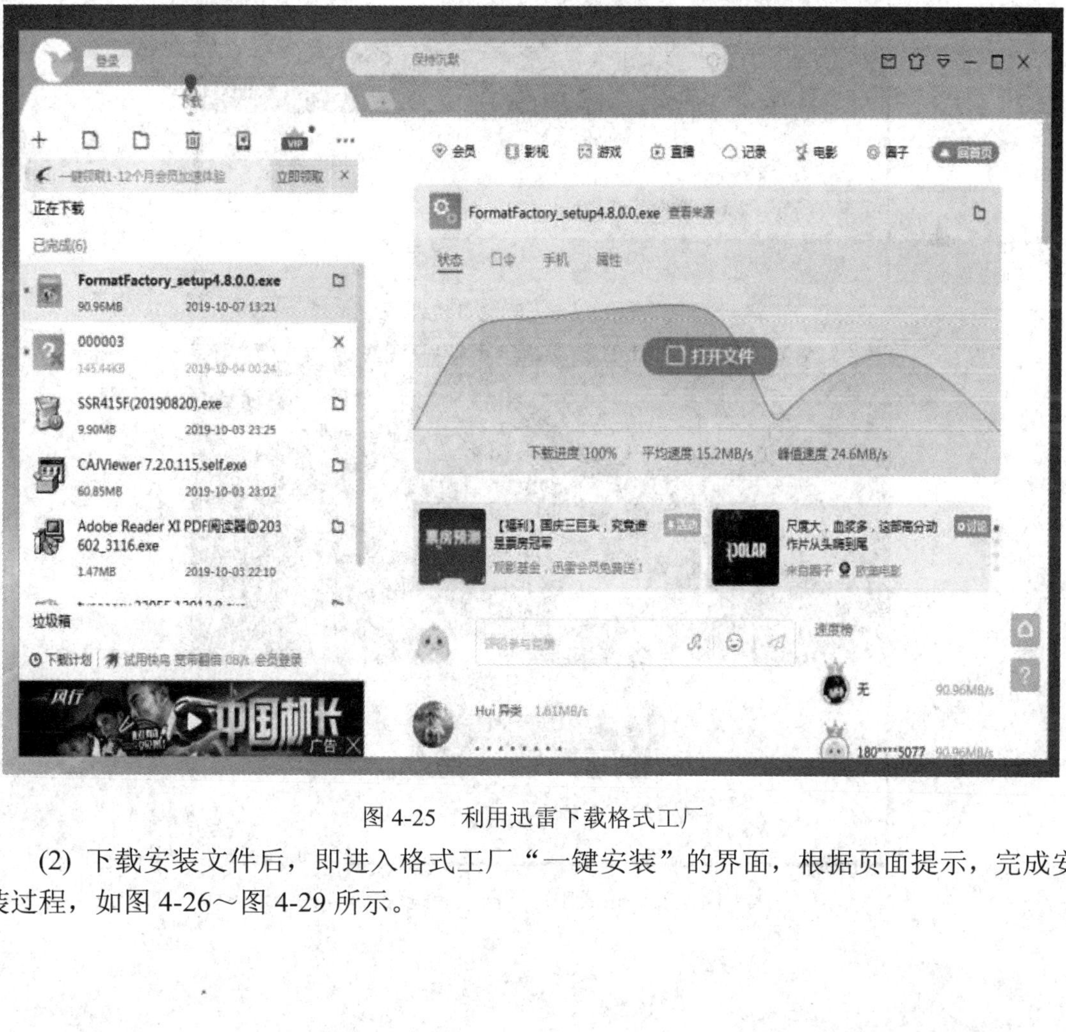

图 4-25　利用迅雷下载格式工厂

(2) 下载安装文件后，即进入格式工厂“一键安装”的界面，根据页面提示，完成安装过程，如图 4-26～图 4-29 所示。

图 4-26　格式工厂下载安装进程一

图 4-27　格式工厂下载安装进程二

图 4-28　格式工厂下载安装进程三

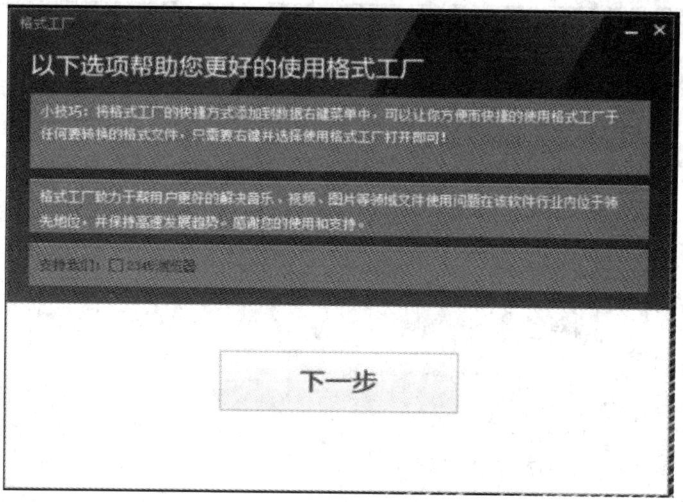

图 4-29　格式工厂下载安装进程四

(3) 单击“立即体验”按钮，进入格式工厂的主界面，如图 4-30 所示。

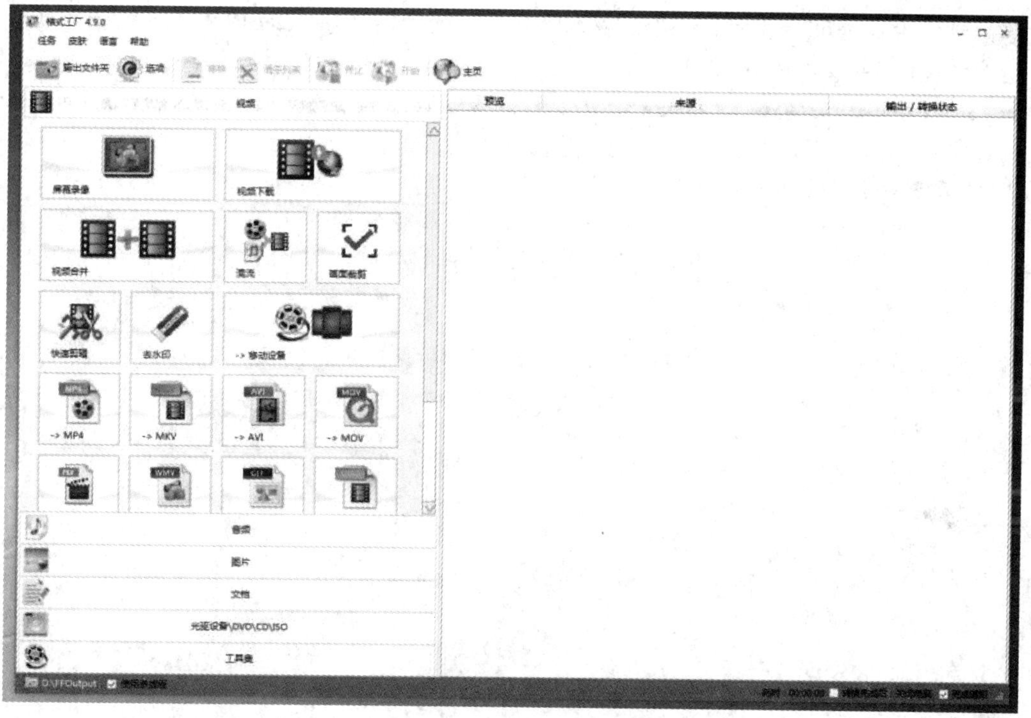

图 4-30　格式工厂主界面

4.5.2　使用格式工厂

在电脑上安装完成后，双击格式工厂的快捷图标，即可打开窗口进行使用。利用格式工厂可以将一种类型的文件转化成多种格式的文件。下面以 PDF 文件为例，将它转换成 TEXT 格式的文件。其操作步骤如下：

(1) 选定 PDF 文件，在左侧的窗格中选择所要转换的文件类型 TEXT，如图 4-31 所示。

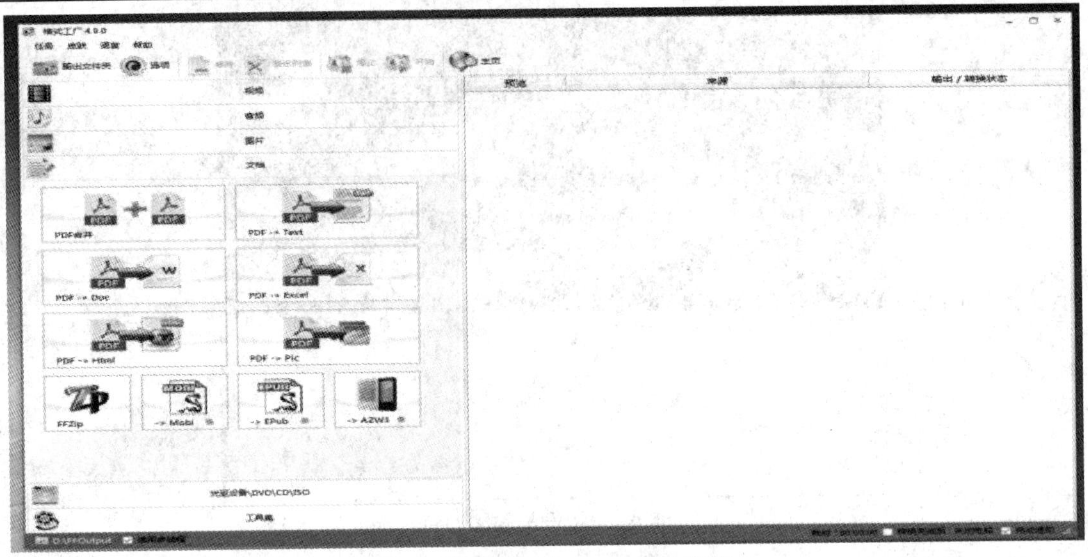

图 4-31　PDF 转换成 TEXT 文件步骤一

(2) 单击工作界面右上角的“添加文件”按钮，选择需要转换的 PDF 文件，再单击“打开”按钮，如图 4-32、图 4-33 所示。

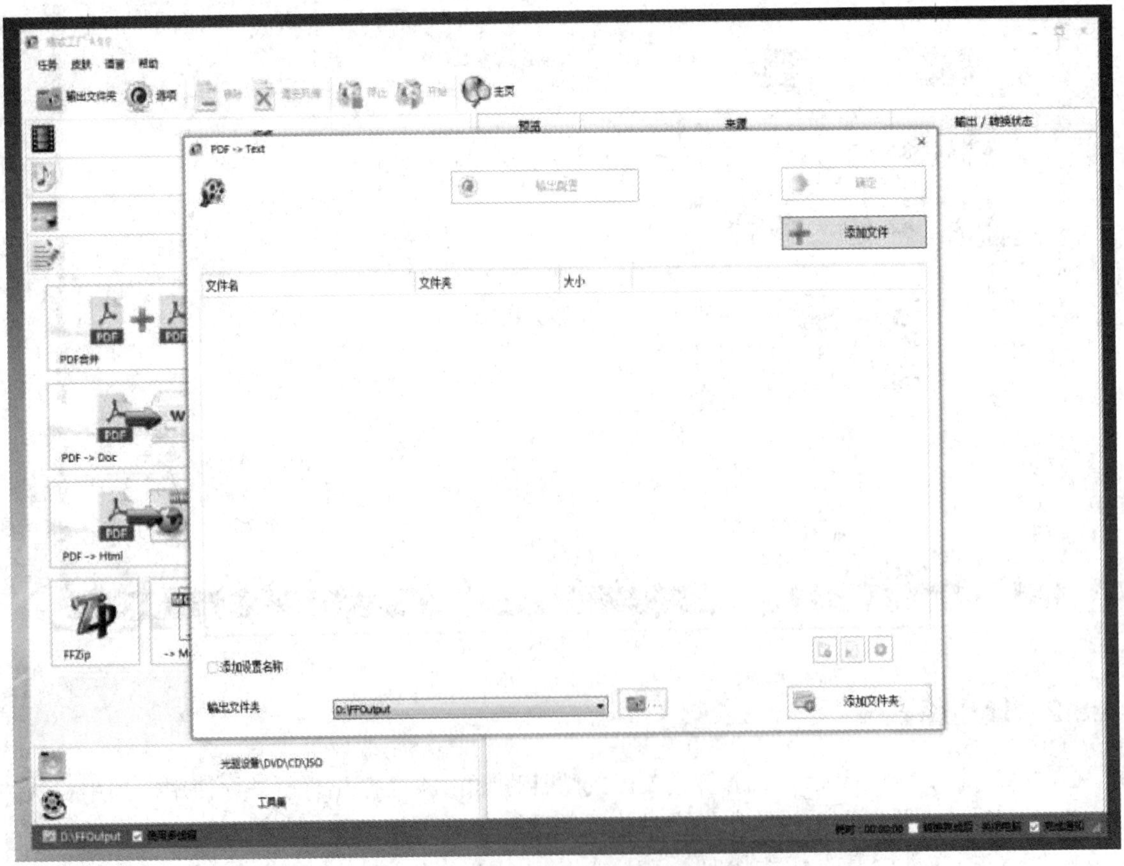

图 4-32　PDF 转换成 TEXT 文件步骤二

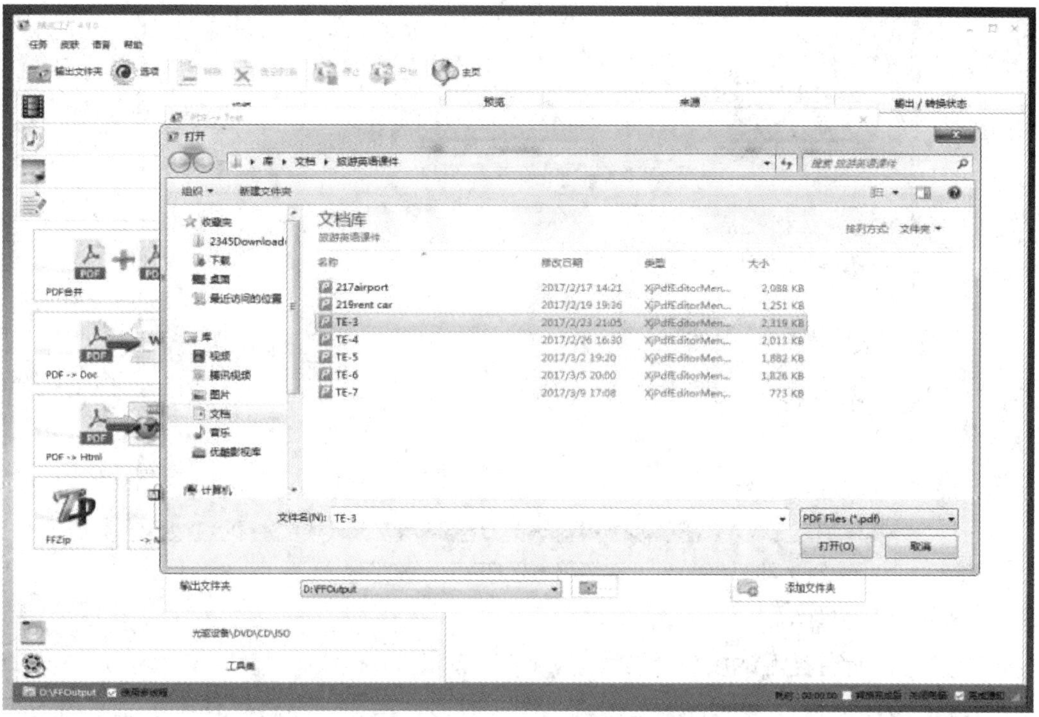

图 4-33　PDF 转换成 TEXT 文件步骤三

(3) 当选定的 PDF 文件添加到窗口后，单击右上角的“确定”按钮，等待转换工作的完成即可，如图 4-34、图 4-35 所示。

图 4-34　PDF 转换成 TEXT 文件步骤四

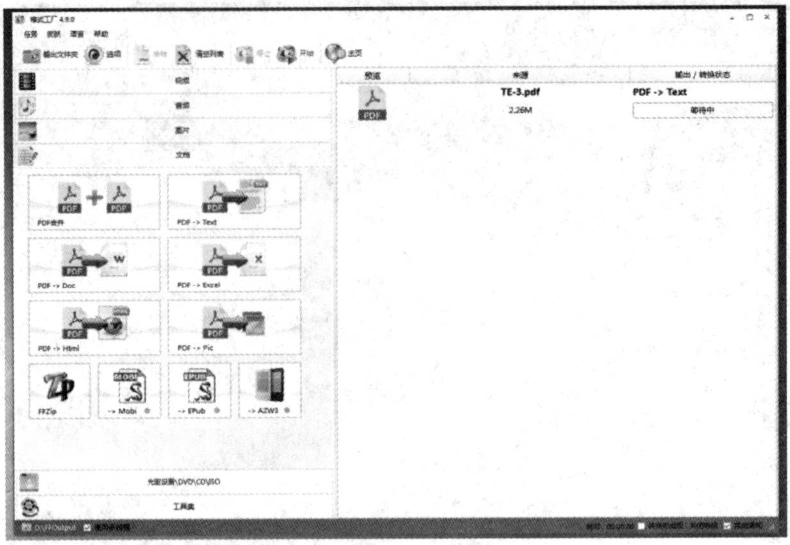

图 4-35　PDF 转换成 TEXT 文件步骤五

格式工厂功能介绍：

1. 支持几乎所有类型的多媒体格式

格式工厂支持各种类型的视频、音频、图片等多种格式，能轻松转换到需要的格式。

2. 修复损坏视频文件

转换过程中，格式工厂可以修复损坏的文件，让转换质量无损坏。

3. 多媒体文件减肥

格式工厂可以帮助用户的文件“减肥”，使它们变得“瘦小、苗条”。它既可以节省硬盘空间，也可以方便保存和备份。

4. 可指定格式

格式工厂支持 iPhone、iPad、PSP 等多媒体指定格式。

5. 支持图片常用功能

转换图片时，格式工厂支持缩放、旋转、水印等常用功能，让操作一气呵成。

6. 备份简单

格式工厂支持 DVD 视频抓取功能，能轻松备份 DVD 到本地硬盘。

7. 支持多种语言

格式工厂支持 62 种不同国家的语言，满足了不同用户的需要。

课后习题四

一、选择题

(1) 对 WinRAR 的描述错误的是(　　)。

A. 能够对文件加密后解压

B．支持分卷压缩

C．可以压缩和解压 RAR、ZAP、ARJ 等格式的文件

D．能够将 RAR 文件转换为 EXE 文件

(2) 在资源管理器中把一文件用鼠标拖动到 RAR 压缩文件上，实现的操作是(　　)。

A．没有任何变化

B．将自动打开 WinRAR 软件

C．该文件将自动添加到压缩文件中

D．将打开“压缩文件名和参数”对话框

(3) WinRAR 默认的压缩方式是(　　)。

A．最快　　B．标准　　C．较快　　D．最好

(4) 以下不是压缩文件的是(　　)。

A．快乐.rar　　B．快乐.doc　　C．快乐.cab　　D．快乐.zip

(5) 在 WinRAR“压缩文件名和参数”对话框的(　　)选项卡中可以设置密码。

A．常规　　B．高级　　C．文件　　D．备份

(6) WinRAR 不能生成文件格式的是(　　)。

A．RAR　　B．ZIP　　C．EXE　　D．ISO

(7) 以下下载方式中下载最快的是(　　)。

A．FTP　　B．P2P　　C．P2SP　　D．HTTP

(8) 关于迅雷，以下说法正确的是(　　)。

A．支持断点续传功能

B．支持多任务、多线程下载

C．提供了硬盘保护机制，有效地防止磁盘频繁的操作

D．以上说法均正确

(9) 当同时下载的任务已经达到同时进行的任务数上限时，若再添加下载任务，则(　　)。

A．提示任务已满，不能再添加

B．新任务马上下载，只是下载慢

C．新任务排在队伍中，等待某个下载任务完成后再开始

D．迅雷中没有同时进行下载的任务数上限

(10) 使用迅雷创建批量下载任务时，输入的 URL 网址中必须包括(　　)。

A．?　　B．*　　C．%　　D．@

(11) 在默认的情况下，浏览网页时单击(　　)文件不会启动迅雷下载。

A．ISO　　B．HTML　　C．RAR　　D．EXE

(12) 以下关于格式工厂的说法不正确的是(　　)。

A．支持 DVD 转换到视频文件　　B．支持 DVD/CD 转换到 ISO/CSO

C．支持刻录 ISO 镜像光盘　　D．支持 ISO 与 CSO 互换

(13) 使用格式工厂进行视频格式转换不能进行的设置是(　　)。

A．截取视频片段　　B．进行画面裁剪

C．设置输出画面的大小　　D．调整多个文件的上下次序

(14) 以下关于格式工厂的说法不正确的是(　　)。

A．可以进行音频合并　　B．可以进行视频合并

C．可以进行图片合并　　D．可以进行音视频合并

(15) 在格式工厂的主界面功能列表中不存在的功能项是(　　)。

A．音频　　B．视频　　C．图片　　D．选项

(16) 要进行影音合成，需在格式工厂主界面的左侧列表中选择(　　)。

A．音频　　B．视频　　C．图片　　D．高级

(17) 要将迅雷设置为 IE 浏览器默认的下载工具，可使用的菜单是(　　)。

A．文件　　B．常用设置　　C．工具　　D．组件

(18) 在迅雷管理列表中，不属于任务分类的项目是(　　)。

A．未下载　　B．正在下载　　C．已下载　　D．垃圾箱

(19) 要实现迅雷启动后立即开始未完成的任务的要求，在配置对话框中应当选择的类别是(　　)。

A．高级　　B．任务默认属性　　C．　常用　　D．类别\目录

(20) 在迅雷任务管理列表中，迅雷下载文件后保存的默认文件夹是(　　)。

A．我的文档　　B．C:\TDDownload

C．ProgramFile\Download　　D．D:\ TDDownload

二、简答题

(1) 常见压缩文件的格式有哪些？

(2) 常用压缩工具有哪些？

(3) 自解压文件的特点及其方法是什么？

(4) 如何设置密码来保护压缩文件？

(5) 如何自由控制下载任务？

(6) 如何设置迅雷任务下载完成后自动对下载文件进行杀毒的操作？

(7) 格式工厂的功能有哪些？

(8) P2SP 下载技术有哪些优点？

第 5 章　学习与阅读工具

随着科技的高速发展，利用电脑或手机阅读文档已经非常普及。这一章节将介绍几款常用的阅读器软件，利用手机 APP 也可以完成相应操作。

【主要内容】

(1) 阅读 PDF 文档——AdobeReader；

(2) 阅读 CAJ 文档——CAJViewer；

(3) 网上数字化图书馆——超星阅读器。

5.1　阅读 PDF 文档——AdobeReader

便携式文档格式(Portable Document Format，PDF)是由 Adobe Systems 用于应用程序、操作系统、硬件无关的方式进行文件交换所发展出的文件格式。PDF 文件以 PostScript 语言图像模型为基础，无论在何种打印机上都可保证精确的颜色和准确的打印效果，即 PDF 会真实地再现原稿的每一个字符、颜色以及图像。

PDF 是一种可移植文档格式，这种文件格式与操作系统平台无关。也就是说，PDF 文件不管是在 Windows，Unix 还是 Mac OS 操作系统中都是通用的。这一特点使它成为在 Internet 上进行电子文档发行和数字化信息传播的理想文档格式。越来越多的电子图书、产品说明、公司文告、网络资料和电子邮件开始使用 PDF 格式文件。

Adobe 公司设计 PDF 文件格式是为了支持跨平台的多媒体集成信息出版和发布，尤其是为了提供对网络信息发布的支持。为了达到此目的，PDF 具有许多其他电子文档格式无法具有的优点。PDF 文件格式不仅可以将文字、字型、格式、颜色及独立于设备和分辨率的图形图像等封装在一个文件中，还可以包含超文本链接、声音和动态影像等电子信息。另外，它还支持特长文件，集成度和安全可靠性都很高。

对普通用户而言，用 PDF 制作的电子书具有纸版书的质感和阅读效果，可以逼真地展现书籍的原貌。同时，用 PDF 制作的电子书的字体大小可任意调节，给用户提供了个性化的阅读方式。

PDF 主要由三项技术组成：

(1) PDF 衍生自 PostScript，用来生成和输出图形。

(2) PDF 具有字型嵌入系统，可使字型随文件一起传输。

(3) PDF 具有结构化的存储系统，用来绑定这些元素和任何相关内容到单个文件，具有适当的数据压缩系统。

PDF 文件使用工业标准的压缩算法，通常比 PostScript 文件小，易于传输与储存。它还是页独立的，一个 PDF 文件包含一个或多个“页”，可以单独处理各页，特别适合多处理器系统的工作。此外，一个 PDF 文件还包括文件中所使用的 PDF 格式版本以及文件中一些重要结构的定位信息。正是由于 PDF 文件具有多种优点，它逐渐成为出版行业中的新宠。

5.1.1　打开 PDF 文档

在互联网上下载并安装 Adobe Reader 后，可以直接双击桌面上的快捷图标，打开应用程序主界面，如图 5-1 所示。

图 5-1　Adobe Reader 主界面

打开 PDF 文档的方法有两种。其具体操作步骤如下：

方法一：打开 Adobe Reader 应用程序窗口，执行“文件”工具中的“打开”菜单命令，在“打开”对话框中选择要打开的 PDF 文档即可，如图 5-2 所示。

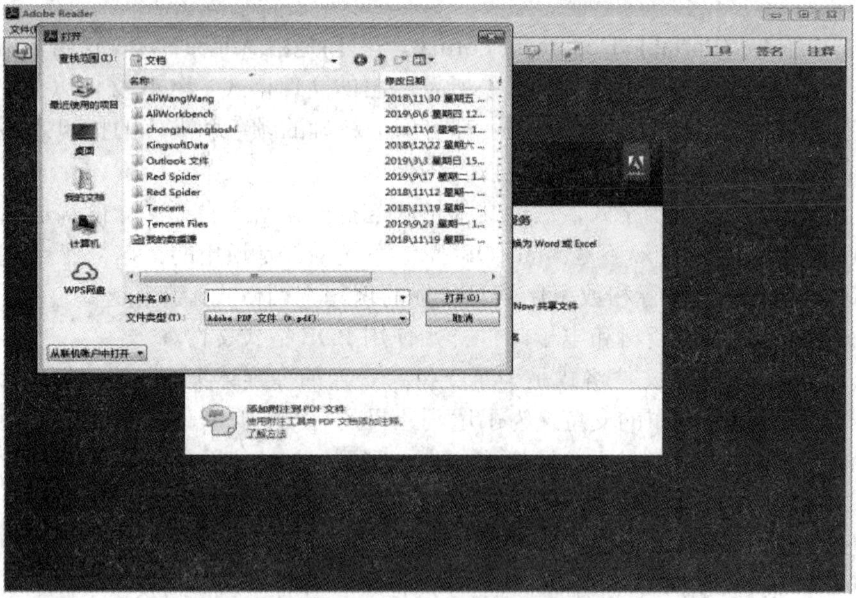

图 5-2　打开 PDF 文档

方法二：直接双击需要打开的 PDF 文档即可启动 Adobe Reader 并打开该文档。

5.1.2　阅读 PDF 文档

打开 PDF 文档后，文档内容将显示在文档窗格内，接下来可以根据实际情况使用“放大”或”缩小”工具将页面放大或放小，如图 5-3 所示。

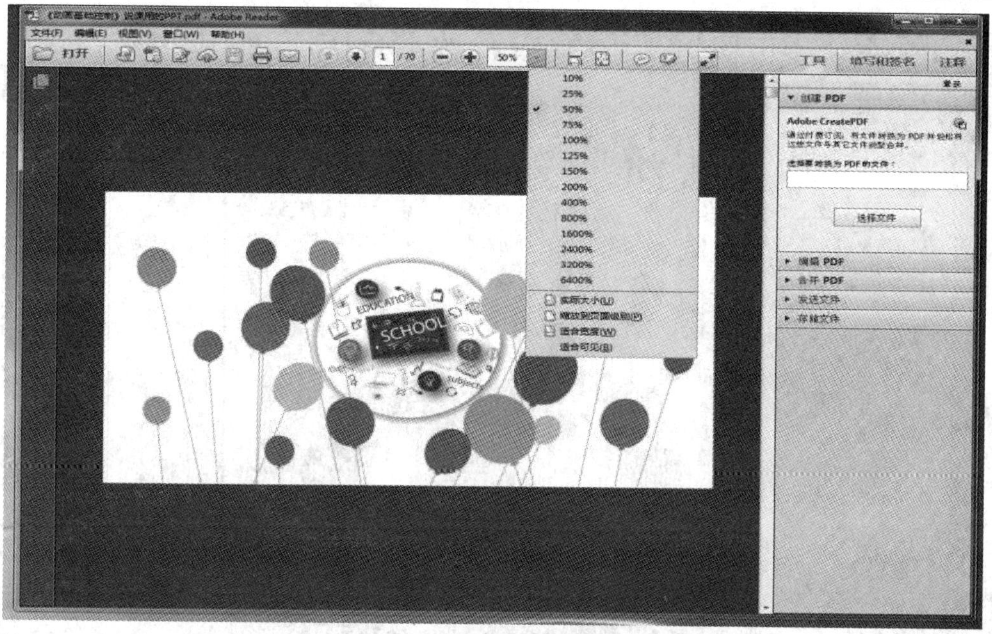

图 5-3　放大或缩小页面

单击窗口左侧“页面缩略图”选项卡，出现缩略图窗格，单击其中的缩略图可以浏览与之对应的页面，如图 5-4 所示。

图 5-4　页面缩略图

下面介绍两种在 PDF 文档中搜索文本信息的方法。其具体操作步骤如下：

方法一：执行“编辑”工具中的“高级搜索”菜单命令，在打开的“搜索”任务窗格中输入要搜索的单词或短语，然后选定要搜索的位置及其他相关选项，单击“搜索”按钮即可，如图 5-5 所示。

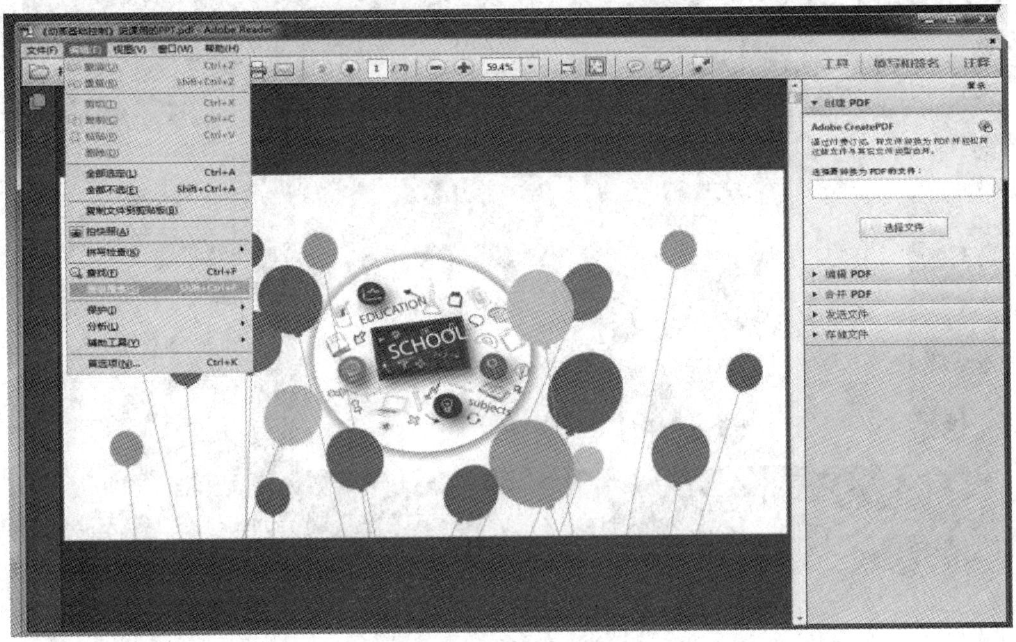

(a)

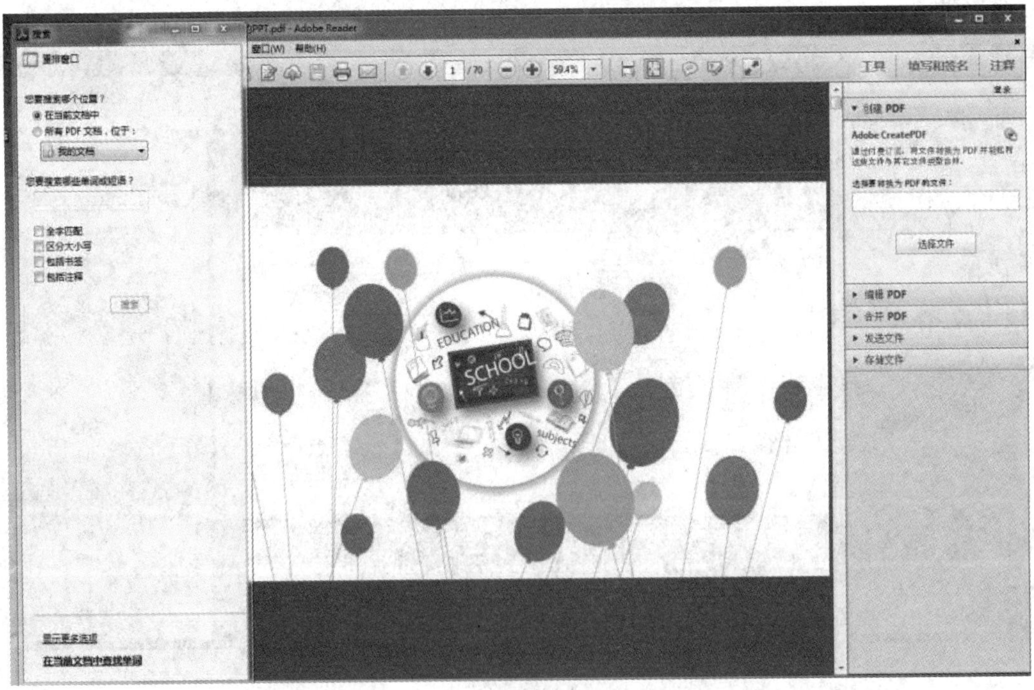

(b)

图 5-5　搜索文本方法一

方法二：执行“编辑”工具中的“查找”菜单命令，在弹出的“查找”对话框中输入要查找的文本，单击“上一个”或“下一步”按钮，完成在本文档内的查找，如图 5-6 所示。

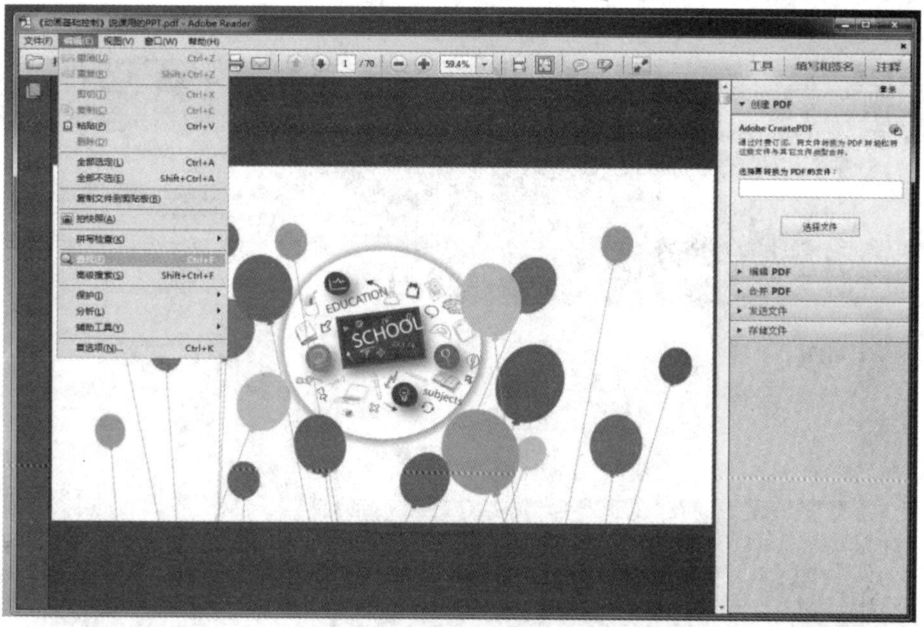

(a)

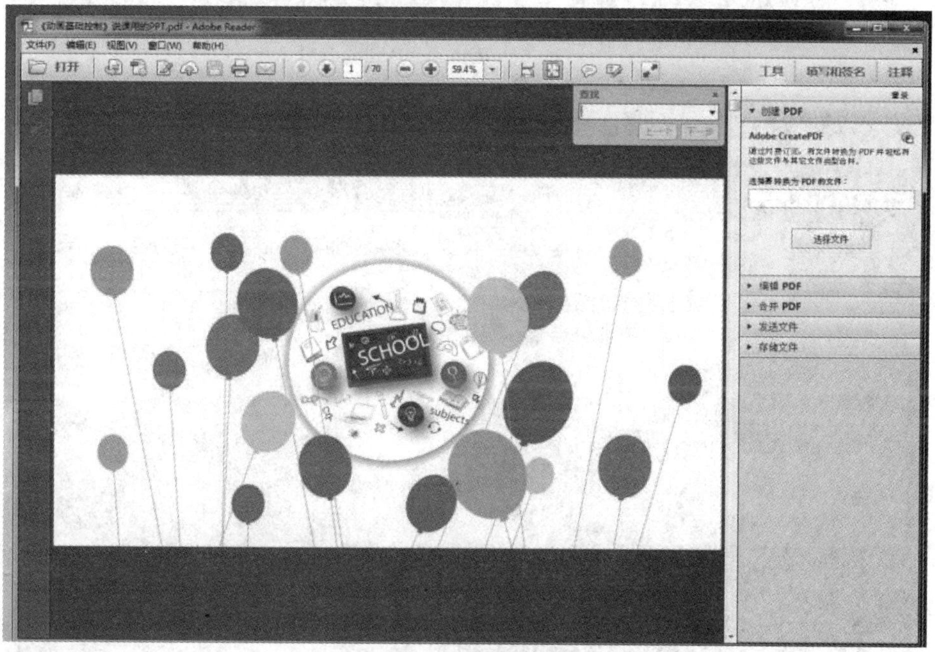

(b)

图 5-6　搜索文本方法二

5.1.3　设置页面显示方式

打开 PDF 阅读器，单击工具栏上的“打开”按钮，找到需要使用的文件，再单击 “视图”工具中的“页面显示”按钮，其下一级子菜单有多种选择，用户可以根据需求完成相关操作，如图 5-7 所示。

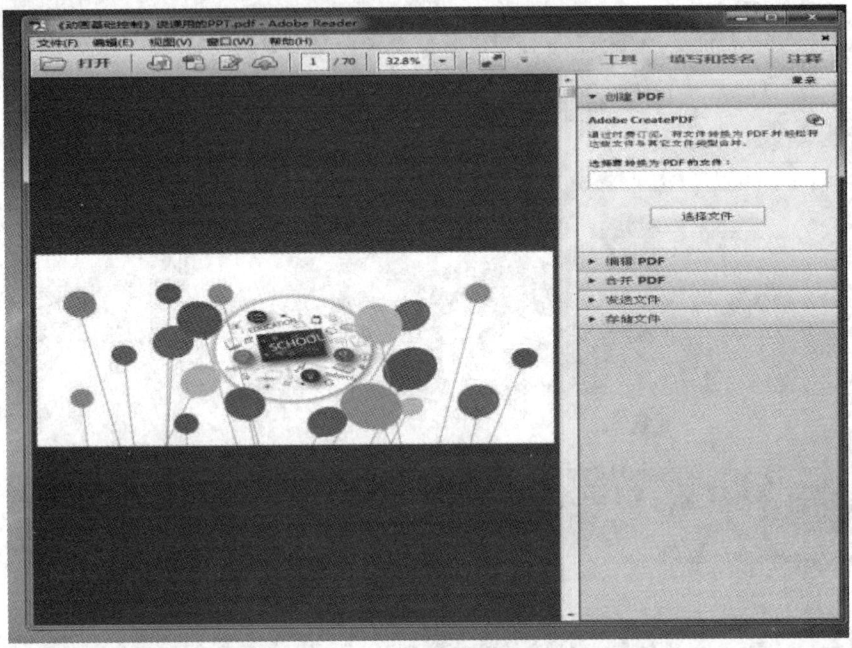

(a)

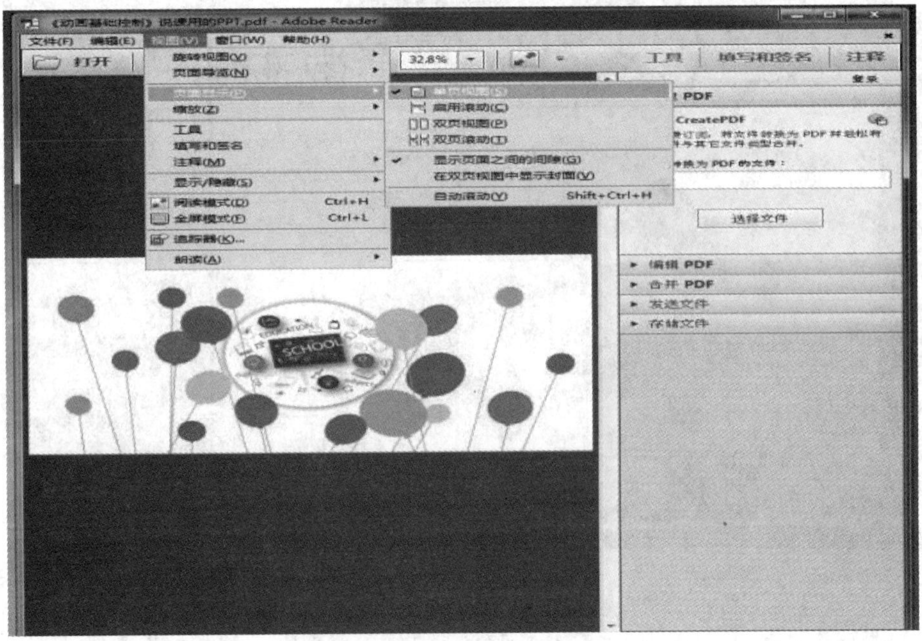

(b)

图 5-7　PDF 文件的页面设置

如果想对 PDF 文档添加签名或注释，可以通过“视图”菜单下的“填写和签名”命令来完成。另外，可以通过“添加文本”工具栏对字体、字号进行相关设置，如图 5-8 所示。

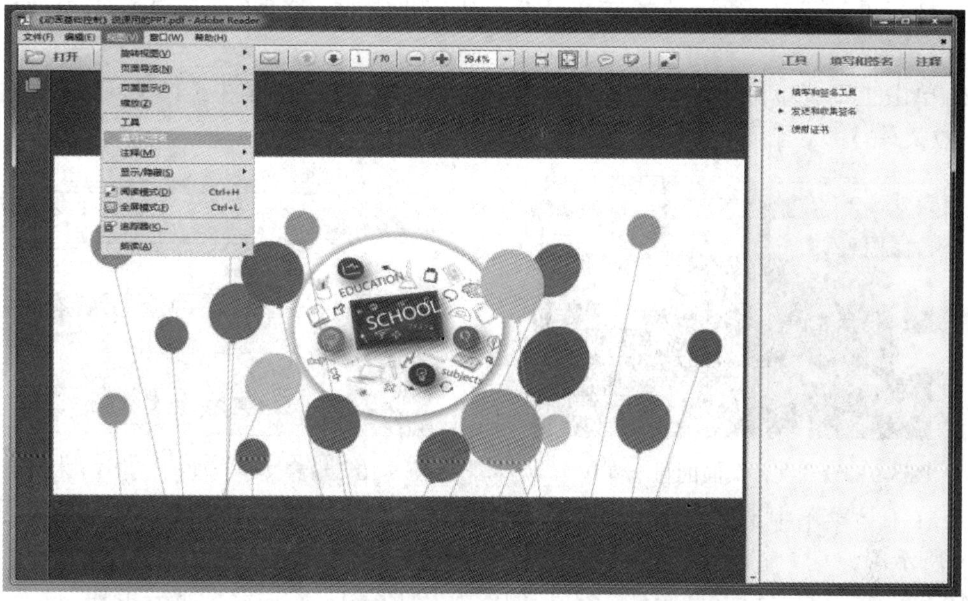

(a)

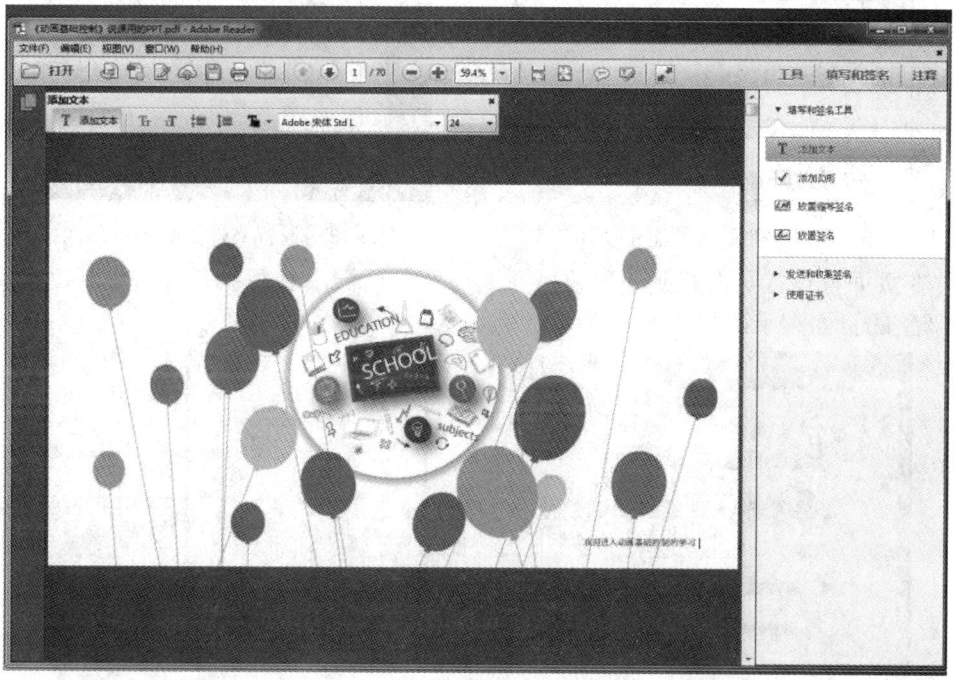

(b)

图 5-8　填写和签名操作

5.1.4　设置文档页面的显示比例

设置文档页面显示比例的具体操作步骤如下：

(1) 打开需要调整页面大小的 PDF 文件，找到并单击右上角的“工具”选项，如图 5-9 所示。

(2) 单击工具菜单面板右上角的“显示或隐藏面板”按钮(如图 5-10 所示)，单击它将出现下拉菜单。

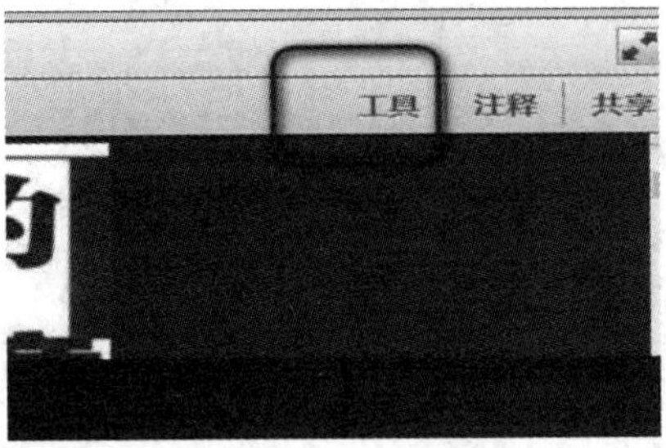

图 5-9　设置文件页面的显示操作一

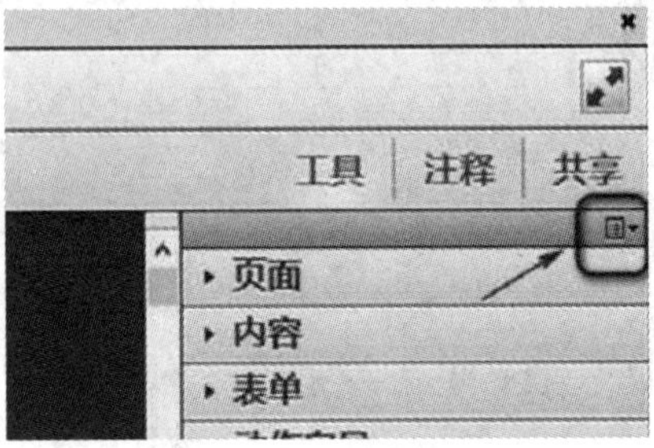

图 5-10　设置文件页面的显示操作二

(3) 在下拉菜单中选择“印刷制作”命令，这时在工具栏中将出现一排新的选项，如图 5-11 所示。

(4) 单击其中的“设置页面框”按钮(如图 5-12 所示)，然后继续下一步骤。

图 5-11　设置文件页面的显示操作三

图 5-12　设置文件面显示操作四

(5) 在页面框设置页面找到“更改页面大小”对话框，然后在旁边单击下拉菜单中找到需要调整的页面大小，如图 5-13 所示。

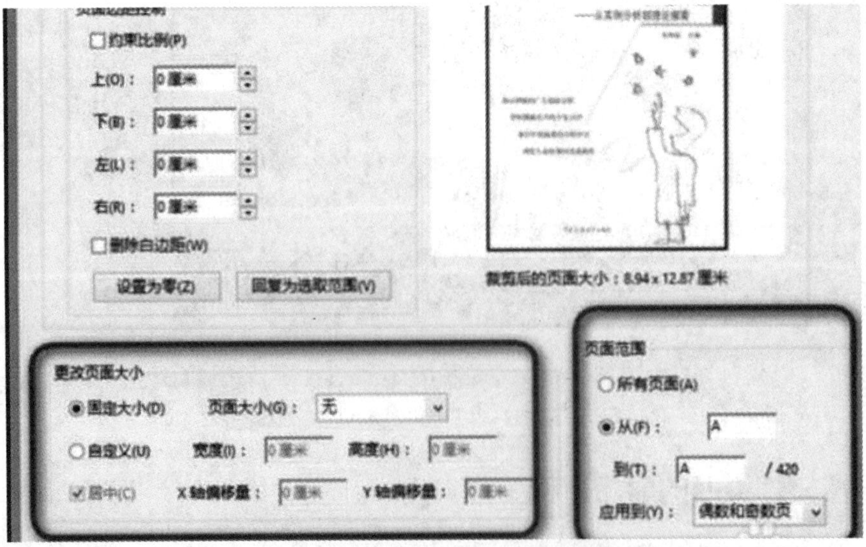

图 5-13　设置文件页面的显示操作五

5.2　阅读 CAJ 文档——CAJViewer

中国学术期刊全文数据库(China Academic Journals，CAJ)是中国学术期刊全文数据库的一种文件格式。

中国学术期刊全文数据库是目前世界上最大的连续动态更新的中国期刊全文数据库，积累文献 800 万篇，题录 1500 余万条，分为九大专辑，126 个专题文献数据库。其知识来源于国内公开出版的 6100 种核心期刊与专业特色期刊，数据完整性达到 98%。

CAJViewer(如图 5-14 所示)是中国期刊网的专用全文格式阅读器，支持对中国期刊网的 CAJ、NH、KDH 及 PDF 格式文件的阅读。CAJViewer 阅读器可以用来配合网上原文的阅读，也可以用来阅读下载后的中国期刊网的文章。它的打印效果与原版的打印效果基本一致。

图 5-14　CAJViewer

以下是 CAJViewer 的功能介绍：

(1) 页面设置(改变文章原版显示的效果)。

(2) 浏览页面(实现页面的任意跳转)。

(3) 查找文字(对非扫描文章提供全文字符串查询功能)。

(4) 切换显示语言(除了提供简体中文，还提供繁体中文、英文显示方式方便海外用户使用)。

(5) 文本图像摘录(实现文本及图像摘录，并可以将摘录结果粘到 WPS、Word 等文本编辑器中进行任意编辑)。

(6) 打印及保存(将可查询到的文章以 *.caj、*.kdh、*.nh、*.pdf 文件格式保存，并可将其按照原版显示效果打印)。

5.2.1　安装 CAJViewer

安装 CAJViewer 的具体操作步骤如下：

(1) 从网站下载 CAJViewer，解压后进入安装向导，之后单击“下一步”按钮，如图 5-15 所示。

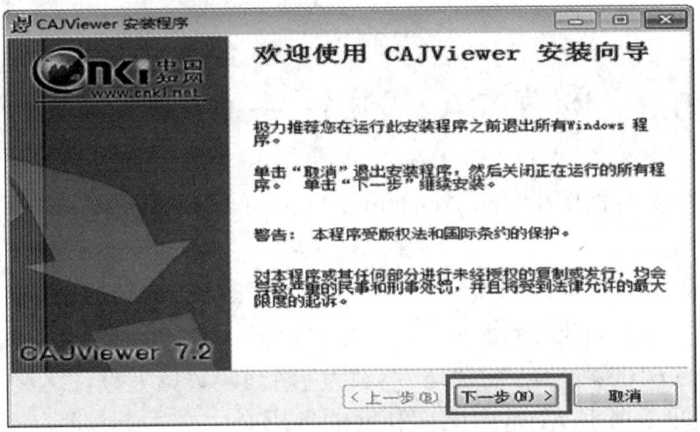

图 5-15　CAJViewer 安装步骤一

(2) 阅读软件许可协议，选择“我接受该许可证协议”，单击“下一步”按钮，如图 5-16 所示。

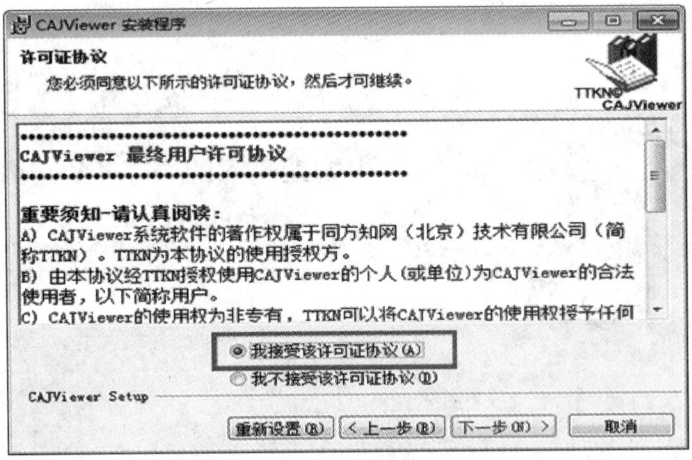

图 5-16　CAJViewer 安装步骤二

(3) 选择安装位置，单击“浏览”按钮自定义安装文件位置，之后单击“下一步”按钮，如图 5-17 所示。

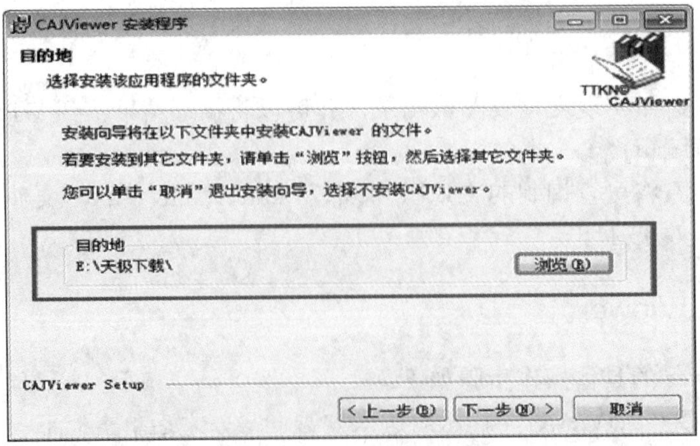

图 5-17　CAJViewer 安装步骤三

(4) 选择安装类型，单击“下一步”按钮，如图 5-18 所示。

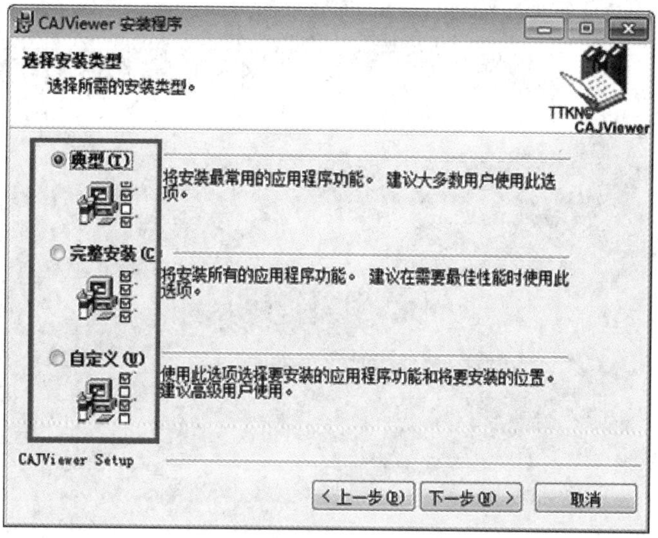

图 5-18 CAJViewer 安装步骤四

(5) 单击“完成”按钮，CAJViewer 安装成功，如图 5-19 所示。

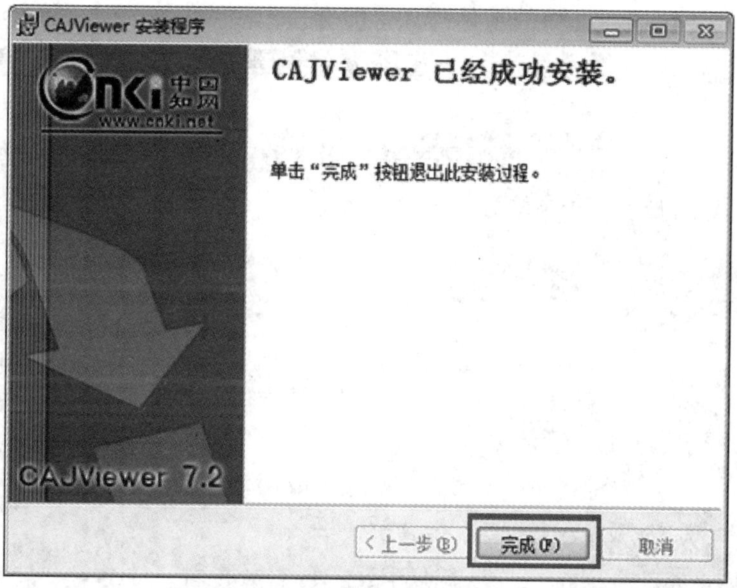

图 5-19 CAJViewer 安装步骤五

5.2.2 打开 CAJ 文档

打开 CAJ 文档的具体操作步骤如下：

(1) 打开 CAJViewer，用户可以通过菜单“文件”工具中的“打开”命令打开一个文档，如图 5-20 所示。这个文档必须是以 CAJ、PDF、KDH、NH、CAA 及 TEB 为后缀名的文件。

图 5-20　CAJ 工作界面

(2) 一般情况下，窗口正中间的主体部分显示文档中的实际内容，若打开 CAA 文件，由于实际文件正在下载中，窗口的主体部分可能会显示空白，如图 5-21 所示。

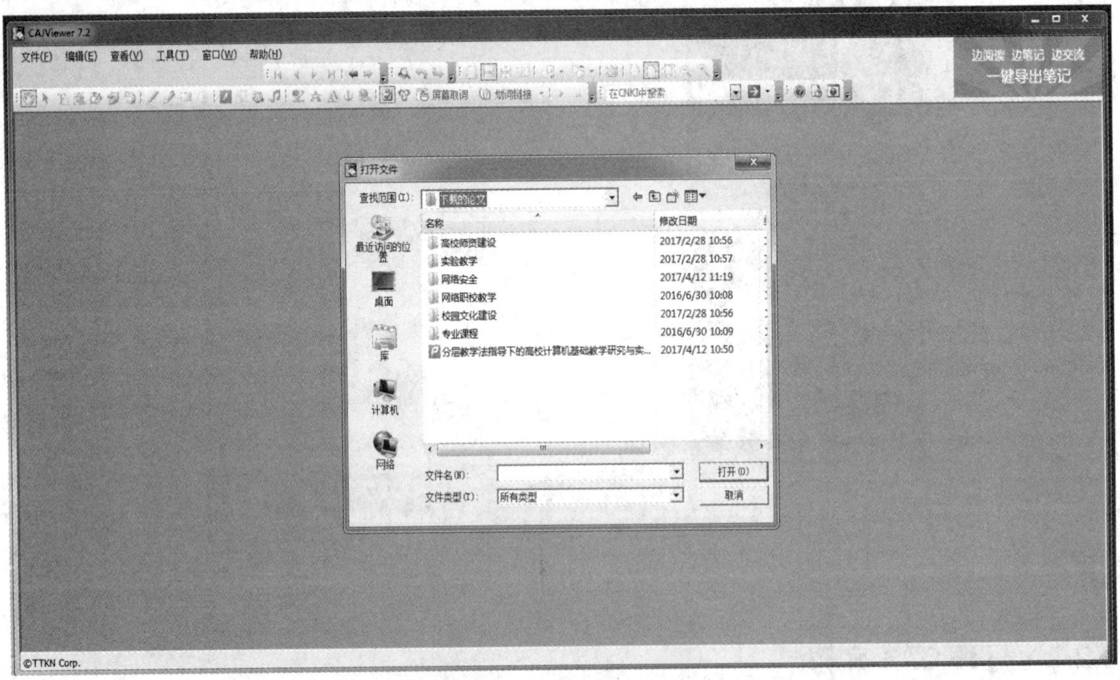

图 5-21　打开 CAJ 文档

(3) 通过鼠标和键盘可以直接控制 CAJViewer 主页面，也可以通过菜单或单击“页面窗口”工具中的“目录窗口”命令来浏览页面的不同区域，还可以通过菜单项或单击工具条来改变页面布局和显示比率。

(4) 当屏幕光标是手的形状时，便可以随意拖动页面或打开链接。

(5) 单击菜单“查看”工具中的“全屏”命令，当前主页面将全屏显示。

(6) 用户可以打开多个文件同时浏览。

5.2.3　设置页面显示方式

单击“文件”工具中的“打开”命令，找到需要阅读的文件，然后在菜单“查看”命令的下拉菜单中可以设置相关的显示方式。手形工具可以在页面随意拖动，用户可根据需求查看浏览，如图 5-22 所示。

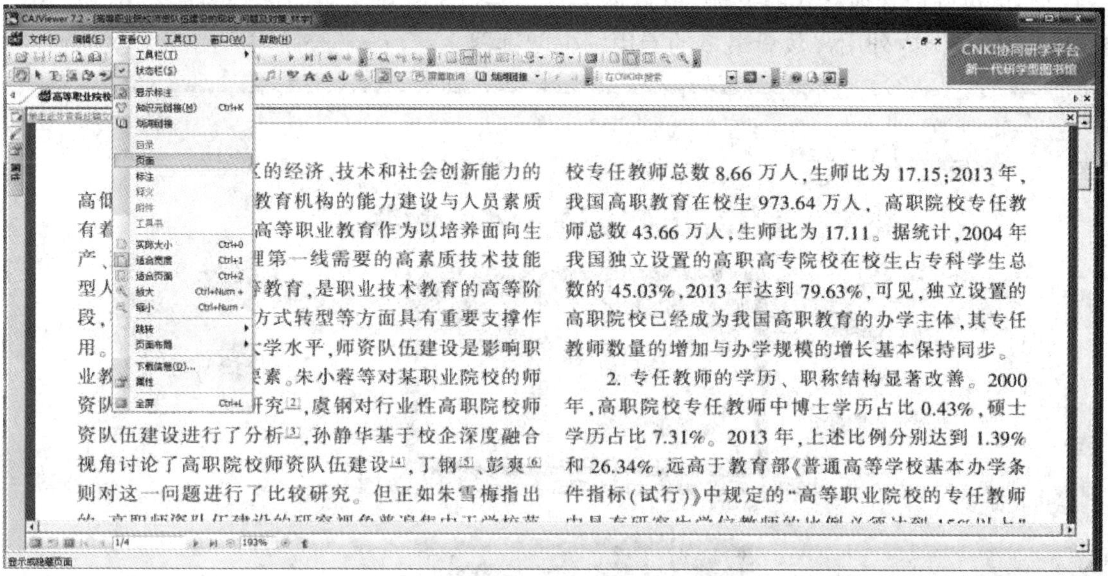

图 5-22　CAJ 页面显示方式设置

5.2.4　设置文档页面的显示比例

通过“查看”下拉菜单中的“适合宽度”“适合页面”“放大”“缩小”等命令可以设置文件的多种显示比例以达到用户的要求，如图 5-23 所示。

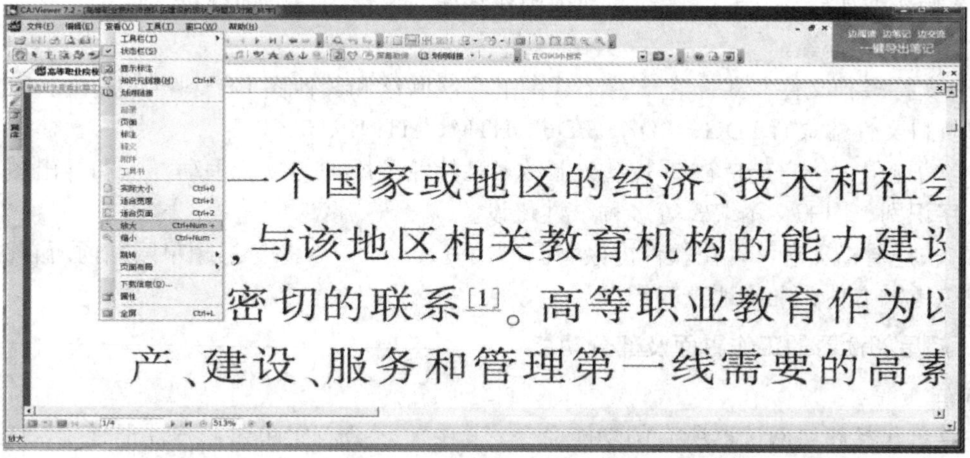

图 5-23　CAJ 页面显示比例设置

5.3　网上数字化图书馆——超星阅读器

电脑版超星阅读器是超星公司研发的用于图书阅读的浏览器，是专门根据电子图书的浏览、下载、打印、版权的保护和下载计费研究开发的阅读器，它拥有本土知识产权。通过超星阅读器不仅可以阅读互联网上各个图书馆提供的超过 30 万册的 PDG 格式电子数字图书，还可以阅读其他格式的书籍。互联网上许多站点都提供超星阅读器的官方下载途径，超星阅读器是国内外用户数量最多的专用图书阅读器之一，如图 5-24 所示。

图 5-24　电脑版超星阅读器

1. 超星阅读器的特点

超星阅读器的特点如下：

(1) 操作便捷。它有专门设计的阅读操作界面，可以很方便地翻页、放大、缩小页面以及更换阅读背景等。

(2) 支持多种文件格式。它支持下载图书离线阅读和其他图书资料导入阅读。它支持的图书资料文件格式有 PDG、PDZ、PDF、HTM、HTML、TXT 等。

(3) 功能强大。它支持在图书原文上做多种标注及添加书签、手动导入和导出图书、图片文字识别、图书文本编辑等多种个性化设置。

(4) 快速导航。它可以在软件内嵌套图书馆资源列表，资源包括超星网站内所有图书。用户可以更加方便、准确地查找图书。

2. 超星阅读器的工作界面及部分功能

1) 主菜单

主菜单包括超星阅读器所有的功能命令。其中，“注册”菜单供用户注册使用，“设置”菜单给用户提供相关功能的设置选项，功能包括“资源”“历史”“交流”“搜索”和“制作”(因版本不同，工作界面会有所出入)。

(1) “资源”：资源列表提供给用户数字图书及互联网资源。其具体使用请通过单击“资源管理”按钮来查看。

(2) “历史”：用户可通过超星阅读器访问资源的历史记录。其具体使用请通过单击“历史”按钮来查看。

(3) “交流”：在线超星社区的读书交流、问题咨询和找书帮助。

(4) “搜索”：在线搜索书籍。

(5) “制作”：用户可以通过制作窗口来编辑制作超星数字图书。

2) 工具栏

用户可以拖动文字图片到采集图标以便收集资源。阅读书籍时，采集可以通过快速翻页窗口来完成。

(1) 窗口：阅读超星数字图书及其他格式图书窗口。

(2) 网页窗口：浏览网页窗口。

(3) 制作窗口：制作超星 Ebook 窗口。

(4) 下载窗口：下载书籍窗口。

3) 剪切图像

操作方法：在阅读书籍时，在书籍阅读页面单击鼠标右键，在右键菜单中选择“剪切图像”命令，在所要剪切的图像上画框，剪切结果会保存在剪切板中，通过“粘贴”功能即可粘贴到“画图”等工具中进行修改或保存。

4) 书签

(1) 添加网页书签：在网页窗口单击工具栏中的“添加网页书签”按钮，根据提示完成操作。网页书签记录网页的链接地址及添加时间。

(2) 添加书籍书签：在书籍阅读窗口单击工具栏中的“添加书籍书签”按钮，根据提示完成操作。书籍书签记录书籍的书名、作者、当前阅读页数及添加时间。

(3) 书签管理：单击书签菜单选择“书签管理”命令，在弹出的提示框中对已经添加的书签进行修改。

5) 自动滚屏

在阅读书籍时，可以使用滚屏功能阅读书籍。

操作方法：在阅读书籍时，在书籍阅读页面双击鼠标左键开始滚屏，单击鼠标右键停止滚屏。如果要调整滚屏的速度可以在“设置”菜单的“书籍阅读”选项中进行设置。

6) 更换底色

使用更换阅读底色功能可以改变书籍阅读效果。

操作方法：在“设置”菜单中选择“页面显示”命令，在“背景”选项的“图片”选项中选择要更换的底色即可。或在书籍阅读页面单击鼠标右键，在右键菜单中选择“背景设置”命令，在“图片”选项中选择要更换的底色。

7) 发表

用户可以发表自己的文章，与其他会员用户分享。

操作方法：在“制作”窗口中单击“发表”按钮可以将文章发表到“读书笔记”栏目中。

8) 互联网资源

用户可以汇集网上精华资源(如在线电影、电视、电台、音乐、报纸、期刊等)，通过专业的分类及筛选充分享受网络资源共享的乐趣。

9) 导入文件夹

用户可以通过选择“我的图书馆”命令管理自己的文件。

操作方法：在“我的图书馆”命令下单击“导入”\“文件夹”按钮。

10) 上传资源

用户可以把“我的图书馆”中整理好的专题通过“复制”“粘贴”功能上传到“上传资源站点”，通过“上传资源站点”与其他用户交流。此功能仅对读书卡会员开放。

操作方法：在“我的图书馆”下复制分类，在“上传资源站点”中粘贴，粘贴成功即可上传成功。上传成功后刷新就可以看到内容，专题名称后会标注出用户名。

5.3.1　注册超星阅读器账户

将超星阅读器安装完成后单击“打开”按钮即可看到阅读的页面。新用户需要通过单击菜单栏中的“注册”按钮注册账号，注册完成后可以随时随地保存阅读的图书和阅读进度。用户也可以通过“学习通”APP 扫码进行登录，如图 5-25 所示。

图 5-25　新用户注册

5.3.2　在线查找与阅读图书

在线查找与阅读图书的具体操作步骤如下：

(1) 双击打开超星阅读器，首页出现的是“资源列表”，可以通过最左边的“本地图书馆”添加想要阅读的图书或通过导入光盘里的图书开始阅读，如图 5-26 所示。

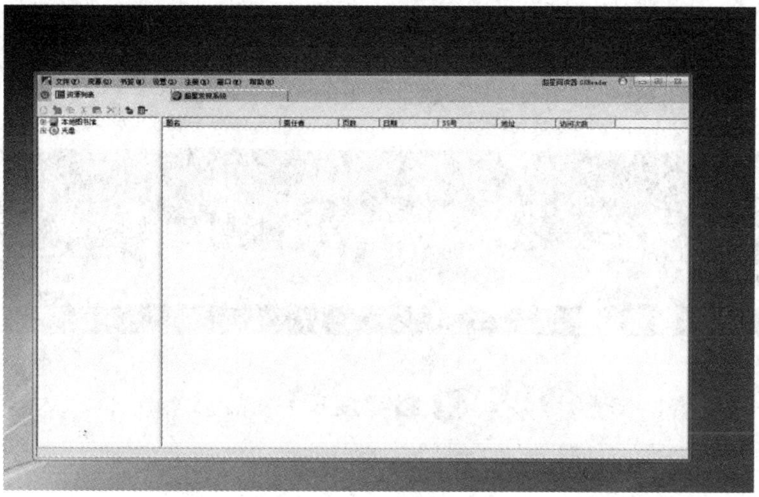

图 5-26　资源列表

(2) 单击“资源列表”旁边的“超星发现系统”，可以上网搜索超星公司库存的图书，在线阅读书籍，如图 5-27 所示。

图 5-27　超星发现系统

5.3.3　使用书签功能

面对繁多的书籍，用户在查找和翻阅时会不太方便。超星阅读器提供了书签和 IE 查找功能，可以很好地解决这个问题。在超星阅读器窗口菜单中执行“书签”工具中的“添加”菜单命令，会弹出“添加书签”对话框，在“书签名”文本框中为书签命名，接下来在“备注”文本框中输入备注信息，单击“确认”按钮完成添加，如图 5-28 所示。下一次学习时，只需在“书签”菜单中选择“书签管理器”，在“书签管理器”对话框中找到上次建立的书签，双击书签名即可转到书签所在的位置。

(a)

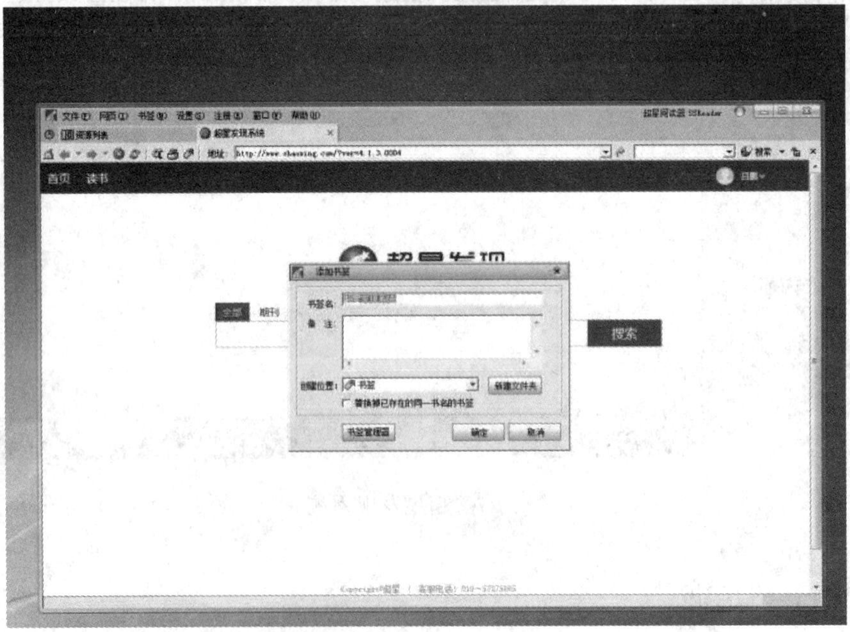

(b)

图 5-28　书签的使用

5.3.4　下载图书

用户可以在线阅读图书，如果需要下载图书，操作也很方便，但下载的图书过一段时间会自动失效，需要重新下载。

其具体操作步骤如下：

(1) 先通过“超星发现”的选项卡搜索需要阅读的图书，如图 5-29 所示。

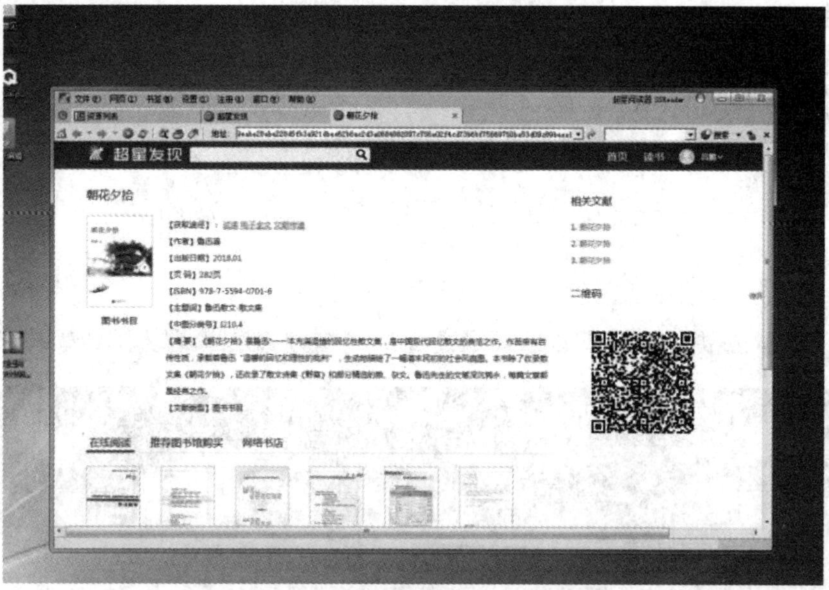

(a)

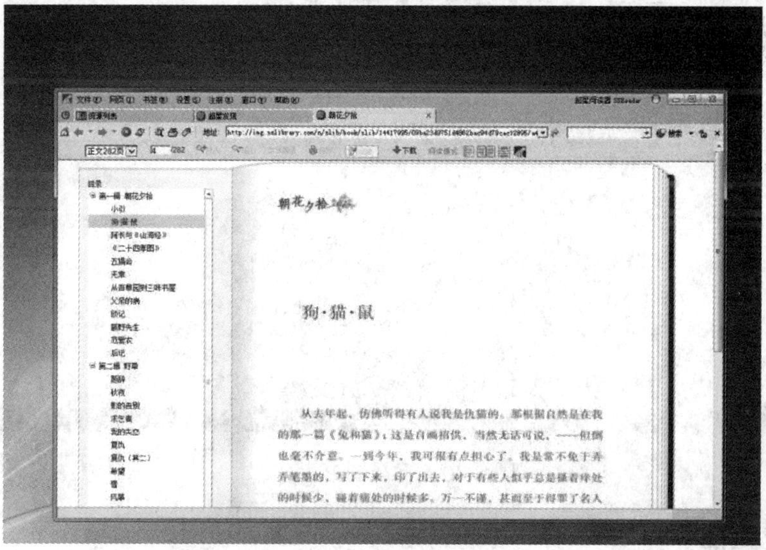

(b)

图 5-29　下载图书操作一

(2) 然后单击工具栏上的“下载”按钮，弹出“下载选项”对话框，用户在此处可自行建立子目录或设置重命名、存放路径和下载的页数等项目，如图 5-30 所示。

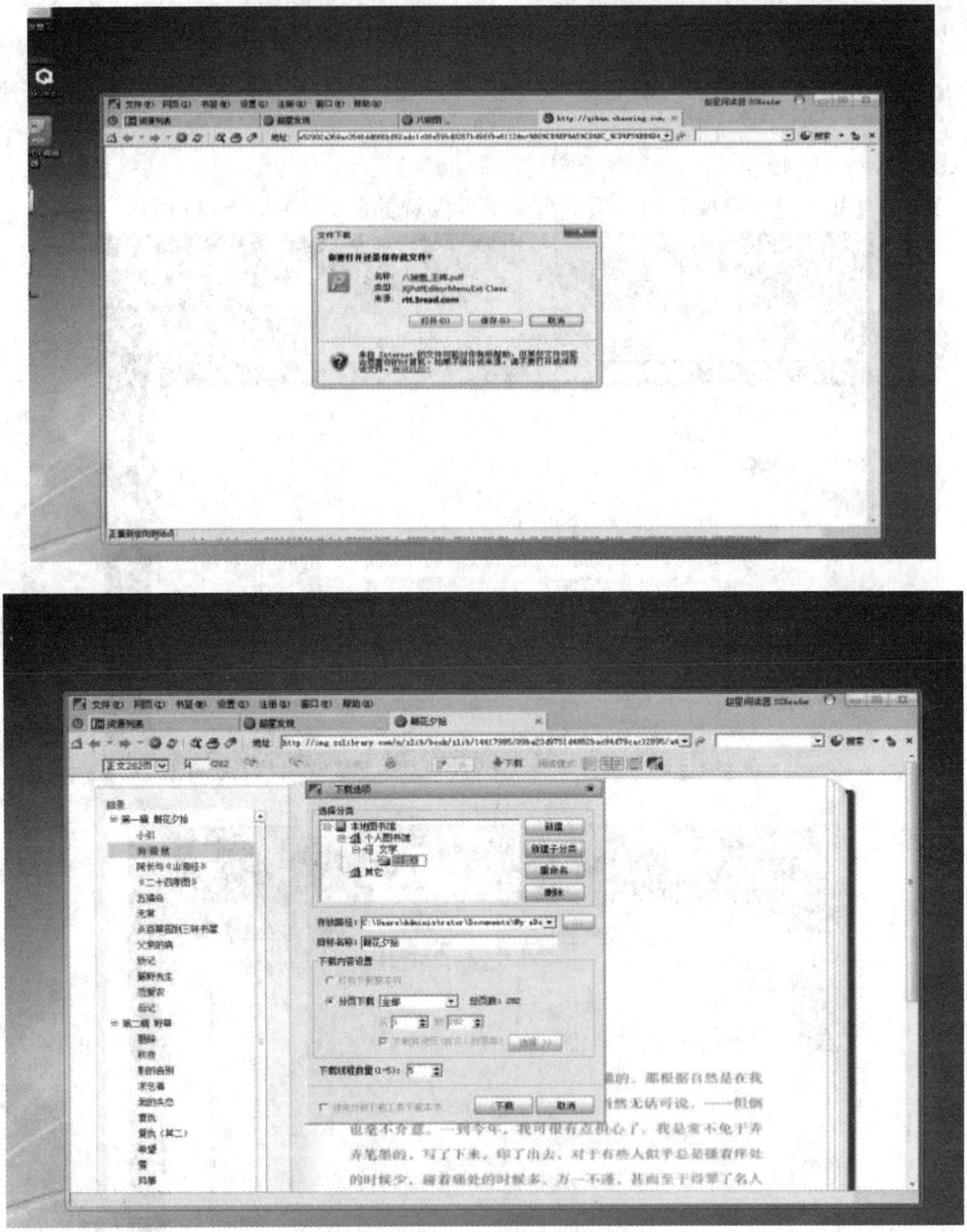

图 5-30　下载图书操作二

5.3.5　保存图像

其具体操作步骤如下：

(1) 先通过“超星发现”的选项卡搜索所需要的图片，单击页面上的“PDF 下载”按钮，将图片保存到指定文件夹中，如图 5-31 所示。

图 5-31　保存图像操作一

(2) 或者在选定图片的基础上单击鼠标右键，在弹出的快捷菜单中选择“图片另存为…”命令，将图片保存到指定文件夹，如图 5-32 所示。

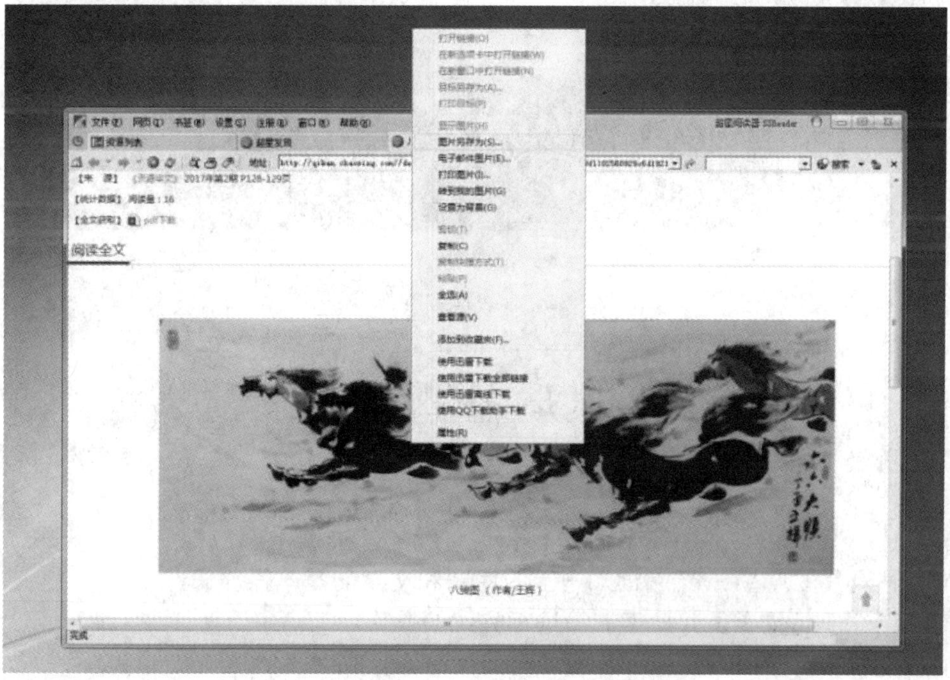

(a)

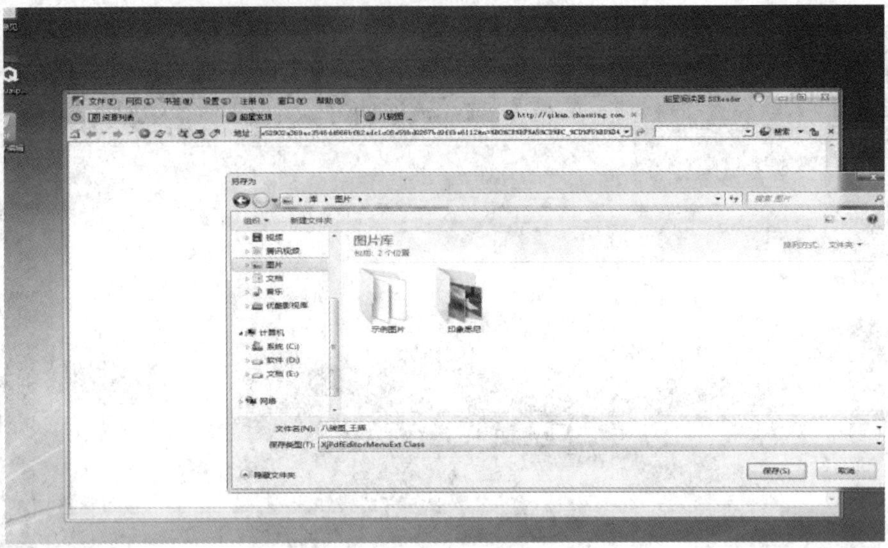

(b)

(c)

图 5-32　保存图像操作二

课后习题五

简答题

(1) 简述下载 PDF 软件并对软件进行相关设置的基本操作。

(2) 简述利用 CAJViewer 阅读知网上的期刊和文章的基本操作。

(3) 简述注册超星会员并检索书籍进行阅读的操作。

(4) 对比以上阅读工具软件，比较各自的优缺点。

第 6 章　多媒体处理工具

我们正处在一个多媒体技术被广泛应用的时代，每天都会通过各种不同的渠道接触大量的以多媒体为载体传播的信息，比如电视、手机、计算机等。同时，我们自身也有对多媒体数据进行处理的客观要求，比如批量管理好自己计算机上的大量图片文件，利用现有的照片给自己制作一张标准的证件照，把自己的照片进行合成或美化等简单处理，把自己在计算机上的一段操作录制成一段视频等。本章主要介绍一些常用多媒体处理工具的使用方法和技巧。

【主要内容】

(1) 图形图像工具介绍；

(2) 图片浏览工具——ACDSee；

(3) Photoshop 图像处理工具；

(4) Camtasia Studio 录屏软件。

6.1　图形图像工具介绍

在人们日常的工作、学习和生活当中，要经常接触和使用图像，有时需要捕捉并保留视频中的某一画面或场景，有时需要对相关的图像进行技术加工处理，有时需要对大量的图像文件进行统一管理，此时就得借助一些图像处理及管理工具。常用的图像处理工具有 ACDSee、Photoshop、美图秀秀等。利用它们可以轻松地实现图像的捕捉、编辑、浏览及管理。

1. Windows 系统的画图工具

画图工具是 Windows 7 自带的一款简单的图形绘制工具。单击“开始”菜单→“所有程序”→“附件”→“画图”命令，可以打开画图工具。使用该工具，用户可以绘制各种简单的图形，也可以对计算机中的图片进行简单的处理，包括裁剪图片、旋转图片以及在图片上添加文本等。另外，该工具还可以通过对保存格式的修改，快速地转换图片文件格式，如图 6-1 所示。

2. Photoshop

Photoshop 简称 PS，是业界非常著名的专业图像处理软件，由美国 Adobe 公司出品。该软件具有强大的图片处理功能，如图像编辑、图像合成、校色调色及特效制作等。Photoshop 是目前使用最广泛的专业图像处理软件之一。

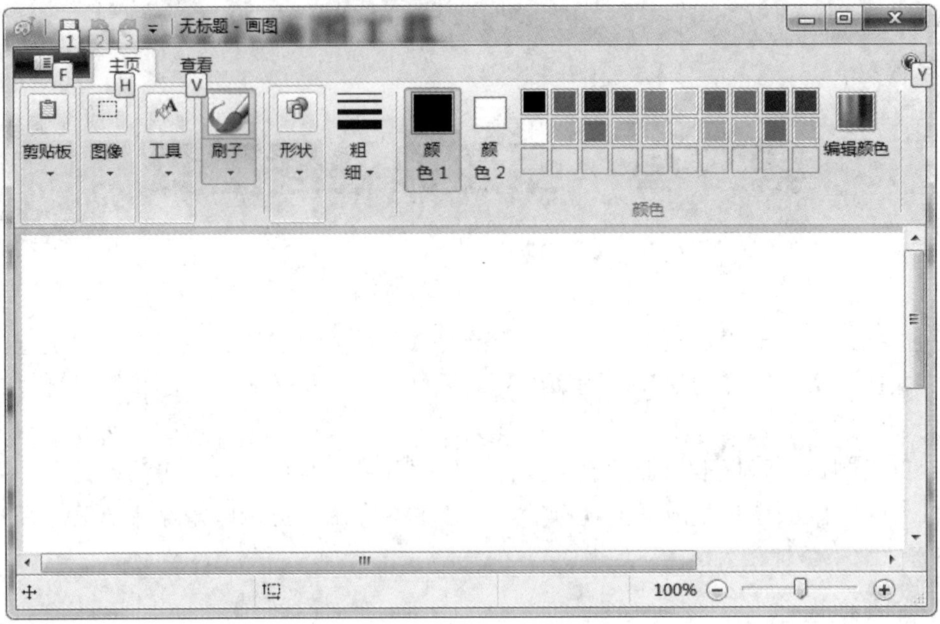

图 6-1　画图软件界面

3. CorelDRAW

CorelDRAW 是加拿大的 Corel 公司开发的矢量图形设计软件，除了可以进行矢量图形设计外，还集成了图像编辑、图像抓取、位图转换、动画制作等一系列的程序模块，构成了一个高级矢量图形设计和编辑的软件包。CorelDRAW 的功能大致分为两大类：绘图与排版。绘图工具包括圆形、矩形、多边形、方格和螺旋线，并配合塑形工具，可以对各种基本形状作出更多的变换。CorelDRAW 提供了一整套的图形精确定位和变形控制方案，给商标、标志等需要精确尺寸的设计带来极大的便利。该软件的文字处理与图像的输入和输出构成了排版功能。文字处理功能相当优秀，支持大部分图像格式的输入和输出。因此，CorelDRAW 广泛应用于平面设计、标志制作、模型绘制、插图描画、排版及分色输出等诸多领域。

4. Adobe Illustrator(AI)

Adobe Illustrator 是一种应用于出版、多媒体和在线图像的工业标准矢量插画软件，广泛应用于印刷出版、专业插画、多媒体图像处理和互联网页面的制作等方面，也可以为在线稿提供较高的精度控制，适合任何小型项目的设计和大型复杂项目的设计。

5. 非主流图片处理软件

美图秀秀是新一代的非主流图片处理软件，可以在短时间内制作非主流图片、非主流闪图、QQ 头像和 QQ 空间图片等。

光影魔术手是国内非常受欢迎的图像处理软件，是一个对数码照片画质进行改善及特效处理的软件。

6. 图片浏览软件

图片浏览软件是一款可以在计算机上立即找到并修改和共享所有图片的软件。每次打开图片浏览软件时，它都会自动查找所有图片，甚至是那些已经被遗忘的图片，并将它们按日期顺序放在可见的相册中，同时以易于识别的名称命名文件夹。用户可以通过拖放操作来排列相册，还可以添加标签来创建新组。图片浏览软件可以确保图片从始至终都井井有条地排列。

ACDSee 广泛应用于图片的特效、管理、浏览和优化等方面。ACDSee 是一款非常出色的图片管理软件，不论拍摄的相片是什么类型，都可以用相片管理软件来轻松快捷地整理、查看、修正和共享这些相片。

Isee 是一款功能全面的数字图像浏览处理工具，不但具有可以和 ACDSee 媲美的强大功能，还针对中国的用户量身定做了大量图像娱乐应用，让图片动起来，使人们留下更多、更美好的记忆。

6.2　图片浏览工具——ACDSee

图像浏览工具既可以欣赏和浏览图片，又可以将游戏或影音文件上出现的某幅图像抓取下来，进行保存。本节介绍目前流行的看图软件 ACDSee 10.0。

ACDSee 10.0 是目前流行的数字图像处理软件，几乎成为建筑、图像从业人员的必备软件。使用 ACDSee 10.0，用户可以从数码相机和扫描仪中高效获取图片，并进行查找、组织和预览。ACDSee 可以对超过 50 种常用多媒体格式的图片进行处理。

ACDSee 10.0 提供了良好的操作界面，它具有简单而人性化的操作方式、优质的快速图形解码方式，并支持丰富的图形格式，具有强大的图形文件管理功能。软件主界面如图 6-2 所示。

图 6-2　ACDSee 主界面

6.2.1　浏览图片

默认情况下，安装 ACDSee 后，它将自动被设置为图像文件的关联程序，双击任意一个图像文件，都可以直接打开 ACDSee 的查看窗口进行查看。查看视图如图 6-3 所示。

图 6-3　ACDSee 查看视图

除此之外，也可以在 ACDSee 的管理视图下浏览图像。启动 ACDSee 并指定文件夹，内容窗格中将显示该文件夹中的所有图像的缩略图。例如，单击左侧文件夹列表区内的“images”文件夹，在中间的窗口主体区域将显示该文件夹中所有图片文件的缩略图。管理视图如图 6-4 所示。

图 6-4　ACDSee 管理视图

如果要查看某一幅图像，双击该图像即可。这时软件将自动切换到“查看”窗口。在“查看”窗口中再双击图像，又可以快速返回 ACDSee 的管理视图，也可以单击窗口右上角的“视图切换”按钮，在“管理”“查看”和“编辑”视图中进行切换。

6.2.2 图片批量重命名

在 ACDSee 的管理视图中，如果要为某个图像文件重命名，可以在内容窗格中的图像上单击鼠标右键，在弹出的快捷菜单中选择“重命名”命令，或选择图像后按 F2 键，此时图像文件的名称即处于可编辑状态，在其中输入名称后按下回车键即可。

此外，在 ACDSee 中还可以方便地对某一文件夹内的多幅图像进行批量重命名。具体操作步骤如下：

(1) 在 ACDSee 管理视图下，单击窗口左侧文件列表中需要重命名图片所在的文件夹，然后在窗口图片显示区中选择需要重命名的多个图像文件，再单击鼠标右键，在弹出的快捷菜单中选择“重命名”命令。

(2) 在弹出的“批量重命名”对话框中，在“模板”选项卡的“模板”文本框中设置文件名，其中的“###”表示文件命名中不同的部分，一般以数字序号来代替，新旧名称可在对话框中进行对比预览，如图 6-5 所示。模板中，“myPicture###”中的“myPicture”是名字相同的部分，“###”则是它们的数字序号，如 001、002 等。

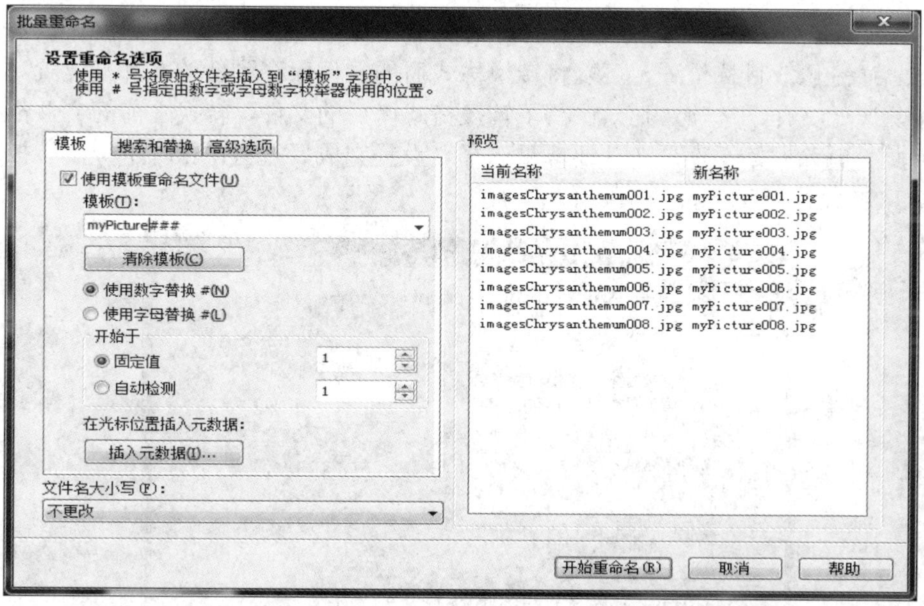

图 6-5　“批量重命名”对话框

(3) 设置完成后，单击“开始重命名”按钮，即可完成批量重命名图像文件。

6.2.3 转换图片格式

图像文件的格式有多种，如 JPG、BMP、PNG 等。有时候需要对已有的图片进行格式转换，才能符合某些特定的要求。利用 ACDSee 不仅能轻松实现单个图像的格式转换，还可以进行批量转换。其具体操作步骤如下：

(1) 在 ACDSee 的管理视图中选择需要转换文件格式的多张图片文件。

(2) 执行“工具”→“批量”→“转换文件格式”命令，在弹出的“批量转换文件格式”对话框中选择要转换的目标格式(如 BMP)，再单击“下一步”按钮，如图 6-6 所示。

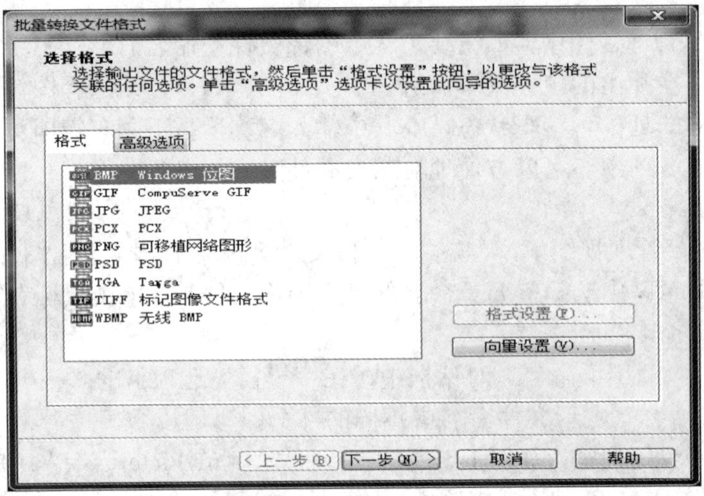

图 6-6　“批量转换文件格式”对话框——选择格式

(3) 单击“下一步”按钮，在弹出的对话框中设置输出选项，如目标位置、是否保留元数据等。通过修改目标位置，可以将转换格式后的文件保存到新的文件夹位置。如果选择了“删除原始文件”选项，则只保留了转换格式以后的文件，转换之前的文件都被删除掉了，因此“删除原始文件”选项要慎重选择。设置完成后，再单击“下一步”按钮，如图 6-7 所示。

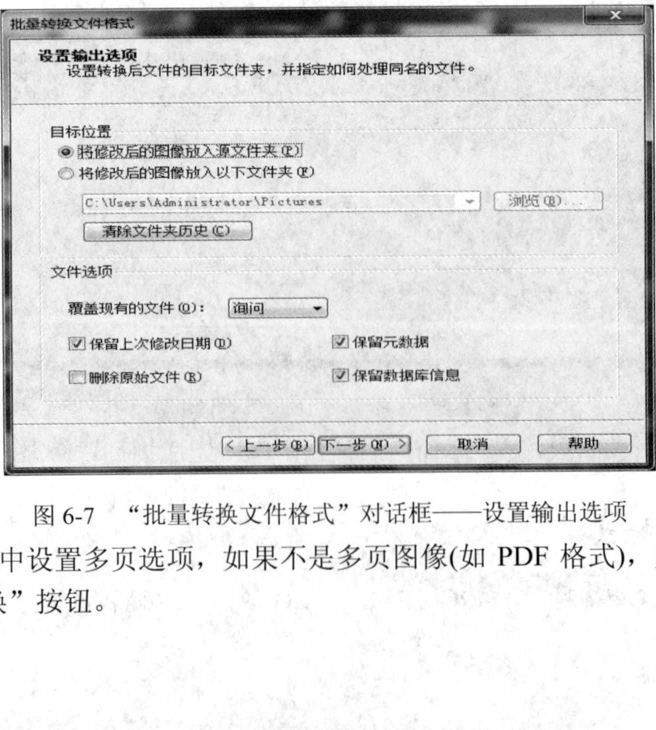

图 6-7　“批量转换文件格式”对话框——设置输出选项

(4) 在对话框中设置多页选项，如果不是多页图像(如 PDF 格式)，则不需要设置，直接单击“开始转换”按钮。

(5) 转换完成后，单击“完成”按钮即可。此时可以在目标文件夹位置找到格式转换成功的图片文件。

6.2.4 创建电子相册

电子相册是指可以在计算机上观赏的区别于传统纸质版静止照片的特殊文档，其内容不局限于摄影照片，也可以包括各种艺术创作图片。电子相册具有传统相册无法比拟的优越性，其不仅具有图、文、声、像并茂的表现手法，还具有随意修改编辑的功能、快速的检索方式、永不褪色的恒久保存特性以及廉价复制分发的优越手段。在 ACDSee 中制作电子相册的具体步骤如下：

(1) 在 ACDSee 的主窗体中选择多张需要放入电子相册的图片文件，执行“工具”→“创建”→“幻灯放映文件”命令(制作电子相册类型还包括 PDF、PPT、ACDSee、陈列室等其他类型，制作方法大同小异)，即弹出如图 6-8 所示的“创建放映幻灯向导”对话框，选择“创建新的幻灯放映”中的格式选项，即.exe 文件格式、.scr 文件格式或.swf 文件格式，默认选择第一项“独立的幻灯放映”，单击“下一步”按钮。

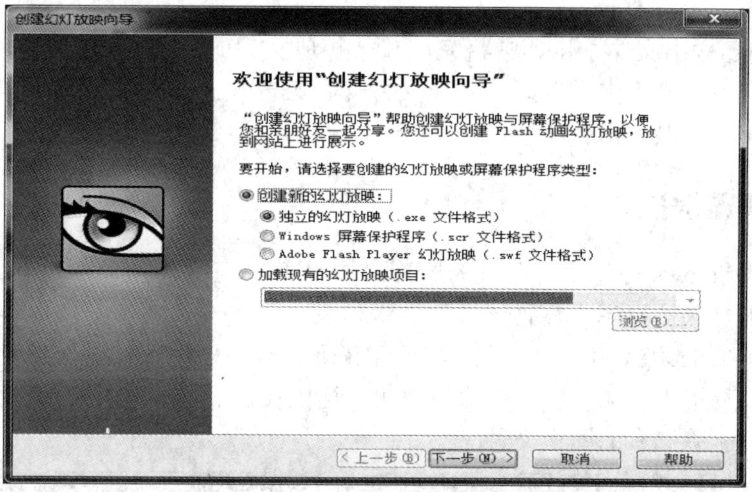

图 6-8　“创建幻灯放映向导”对话框

(2) 在“选择图像”步骤中可以看到已经添加到相册中的图像文件，还可以通过“添加”和“删除”两个命令按钮来修改所选图片。它们分别用来添加更多的其他图像文件和删除已被选中的图像文件，之后单击“下一步”按钮。

(3) 在“设置文件特有选项”步骤中可以对相册中的每一张图片文件放映效果(即转场效果、转场效果持续时间、幻灯片持续时间、标题和音频)进行更加细致的设置，单击其中一个细节选项，即弹出相应的对话框，可供用户进行设置，单击“下一步”按钮，如图 6-9 所示。

(4) 在“设置幻灯放映选项”步骤中可以对整个相册的放映细节进行具体设置，主要包括“常规”和“文本”两个方面。在“常规”选项中，可以设置放映过程中换片的方式(“手动”和“自动”)，播放的顺序(“前进”“后退”和“随机”)。设置完成后单击“下一步”按钮。

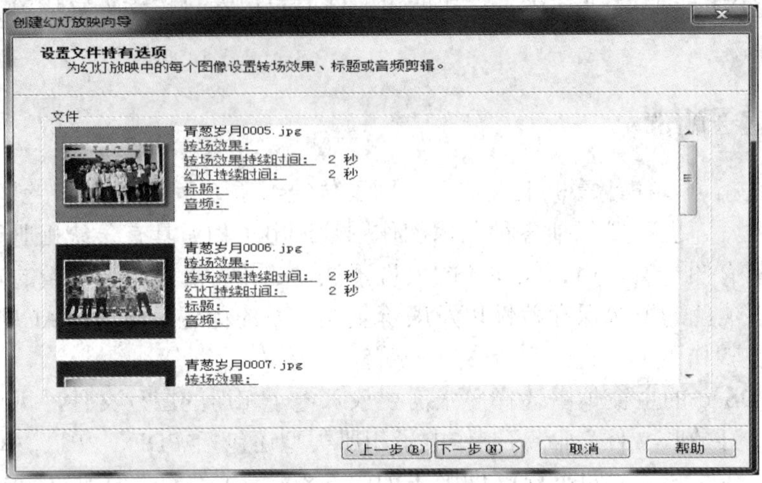

图 6-9　创建幻灯放映向导——设置文件特有选项

(5) 在“设置文件选项”步骤中，可以设置相册文件(幻灯放映.exe)和项目文件(项目.asw)的保存路径，之后单击“下一步”按钮。

(6) 在“构建输出文件”步骤中将完成整个相册文件的生成和输出，单击“完成”按钮，此时可以在上一步骤中设置好的相册文件保存夹内找到“幻灯放映.exe”文件，单击它即可翻看制作好的电子相册。

6.2.5　制作屏幕保护

除了设置 Windows 操作系统自带的屏幕保护程序外，还可以利用 ACDSee 定制用户具有个性色彩的屏幕保护程序。其具体操作步骤如下：

(1) 启动 ACDSee 后，执行“工具”→“配置屏幕保护程序”菜单命令，弹出如图 6-10 所示的对话框。利用“添加”和“删除”按钮，可以在已选的图像文件基础上，继续添加新的图像文件或删除已有的图像文件。

图 6-10　“ACDSee 屏幕保护程序”对话框

(2) 单击“配置”按钮，弹出如图 6-11 所示的对话框。可以对屏幕保护程序进行“基本”“高级”和“文本”三个方面的设置。单击“确定”按钮，返回到上一个对话框，再次单击“确定”按钮，屏幕保护程序即可制作完成。

图 6-11　ACDSee 屏幕保护程序——外观设置

(3) 进入 Windows 系统的控制面板，选择“外表和个性化”选项即可看到当前默认的屏幕保护程序已经设置为 ACDSee 屏幕保护程序。

6.3　Photoshop 图像处理工具

Photoshop 是公认的最好用的通用平面美术设计软件之一，由 Adobe 公司开发设计。其用户界面简洁易懂，功能完善，性能稳定。所以，在几乎所有的广告、出版和软件公司，Photoshop 都是首选的平面工具之一。

本书以 Photoshop CS3 为例简要介绍 Photoshop 在图像处理方面的强大功能。目前市面上较为流行的 Photoshop 版本有 Photoshop CS 5、Photoshop CS 6 和 Photoshop CC 等，其操作方法与 Photoshop CS3 大体相同。

Photoshop CS3 的全称为 Adobe Photoshop CS3 Extended，也称作 Photoshop 10.0。Photoshop CS3 具有强大的图像处理功能，它不仅能为用户提供丰富多彩、功能强大的创作图像工具，还具备修改和编辑已有图像的强大功能。

从 Photoshop CS3 的功能上看，该软件可分为图像编辑、图像合成、校色调色及功能特效制作等四个部分。

(1) 图像编辑是图像处理的基础，可以对图像做各种变换，如放大、缩小、旋转、倾斜、镜像、透视等，也可对图像进行复制、去除斑点、修补、修饰图像的残损等操作。

(2) 图像合成是将几幅图像通过图层操作、工具应用合成完整的、传达明确意义的图像，这是美术设计的必经之路。该软件提供的绘图工具让图像与创意很好地融合在一起。

(3) 校色调色可方便快捷地对图像的颜色进行明暗、色偏的调整和校正，也可将不同颜色进行切换以满足图像在不同领域(如网页设计、印刷、多媒体等方面)的应用。

(4) 特效制作在该软件中主要由滤镜、通道及工具综合应用完成。它包括图像的特效创意和特效字的制作。油画、浮雕、石膏画、素描等常用的传统美术技巧都可由该软件特效完成。

Photoshop CS3 的工作界面如图 6-12 所示。

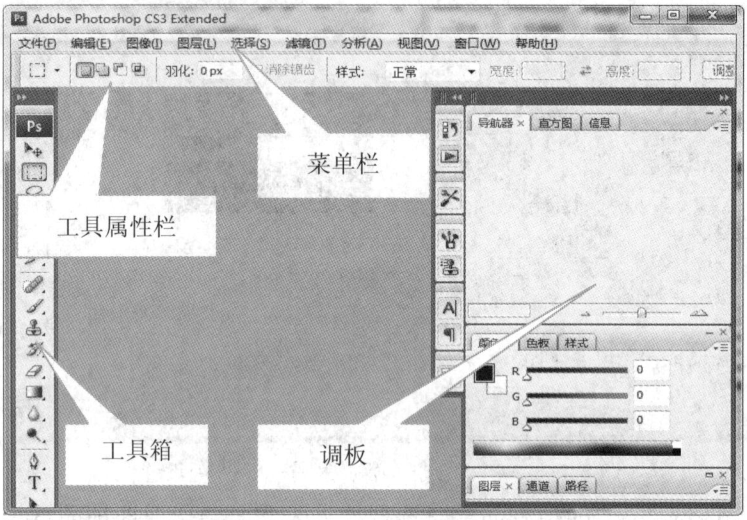

图 6-12　Photoshop CS3 主界面

Photoshop 的工作界面主要由以下几个部分组成：

(1) 菜单栏：用于整个环境下的所有窗口提供菜单控制，这些菜单可以方便地管理整个主窗口的布局、配置 Photoshop 环境、进行图像属性设置、执行图像处理命令和获得在线帮助等。

(2) 工具箱：是 Photoshop 的强力武器，它包含 40 多种工具，大致可分为选区制作工具、绘图工具、修饰工具、颜色设置工具以及显示控制工具。工具箱如图 6-13 所示。

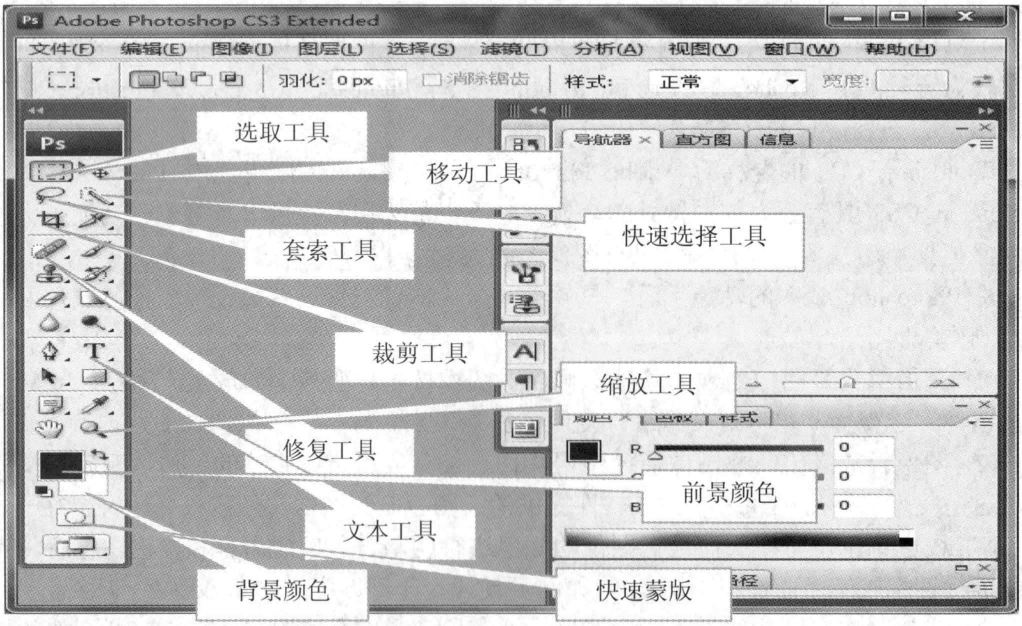

图 6-13　几个常用的工具按钮

(3) 工具属性栏：选择某个具体的工具后，系统将在工具属性栏中显示该工具的具体参数，用户可在工具属性栏中对该工具的参数进行相应的设置和调整。

(4) 调板工具栏：分为三个部分，可以展开和收缩。

第一部分：导航器用来显示图片的显示区域，其中还有缩放图片的控制按钮；直方图用来显示图片的色阶信息；信息用来显示光标在图片上的具体坐标以及图像在当前坐标位置的颜色信息。

第二部分：颜色、色板和样式用来设置用户需要的色彩风格，将它应用到背景、前景或其他地方。颜色是指用户自定义的单一颜色；色板是指系统提供的现成的颜色；样式是指系统提供的具有某种特殊风格的颜色样板。

第三部分：包括图层、通道和路径。图层用来显示当前文件各图层的基本信息，用户在使用该软件时，始终要有图层的概念，当前图像文件其实是由至少一层的图层叠加起来的图像文件，任何操作都是针对某一具体图层的操作。在 Photoshop 中的不同图像模式下，通道是不一样的。通道层中的像素颜色由一组原色的亮度值组成，实际上，通道可以理解为选择区域的映射。路径在 Photoshop 里是一种矢量的图形，它不属于图像范围，可以理解为一种“辅助工具”。建立路径后可以对其描边、沿路经编排文字等，路径闭合时可以建立成选区。

6.3.1　给照片添加水印

我们在互联网上下载图片时经常看到一些图片背景上有一些近乎透明的文字，这就是水印。它主要用来标明和保护作者的版权，防止其他用户直接使用该图片。利用 Photoshop 工具可以非常方便地为图片添加具有标志性的文字水印。其具体操作步骤如下：

(1) 启动 Photoshop 软件，执行“文件”→“新建”命令(或按快捷键 Ctrl + N)，创建一个新文件，在“新建”对话框中，可以对文件名字、宽度和高度进行设置。分辨率默认为 72 像素/英寸，背景内容一定要设置成“透明”，如图 6-14 所示。

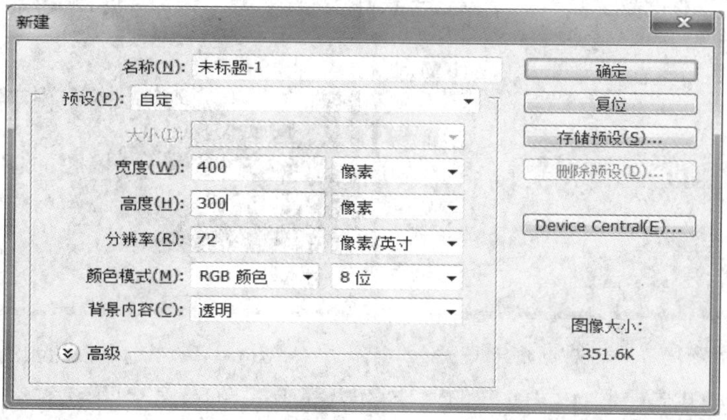

图 6-14　新建文件对话框

(2) 单击 Photoshop 主界面左侧工具箱中的“横排文字工具”(或按快捷键“T”)，在窗口上方的“工具属性栏”中，将文字工具属性设置为需要的格式，如“幼圆”“30 点”“平滑”等，颜色默认为红色。然后在文件窗口内可编辑区域内单击，此时会在透明的背景上出现输入光标，输入需要的水印文字(如“放飞梦想”)，输入完成后(输完后切记不可按 Enter 键，否则会另起一行)，单击工具箱中的“移动工具”按钮(或按快捷键“V”)，此时光标会变成可移动的黑色光标，单击输入的文字拖到合适的位置即可，如图 6-15 所示。

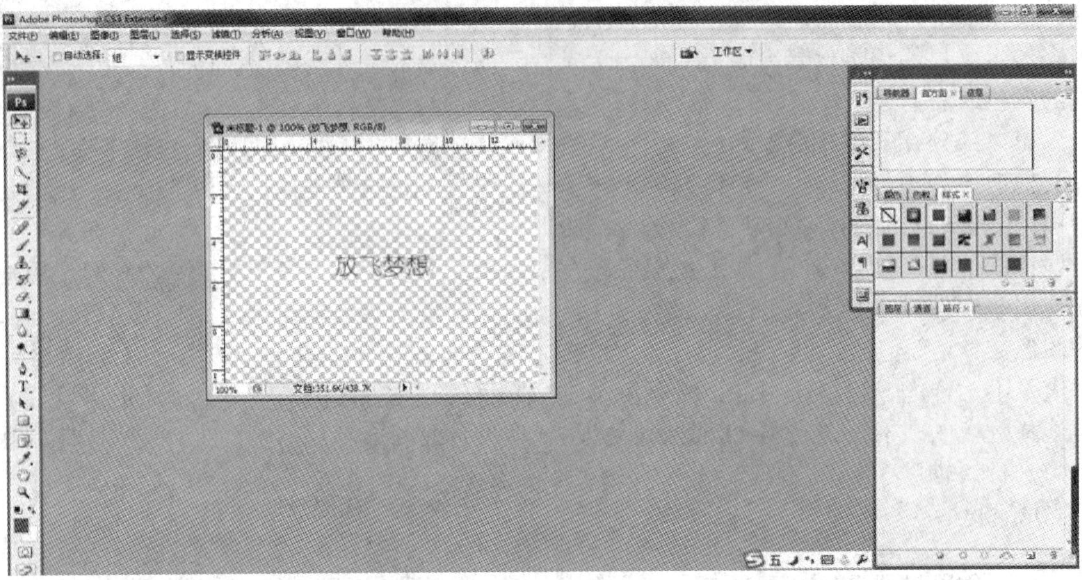

图 6-15　文字输入完毕效果图

(3) 执行“图层”→“图层样式”→“描边”命令，弹出如图 6-16 所示的“图层样式”对话框。默认的填充颜色是红色。单击“颜色”右边的红色区域，在弹出的“选取描边颜色”对话框中移动光标，在颜色选择区域单击灰色部分，将颜色改成灰色，然后再单击“确定”按钮，如图 6-17 所示。

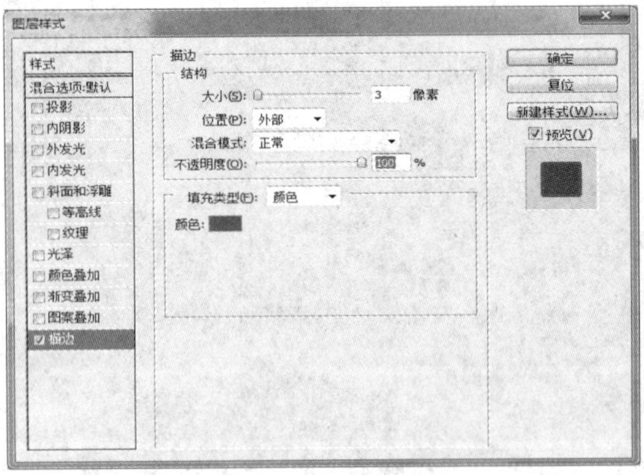

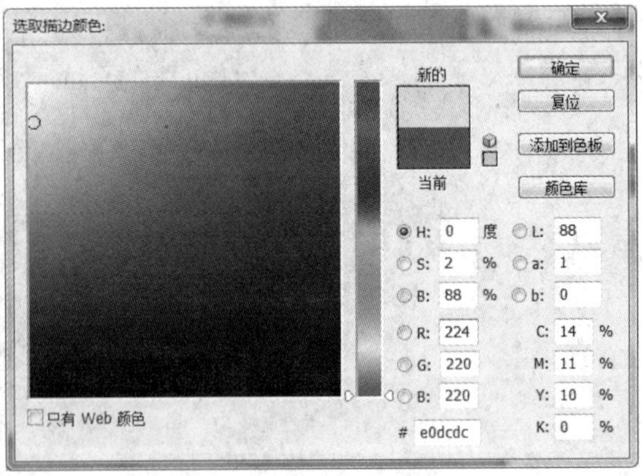

图 6-16　“图层样式”对话框　　　　图 6-17　“选取描边颜色”对话框

(4) 此时，水印字已制作完成，但文字的边框为灰色，文字的线条部分依然是红色。接下来要把水印字变成空心且半透明的状态。在窗口右下方的“图层面板”中找到“填充”项，将默认的 100%改成 0，即把水印字原本的红色笔画部分变成全透明状态，此时水印字就是只有灰色的轮廓而没有填充颜色的空心状态了。再将图层的不透明度调整到一定的透明值(如 40%)，如图 6-18 所示。此时整个图层都会呈透明状态，因此水印字的灰色边框也会变得透明。

(5) 将制作好的文字水印保存成图像文件。执行“编辑”→“定义图案”命令，将当前的文件定义为一种自定义图案，并给其命名，如“我的水印——放飞梦想”，如图 6-19 所示。

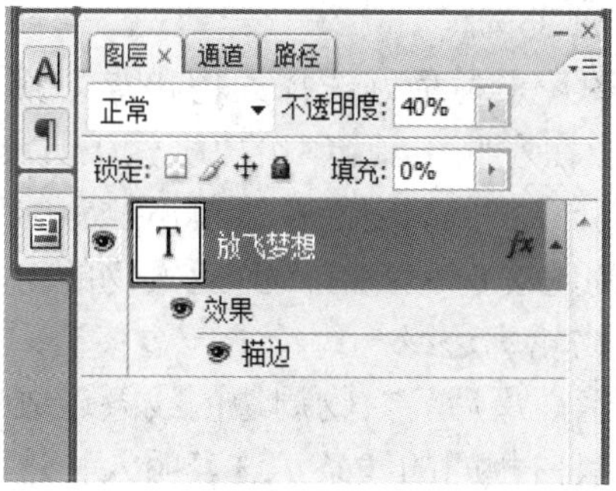

图 6-18　图层面板

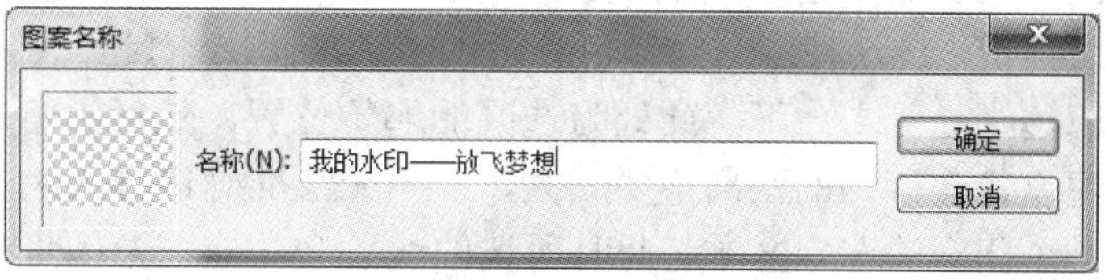

图 6-19　“图案名称”对话框

(6) 为图片添加水印效果，打开要添加水印的图片文件，执行“编辑”→“填充”命令，弹出如图 6-20 所示的对话框。选择“使用”中的“图案”选项，再单击“自定图案”按钮，在下拉列表中找到刚才保存的自定义的图案(列表中的最后一个图案即为最后一次保存过的图案，鼠标移上去会有名称提示)，单击“确定”按钮，即可将制作好的水印添加到当前图片上。

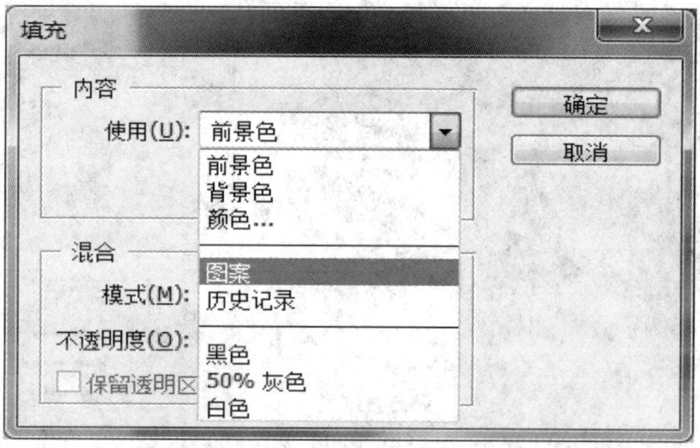

图 6-20　图层填充设置对话框

6.3.2　制作影楼风格人像照片

影楼风格的人像图片通常是指人物在虚拟的背景前的留影。有时被拍摄者无法到实地进行拍摄，却希望用当地的景物作为照片背景，就可以用 Photoshop 来实现。制作的主要思路就是把人物照片与虚拟的背景自然地融合到一起，主要用到 Photoshop 中常用的一个技巧“抠图”，即把人物图像从原照片的背景中“裁剪”出来，“抠图”的精确程度直接影响最终图片合成的整体效果。现以海滩为背景，制作一张人物在海边留影的合成照片。其具体操作步骤如下：

(1) 启动 Photoshop，双击窗口内的空白处(或执行“文件”→“打开”命令)，弹出“打开”对话框，将事先准备好的素材背景文件打开，将素材大小和位置调整到合适的状态。如需对素材大小进行调整，可以单击“工具箱”内的“缩放工具”(或按快捷键“Z”)，此时光标会变成带加号的放大镜，单击图片，即可放大，若同时按住 Alt 键，则会缩小图片，另外，也可以利用右侧面板“导航器”下面的“缩放”按钮，拖动滑块进行缩放。另外，还可以在文件窗口左下角处直接输入图片的显示比例值，如 85%。

(2) 用同样的方式打开另一有人物素材的图片文件，图片素材最好选择人物和背景颜色反差比较大的或人物轮廓与背景的分界比较清晰的图片。在左侧工具箱中的“套索工具”上单击右键，选择“磁性套索工具”选项(这是一种智能的套索工具，它能根据单击位置的颜色值，自动找到与它颜色相近的点，从而快速找到人物的轮廓)，紧贴在图片上人物的轮廓边缘处单击一下，此处为选区的起始位置，然后沿着人物轮廓边缘一边单击一边移动，注意每次移动的距离不要太大，以免无法准确选择人物轮廓。最后将人物周边的线条连成一个闭合的选定区域，此时所选的线条会变成一条闪烁的黑白相间的线条，这表明人物选取成功，即“抠图”成功。再按快捷键 Ctrl + J，将选定区域复制下来。注意，整个抠像操作过程一定要细致处理，用户可以把图片放大一些，以便更加精确地处理。如果得到的选区不满意，可以按 Ctrl + D 键取消当前选区，重新操作。也可以利用快速蒙版技术来精确修改已经创建的选区，此技巧在本节后面将详细介绍。选区完成后，效果如图 6-21 所示。

图 6-21　选区确定后效果图

(3) 按“V”键，切换到“移动工具”，按住鼠标左键不放，将选定的部分从当前文件窗口拖入背景图片文件窗口中。此时人物图像与背景的相对比例可能很不协调，可以按住快捷键 Ctrl + T，并启用“工具栏属性”中的“保持长宽比”按钮，利用人物图像四周的小方块，将拖入的人物图片调整到合适的大小，之后移动到合适的位置，再单击

"√"按钮(或双击鼠标)即可。注意，当操作当中同时涉及两个或两个以上的窗口时，要调整好两个并列窗口的位置和大小以方便操作。完成后，多余的窗口可以最小化或关闭，如图 6-22 所示。

图 6-22　选区变形操作示意图

(4) 执行"文件"→"保存"命令或按 Ctrl + S 键，在弹出的对话框中先将背景图片文件(此时已经包含了人物图像)直接保存(保存格式为 .psd 格式，此格式为 Photoshop 的默认保存格式，保留了图片合成的各种原始信息，且它只能在 Photoshop 软件中打开，以便用户日后再次修改和编辑合成效果)，然后再执行"文件"→"另存为"命令或直接按快捷键 Ctrl + Shift + S，将该文件另存为 .jpg 格式(此文件格式为最终格式，原始素材中所有图层和其他信息都已删除，无法再直接修改和编辑)，整个操作便可完成。

6.3.3 人像美容

普通人在日常拍照时，由于化妆、摄像和灯光等各方面不具备专业条件和技术水平，以及人物面部本身有一些无法遮掩的瑕疵，导致拍出来的照片效果不尽如人意。下面的例子将对人物的面部进行一定程度的美化。该例主要涉及修复面部瑕疵以及处理肤色黯淡、粗糙的技巧。其具体操作步骤如下：

(1) 在 Photoshop 中打开一张人脸素材图片，单击"工具箱"中的"污点修复画笔工具"，在"工具"属性栏上进行简单的设置(如将画笔大小设置为适当大小，它将直接影响到修复区域的大小)，单击人脸上有污点或雀斑的地方，即可将面部的瑕疵去掉。这是利用所选区域周边的正常颜色来修复的，因而修复部分会比较自然地融合到四周的环境中。因此，工具的画笔大小一定要合适，否则可能达不到满意的效果。通常画笔大小略比污点面积大为宜。

(2) 执行"图像"→"调整"→"高度/对比度"命令，将亮度值和对比度值调高，可将人物面部皮肤变得更白皙，同时也可以将整个画面变得更加明亮，如图 6-23 所示。

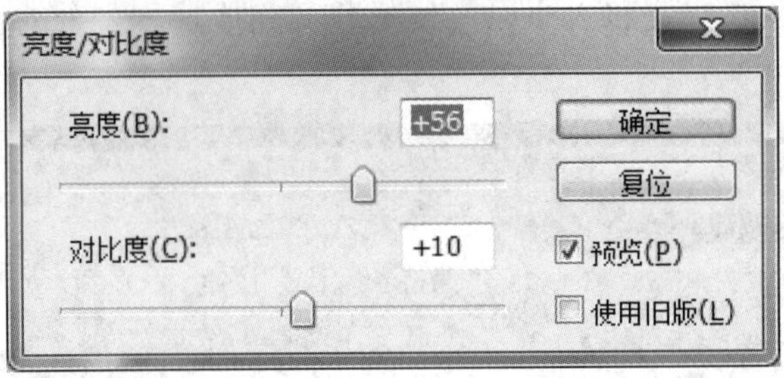

图 6-23　亮度/对比度设置对话框

(3) 执行“滤镜”→“杂色”→“减少杂色”命令，弹出如图 6-24 所示的对话框。将具体参数进行调节，并注意观察预览的效果，直到满意为止。这一步在一定程度上可以让皮肤变得更加光滑细嫩。

图 6-24　减少杂色滤镜效果设置对话框

6.3.4　证件照的排版

人们在填表的时候，可能并无符合要求的证件照片，此时可以利用已有的大头照片，通过抠图，把背景修改成证件照要求的标准颜色，并把尺寸设置为标准的大小。现以制作一寸证件照片为例，具体操作步骤如下：

(1) 在 Photoshop 中，执行“文件”→“打开”命令(或按 Ctrl + O 键)，打开图片素材(素材要求：人物头像清晰，与背景的反差明显，且背景颜色比较单一)，选择工具箱中的“快速选择”工具(该工具能快速选择颜色相近的区域)，此时光标会变成带十字架的圆形，并单击“工具”属性栏上画笔大小旁边的三角形按钮，弹出如图 6-25 所示的对话框。将间距值调整到合适的大小以控制颜色值相差的范围，从而让选区更精确。在人物头像的背景区域按住鼠标左键不放，并在整个背景区域移动，直至把所有背景区域选完为止。此方法如果无法做到选择精准，可以利用快速蒙版技术进行细致的修改，此技巧在本节后面详细介绍。

(2) 执行“图像”→“填充”命令，将弹出如图 6-26 所示的对话框。在“使用”右侧的选项中选择“颜色”项，在弹出的对话框中将背景颜色设置为“红色”或“蓝色”，单击“确定”按钮关闭对话框。按 Ctrl + D 键把选定区域取消。

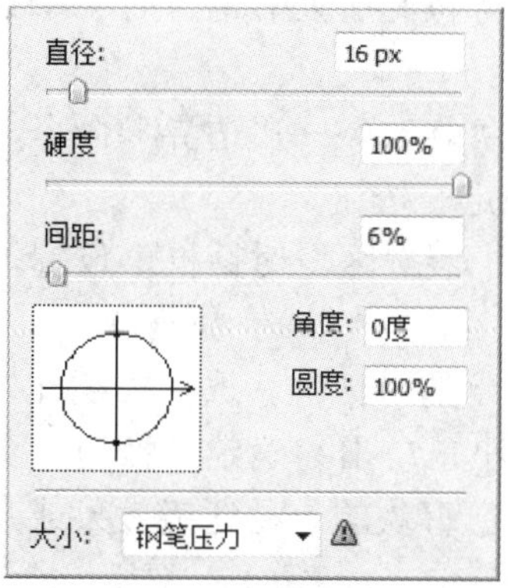

图 6-25　快速选择工具属性设置对话框

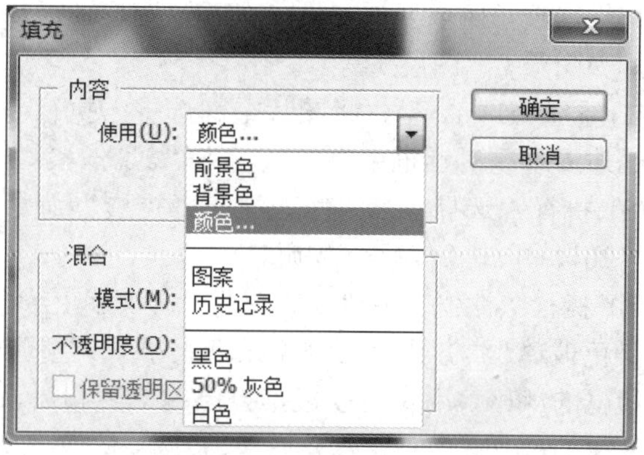

图 6-26　图层填充对话框

(3) 单击右侧工具箱中的“裁剪”工具，在“工具”属性栏中把宽度和高度两项值设置为一寸证件照的标准值(2.5 厘米和 3.6 厘米)。然后在图片上方按住鼠标左键不放，拖出一个选区，再调整选区的位置和大小，直到满意为止。如图 6-27 所示，单击“工具”属性栏右端的“√”按钮或双击选区，确定裁剪内容。至此，整个证件照制作完成，将文件保存为 .jpg 格式即可使用。

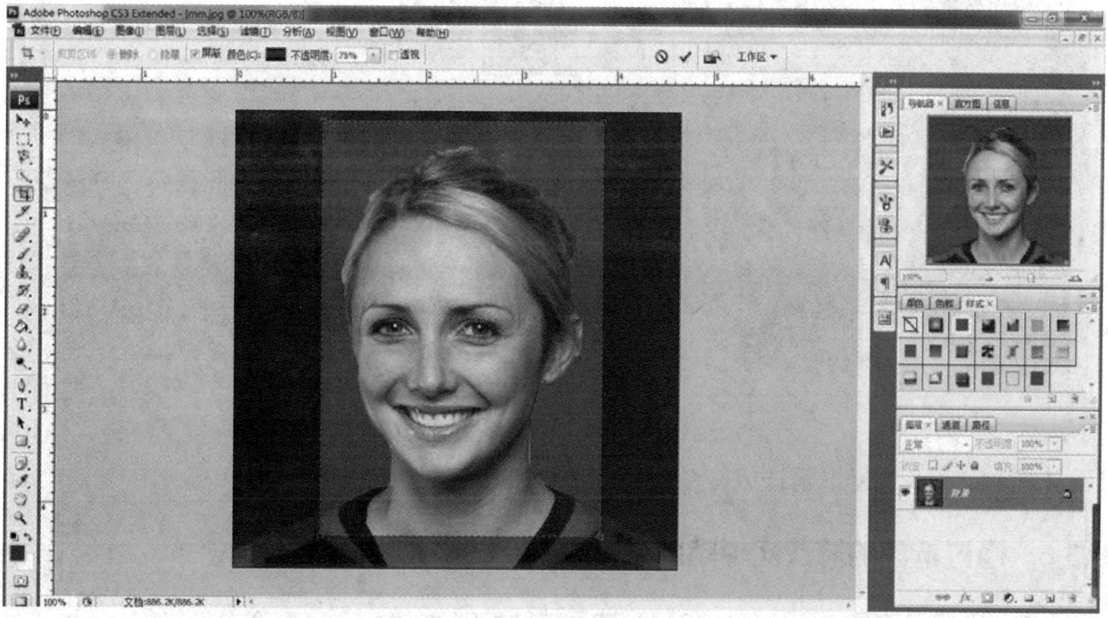

图 6-27　裁剪效果图

6.3.5　制作花样边框

为一张普通的照片快速地制作一个花样边框以增加图片的整体效果。其具体操作步骤如下：

(1) 在 Photoshop 中打开一个图片文件，执行“图层”→“新建”→“背景图层”命令，将背景图层转变成可以直接编辑的普通图层“图层 0”。背景图层默认是被锁定的状态，无法编辑修改，所以要将其转换成普通图层，而每一个图层都按其所处的位置有一个数字编号，如图层 0、图层 1 等。

(2) 按 Ctrl + A 键，将图片全部选中。执行“图层”→“修改”→“边界”命令，在弹出的边界选区对话框中设置宽度为“2”像素 ，单击“确定”按钮。

(3) 执行“选择”→“修改”→“扩展”命令，弹出“扩展选区”对话框，设置扩展量为“20”，单击“确定”按钮。

(4) 执行“滤镜”→“滤镜库”命令，弹出如图 6-28 所示的对话框。选择“纹理”中的“染色玻璃”，将其中的“单元格大小”调整到合适的大小，单击“确定”按钮。至于花样边框的风格，用户可以根据自己的审美和需求，选择自己喜欢的一种滤镜效果或几种滤镜效果的叠加。

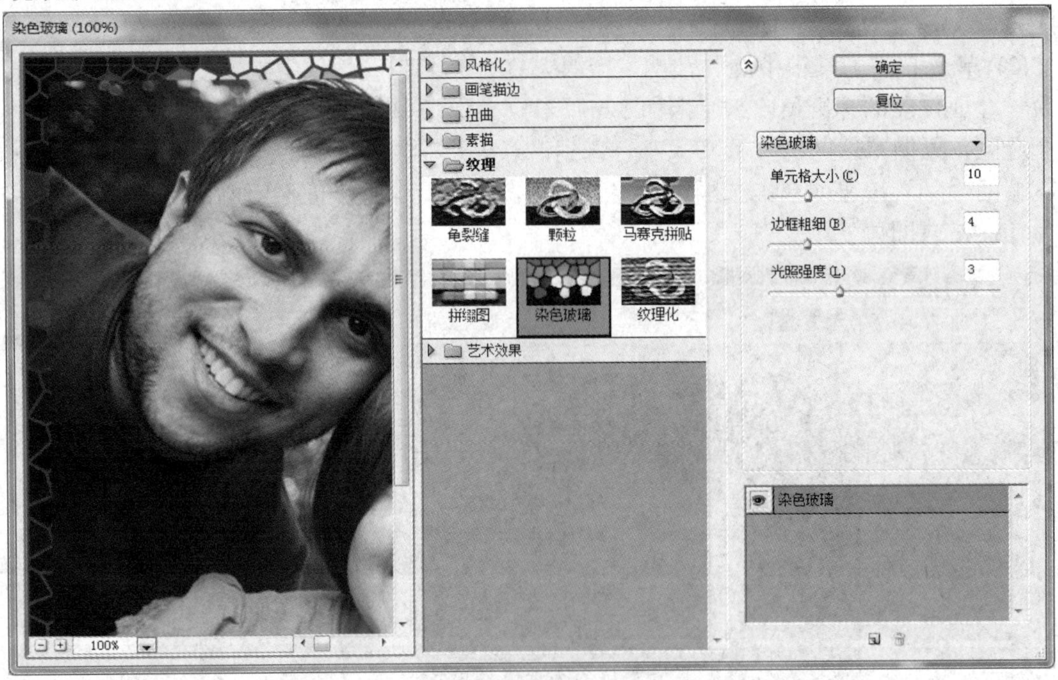

图 6-28　滤镜效果染色玻璃设置对话框

(5) 按 Ctrl + D 键取消选区，至此整个边框制作完成，将文件保存即可。

6.3.6　通过选区的修改实现精确选定

1. 利用套索工具本身的增加和删除选区辅助按钮

在抠图的时候，有时是选择一个大致的区域，此时可以用“矩形选取工具”或“椭圆形选取工具”，但更多的时候往往需要对抠图的部分进行精准的选定，因此需要对抠图部分的轮廓进行非常细致和精确的选定。尤其在要选取部分与背景画面的边界处非常复杂或颜色非常接近时，即使采用具有智能寻找边缘功能的“磁性套索工具”，也会造成选区的丢失或增加。如图 6-29 所示。由于图片素材中的人物与复杂背景的融合度高，在首次利用“磁性套索工具”的时候，即使是很细心地操作，也难免会出现一些多选或少选的情况。

图 6-29　“磁性套索工具”粗选效果图

此时，可以单击左侧工具箱中的“快速选择工具”，同时单击菜单栏下方“工具”属性栏上的“添加到选区”或“从选区中减去”按钮(如图 6-30 所示)，并调整好画笔的粗细。此时光标会变成带“+”号的圆圈或带“-”号的圆圈，用它在已有选区中少选或多选的部分细致地单击，把漏选或多选的部分添加到或移除出已有选区中。

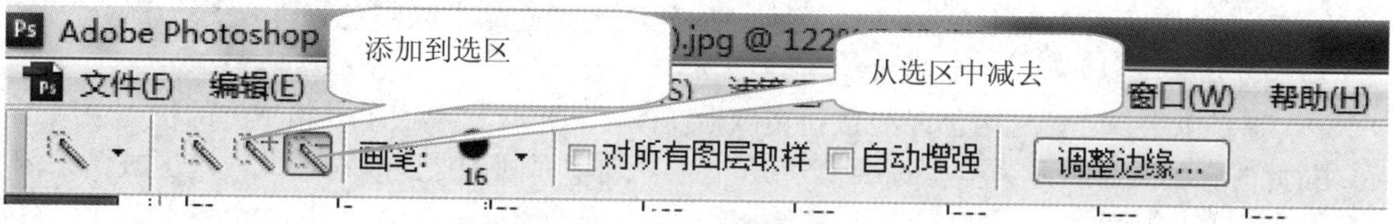

图 6-30　快速选择工具属性设置栏

2. 利用快速蒙版技术

利用快速蒙版技术的总体思路其实和利用上面方法的总体思路一样，也是在已有选区的基础上进行修改，但是它更加方便，功能也更强大一些，用户可以通过实践去体会，因此它也是用得较多的一种精确选定选区的方法和技巧。另外，快速蒙版的操作状态以及使用的工具也是不一样的，主要用到的是“画笔”工具和“橡皮擦”工具。具体操作步骤如下：

(1) 首先利用其他工具，如“磁性套索”工具或“多边形套索”工具，对选区进行大致的选定，选定完成后，单击左侧工具箱中的“以快速蒙版模式编辑”按钮，此时，选区外部会变成淡红色，选区内部的颜色不变，像是在所选区域外面“蒙上”了一层半透明的薄膜，从而把选区外的部分保护起来，如图 6-31 所示。

图 6-31　快速蒙版效果图

(2) 此时，单击工具箱中的“橡皮擦”工具，并在“工具”属性栏中，把橡皮擦的大小设置为比较小的值，以便操作时更加精确。单击鼠标把那些漏选的部分(上面覆盖着半透明的淡红色的部分)仔细地擦除。为了更加方便地处理细节，最好把图片放大到足够的大小，这样就把那些原本漏选的区域添加到选区中去了。

(3) 单击工具箱中的“画笔”工具，同样，在“工具”属性栏中把画笔的大小设置为比较小的值，以便操作时更加精确。此工具的作用与“橡皮擦”工具的作用正好相反，它的作用是除去多余的选区。在图片上多余的部分(因为在选区内，所以它没有被淡红色遮住)按住鼠标左键不放并移动鼠标，在多余的部分涂上淡红色，即把这一部分从选区中除去。

通过以上操作，选区已经被重新精确地修改了，再一次单击工具箱下方的快速蒙版工具(此时它的文字提示为“以标准模式编辑”)，则画面回到选定状态，此时选区被一条闭合的闪烁线条包围。

6.4　Camtasia Studio 录屏软件

Camtasia Studio 是 TechSmith 旗下一款专门录制屏幕动作的工具，它能在任何颜色模式下轻松地记录屏幕动作，包括影像、音效、鼠标移动轨迹、解说声音等，另外。它还具有即时播放和编辑压缩的功能，可对视频片段进行剪接和添加转场效果。它输出的文件格式很多，包括 MP4、AVI、WMV、M4V、CAMV、MOV、RM、GIF 动画等多种常见格式，是制作视频演示的绝佳工具。

6.4.1　安装与启动 Camtasia Studio

上网搜索“Camtasia 9”并下载，完成后会在目标文件夹中看到“CamtasiaStudio_ 70 @236306.exe”文件，双击该文件图标，即可启动在线安装。

Camtasia Studio 具体安装步骤如下：

(1) 将“使用 360 安全导航”和“奇迹 MU”两项取消选定，以免安装多余的捆绑软件，再单击“立即安装”按钮进入下一步，如图 6-32 所示。

图 6-32　Camtasia Studio 完装导航对话框

(2) 这一步将会完成安装文件的下载，下载完成后会出现新的对话框，单击“取消下载”按钮，以免安装多余的软件，如图 6-33、图 6-34 所示。

图 6-33　下载进度显示

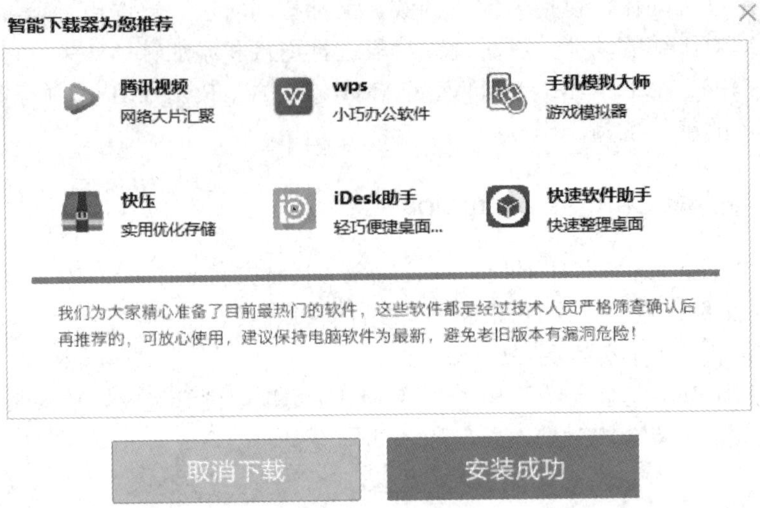

图 6-34　取消下载提示

(3) 找到下载完成的“CamtasiaInstaller_pcsoft.exe”文件并双击它，在弹出的对话框中勾选“我同意许可条款”，再单击“安装”按钮，如图 6-35 所示。软件正式开始安装，如图 6-36 所示。安装完成后，单击“安装完成”按钮即可，此时桌面上会自动添加一个软件图标“Camtasia 2019”。

图 6-35　接受安装许可条款

图 6-36　安装进度显示

(4) 双击桌面上的 Camtasia 软件图标启动该软件，因为该软件是收费软件，会提醒用户“登录以开始使用软件”和“输入软件密钥”两个选项，用户可以选第一项，在网站上注册一个账号，免费使用该软件 30 天，也可在网上下载一个它的密钥以便长久地使用它。正常启动成功后，该软件的界面如图 6-37 所示。

图 6-37　Camtasia 主界面

6.4.2　录制一个视频

启动 Camtasia 后即可录制需要的视频了，它会把用户在计算机上的所有操作过程记录下来。下面是录制一段视频的具体步骤：

(1) 单击主界面左上角的红色按钮“录制”(或按快捷键 Ctrl + R)，此时软件界面会最小化，并在显示屏右下角出现一个小工具窗口，如图 6-38 所示。

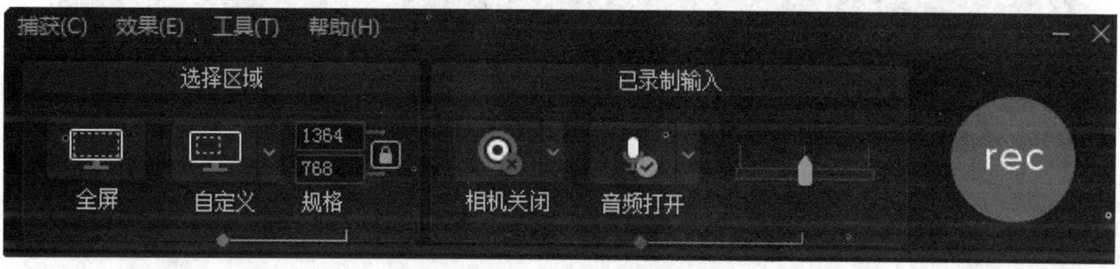

图 6-38　视频录制设置对话框

(2) 单击工具窗口中的“rec”按钮(或按 F9 键)，即开始录制视频，从此刻开始，用户在计算机上的所有操作都会以视频的形式被记录下来。当用户要录制的动作完成时，按 F10 键，整个视频的录制过程就完成了，再重新切换到软件的界面上。

(3) 将录制的视频文件进行截取。录制视频时，在开始和结束的位置最有可能出现一些多余片断，此时应该将其裁剪掉。在主界面的下方，可以看到两条带波纹的条状带，分别处于轨道 1 和轨道 2 上。它们一个是视频内容，另一个是音频内容，轨道的长度即它们的时间长度。拖动“播放进度指针”上的五边形控制按钮，同时观察窗口正上方的视频内容，拖到对视频要求的真正开始的位置，执行“编辑”→“全部折分”命令，如图 6-39 所示。此时，轨道 1 和轨道 2 会以“播放进度指针”为分界线分成两个部分，用鼠标单击选定前面的部分，按 Delete 键将它们删除，并把余下的部分往左拖动到最左端即可。用同样的方法，可以把视频末端多余的部分截取掉。单击上面的三角形播放按钮，可以预览整个视频效果。

(4) 执行“文件”→“保存”命令，可以将文件以项目文件格式保存(文件扩展名为 .tscproj)，该文件日后可以被反复地编辑和修改，但是该文件不能用播放器直接播放，只能在该软件中打开并编辑修改。

(5) 将整个处理好的视频以常见的视频文件格式(如 .mp4、.wmv 或 .avi 格式等)输出，以便用户直接播放和使用。执行“分享”→“本地文件”命令，在弹出的“生成向导”对话框中，按提示和要求完成整个视频文件的生成和保存。此时就可以在输出的文件夹位置找到并直接打开该视频文件了。

图 6-39　轨道拆分示意图

课后习题六

一、选择题

(1) 以下不是 ACDSee 视图模式的是(　　)。

A．管理　　B．查看　　C．编辑　　D．浏览

(2) ACDSee 不具备的功能是(　　)。

A．批量重命名　　B．批量转换文件格式

C．抠图　　D．制作电子相册

(3) 在 Photoshop 中，不能打开文件的方式是(　　)。

A．执行“文件”→“打开”命令　　B．按 Ctrl + O 键

C． 在界面中间空白处双击　　D．按 Ctrl + N 键

(4) 在 Photoshop 中，文件默认的保存格式是(　　)。

A．.jpg　　B．.png　　C．.psd　　D．.swf

(5) 在 Photoshop 中，保留了原始图层的基本信息的文件格式是(　　)。

A. A. .jpg　　B. . psd　　C. . png　　D. .gif

(6) 在 Photoshop 中，新建一个文件，它的背景内容不能为(　　)。

A. 背景色　　B. 前景色　　C. 透明　　D. 图案

(7) 在 Photoshop 的 RGB 颜色模式中，不包括的基色是(　　)。

A. 黄　　B. 绿　　C. 蓝　　D. 红

(8) 在 Photoshop 中，图像大小的单位可以是(　　)。

A. 像素　　B. 英寸　　C. 毫米　　D. 分米

(9) 在 Photoshop 中抠图时，具有自动寻找轮廓的功能的套索工具是(　　)。

A. 多边形套索工具　　B. 磁性套索工具

C. 套索工具　　D. 椭圆选框工具

(10) 在 Photoshop 中，为了让选区的轮廓变得半透明，以便让抠出来的图像与背景更好地融合，应该设置选区的属性值为(　　)。

A. 大小　　B. 样式　　C. 羽化　　D. 容差

(11) 在 Photoshop 中，将所选对象进行旋转、放大等操作，应该执行(　　)。

A. 填充　　B. 描边　　C. 自由变换　　D. 自定义图案

(12) 在 Photoshop 中，连续撤销的快捷方式是(　　)。

A. Ctrl + Z　　B. Ctrl + Alt + Z　　C. Ctrl + C　　D. Ctrl + J

(13) 在 Photoshop 中，马赛克效果是通过(　　)命令实现的。

A.“编辑”→“填充”　　B.“图像”→“调整”

C.“选择”→“修改”　　D.“滤镜”→“纹理”

(14) 以下具有录制并编辑视频的功能的软件是(　　)。

A. ACDSee　　B. Photoshop　　C. Word　　D. Camtasia

(15) ACDSee 的截图快捷键是(　　)。

A. Ctrl + Alt + A　　B. PrintScreen

C. Alt + PrintScreen　　D. Ctrl + Shift + P

(16) 在 Camtasia 中，录取的视频中某一轨道要截取一段，应执行(　　)命令。

A.“编辑”→“全部拆分”　　B.“编辑”→“拆分选定项”

C.“编辑”→“剪切”　　D.“编辑”→“跳转”

(17) 在 Camtasia 中，录取视频的结束命令的快捷方式是(　　)。

A. Ctrl + R　　B. F9　　C. F10　　D. Esc

(18) 在 Camtasia 中，要把录制的视频文件保存下来并可以直接在播放器中播放，应执行(　　)命令。

A.“文”件→“保存”　　B.“文件”→“另存为”

C.“文件”→“项目设置”　　D.“分享”→“本地文件”

(19) 在 Camtasia 中，要把视频中的声音信息丢弃掉，操作的对象是(　　)。

A. 轨道　　B. 行为　　C. 动画　　D. 转换

(20) 在 Camtasia 中，文件默认保存的格式是项目，它的扩展名是(　　)。

A. .mp4　　B. .tscproj　　C. .jpg　　D. .wmv

二、操作题

(1) 用 ACDSee 软件把你计算机上 10 张以上的图片文件制作成一个电子相册，并播放该相册。

(2) 用 Photoshop 软件把你的个人全身照片与桂林山水风景图片合成在一起，画面效果要求自然、融洽，并且给它加上文字水印“我爱祖国的大好河山”。

(3) 用 Photoshop 软件把你的一张个人大头照制作成一张红底的一寸标准证件照片。

(4) 用 Camtasia 软件把玩“扫雷”游戏的全过程录制成视频并输出为 .mp4 格式，把视频首尾多余的部分剪掉。

第 7 章　移动互联网基础

移动互联网在今天已经非常普及，人们几乎每天都要花很长的时间上网，阅读新闻、网上购物或从事其他活动。移动互联网涉及的技术领域很广泛，包括互联网技术、移动通信技术、手机终端技术等。这些技术目前仍处于迅猛发展和相互渗透之中。

了解移动互联网相关概念和基础知识，能更好地理解移动互联网及相关技术在日常工作、生活及专业领域中的应用。

【主要内容】

(1) 互联网技术；

(2) 移动通信技术；

(3) 移动互联网；

(4) 移动智能终端与操作系统。

7.1　互联网技术

互联网是全世界千千万万台计算机和智能手机通过 TCP/IP 协议相互连接而成的网络，这个网络目前还在不断扩大。移动互联网正是以这个现有互联网实体为基础而不断发展的，同时能够反过来推动互联网实体延伸到经济和生活的各个方面。

7.1.1　互联网的起源与发展

互联网源于美军在 1969 年牵头组建的 ARPA 网，它把美国加利福尼亚大学洛杉矶分校、斯坦福大学研究学院、加利福尼亚大学和犹他州大学的四台主要计算机连接起来，后来美国其他一些高校和科研机构也陆续加入进来。1983 年，美国国防部将 ARPA 网分为军网和民网。于是，越来越多的学校和公司加入民网，使其渐渐扩大为今天的互联网。

在 ARPA 网产生之初，通过接口信号处理机实现互连的计算机并不多，大部分计算机相互之间不兼容，不同类型的计算机连网存在很多困难。建立一种大家都必须遵守的标准，让不同类型的计算机能够实现资源共享，成为当时科学家的当务之急。

1973 年，卡恩和瑟夫以包切换理论为基础，开始研究一种普适的协议，这个协议即 TCP/IP 协议(Transmission Control Protocol/Internet Protocol)。通俗地说，TCP 负责发现传输的问题，一有问题就发出信号，要求重新传输，直到所有数据安全正确地传输到目的地；而 IP 负责给网络上每一台计算机规定一个地址。1974 年 12 月，卡恩和瑟夫的第一份 TCP 协议详细说明正式发表。当时美国国防部与三个科学家小组签订了完成 TCP/IP 的协议，结果由瑟夫带领的小组率先完成，制定出了具有详细定义的 TCP/IP 协议标准。当时他们还做了一个试验，他们将信息包通过点对点的卫星网络，再通过陆地电缆，然后又通过卫星网络，最后由地面传输，贯穿欧洲和美国，经过各种计算机系统，全程 9.4 万千米竟然没有丢失一个数据位，远距离的可靠数据传输证明了 TCP/IP 协议的成功。

1983 年 1 月 1 日，已经运行了较长时间且曾被人们习惯了的 NCP 被取而代之，TCP/IP 协议成为互联网上所有主机间的共同协议。TCP/IP 协议的产生和推广是互联网发展历史上具有重大革命性意义的事件。从此，互联网真正进入了大规模发展时期。

7.1.2　ISO/OSI 模型

1. OSI 模型框架

要理解 TCP/IP 协议，必须先理解 OSI 模型。OSI 模型的全称是开放系统互连参考模型(Open System Interconnection Reference Model，OSIRM)，它由国际标准化组织(International Standard Organization，ISO)提出，用于网络系统互连，所以又称为 ISO/OSI 模型。OSI 参考模型自发布后，并没有形成实际的产品，但是它成为了包括 TCP/IP 协议在内的很多重要通信协议的思想基础。理解 TCP/IP 的运作机制对于互联网工作人员而言是必需的。OSI 模型采用分层结构，它把通信过程所要完成的工作分成多个层面，称为层。每个层都完成某个层次的工作内容，如物理层实现物理信号的收发，网络层实现连网等。OSI 参考模型如图 7-1 所示。

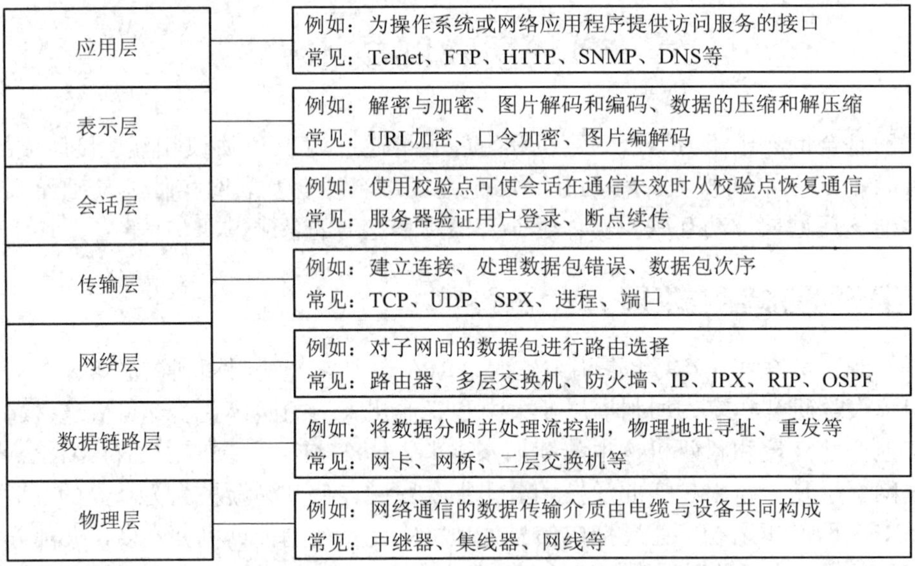

图 7-1　OSI 参考模型

OSI 模型的主要特点如下：

(1) 每一层都为其上一层提供服务，并为其上一层提供一个访问接口或界面。

(2) 不同主机之间的相同层次称为对等层。如主机 A 中的表示层和主机 B 中的表示层互为对等层，主机 A 中的会话层和主机 B 中的会话层互为对等层。

(3) 对等层之间互相通信需要遵守一定的规则，如通信的格式、通信的方式等，这些规则称为协议。

(4) OSI 参考模型通过将协议划分为不同的层次，简化了分析、处理问题的过程以及网络系统设计的复杂性。在 OSI 参考模型中，从下至上每一层完成不同的、目标明确的功能。

2. OSI 模型数据封装

数据要在网络上传输必须有一定的格式，使通信双方能够识别其首尾并能进行有效控制。把数据包装成这种格式的过程就叫做数据封装。OSI 参考模型中的数据封装过程如图 7-2 所示。

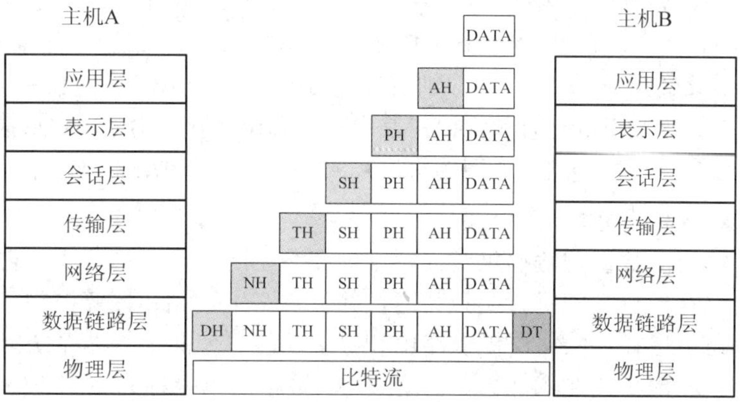

图 7-2　OSI 参考模型中的数据封装过程

当一台主机需要传送用户数据时，数据首先通过应用层接口进入应用层。在应用层中，用户数据被加上应用层报头(Application Header，AH)，形成应用层协议数据单元(Protocol Data Unit，PDU)，然后被递交到下一层——表示层。表示层并不关心应用层数据内容，而是把整个应用层数据包看成是一个整体进行封装，即加上表示层的报头(Presentation Header，PH)，然后把它递交到下一层——会话层。

以此类推，会话层、传输层、网络层、数据链路层也都要分别给上层递交下来的数据加上自己的报头，分别是会话层报头(Session Header，SH)、传输层报头(Transport Header，TH)、网络层报头(Network Header，NH)和数据链路层报头(Data link Header，DH)。其中，数据链路层还要给网络层数据加上数据链路层报尾(Data link Termination，DT)，形成最终的一帧数据。

当一帧数据通过物理层传送到目标主机的物理层时，目标主机的物理层会把它递交到上层数据链路层。数据链路层负责去掉数据帧的帧头部 DH 和尾部 DT，同时还进行数据校验。如果数据没有出错，则递交到上层——网络层。同样，网络层、传输层、会话层、表示层、应用层也要做类似的工作。最终，原始数据被递交到目标主机的具体应用程序中。

3. 各分层的功能

1) *物理层*(Physical Layer)

物理层规定了激活、维持、关闭通信端点之间的机械特性、电气特性、功能特性以及过程特性，如指定电压大小、线路速率和电缆的引脚数。简单地说，物理层确保原始数据可以在各种物理媒体上传输。该层为上层协议提供了一个传输数据的物理媒体。在这一层，数据的单位称为比特(bit)。属于物理层定义的典型规范包括 EIA/TIA RS-232、

EIA/TIARS-449、V.35、RJ-45 等。物理层的设备包括 RJ-45、各种电缆、串口、并口、接线设备、网络接口卡(NIC)等。物理层也可以包括低层网络软件，该软件用于定义将串行比特流分解成数据包的方式。

2) *数据链路层*(Data Link Layer)

数据链路层在不可靠的物理介质上提供可靠的传输。该层的作用包括物理地址寻址、数据的成帧、流量控制、数据的检错、数据的重发等。在这一层，数据的单位称为帧(frame)，数据链路层协议的代表包括 SDLC、HDLC、PPP、STP、帧中继等。

数据链路层将数据包组合为字节，再将字节组合为帧，使用 MAC 地址提供对介质的访问。其主要功能包括：在两个网络实体之间提供数据链路连接的建立、维持和释放管理；构成数据链路数据单元(帧)，并对帧定界、同步、收发顺序进行控制；在传输过程中，进行流量控制、差错检测(Error Detection)和差错控制(Error Control)等，它只提供导线的一端到另一端的数据传输。数据链路层典型的协议有 ATM、IEEE 802.2、帧中继、HDLC 等。

3) *网络层*(Network Layer)

网络层为传输层的数据传输提供建立、维护和终止网络连接的手段，它把从上层来的数据组织成数据包在节点之间进行交换传送，并负责路由控制和拥塞控制。它还提供逻辑寻址，以便进行路由选择。网络层提供路由和寻址功能，使两个终端系统能够互连，并具有一定的拥塞控制和流量控制的能力。在这一层，数据的单位称为数据包(packet)。典型的网络层协议包括 IP、IPX、RIP、OSPF 等。

4) *传输层*(Transport Layer)

传输层负责将上层数据分段并提供端到端的可靠或不可靠的传输，处理端到端的差错控制和流量控制。传输层数据的单位称为数据段(segment)，典型的传输层协议有 TCP、UDP、SPX、NetBIOS 等。

5) *会话层*(Session Layer)

会话层管理主机之间的会话进程，即负责建立、管理和终止进程之间的会话。会话层还利用在数据中插入校验点的方法来实现数据的同步。

6) *表示层*(Presentation Layer)

表示层对上层数据或信息进行变换，以保证一个主机应用层信息可以被另一个主机的应用程序理解。表示层的数据转换包括数据的加密、压缩、格式转换等。表示层协议的代表包括 ASCII、ASN.1、JPEG、MPEG 等。

7) *应用层*(Application Layer)

应用层为操作系统或网络应用程序提供访问网络服务的接口和用户接口。应用层协议的代表包括 Telnet、FTP(File Transfer Protocol)、HTTP(Hyper Text Transfer Protocol)、SNMP 等。

7.1.3　TCP/IP 模型

1. TCP/IP 模型层次结构

OSI 模型的提出本是为解决不同厂商、不同结构的网络产品之间互连时遇到的不兼容性问题，但是该模型过于复杂，阻碍了其在计算机网络领域的实际应用。相比之下，由技术人员自己开发的 TCP/IP 协议则获得了更为广泛的应用，成为当前通信领域的主要标准。TCP/IP 模型也是层次结构模型，分为四个层次：应用层、传输层、网络互联层和网络接口层。如图 7-3 所示是 TCP/IP 模型与 OSI 模型的对比。

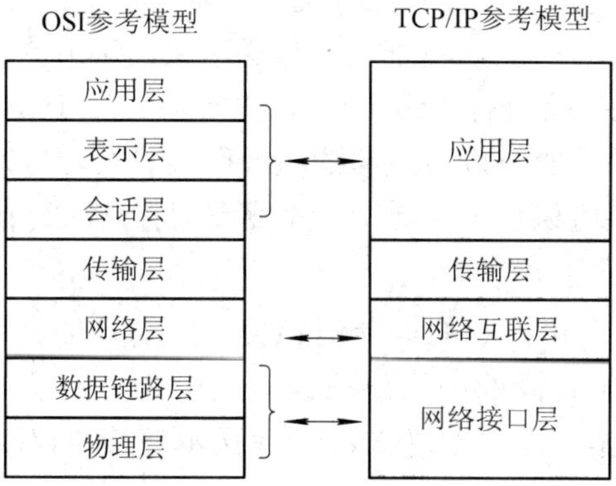

图 7-3　TCP/IP 与 OSI 模型的对比

TCP/IP 模型去掉了 OSI 模型中的会话层和表示层，这两层的功能被合并到应用层，同时将 OSI 模型中的数据链路层和物理层合并为网络接口层。当前在用的部分协议在 TCP/IP 模型中的位置如图 7-4 所示。

应用层	FTP HTTP Telnet			SNMP、TFTP、NTP
传输层	TCP			UDP
网络互联层	IP			
网络接口层	以太网	令牌环网	IEEE 802.2	HDLC PPP 帧中继
			IEEE 802.3	EIA/TIA RS-232 V.35 等

图 7-4　TCP/IP 模型层次结构

1) *网络接口层*

实际上，TCP/IP 模型没有真正描述这一层如何实现，只是要求提供给其上层网络一个访问接口，以便在其上传递 IP 分组。由于这一层未被定义，所以其具体的实现方法随着网络类型的不同而不同。

2) *网络互联层*

网络互联层是整个 TCP/IP 协议的核心，其功能是把分组发往目标网络或主机。同时，为了尽快发送分组，可能需要沿不同的路径同时进行分组传递。因此，分组到达的顺序和发送的顺序可能不同，这就需要上层对分组进行排序。网络互联层除了需要完成路由的功能外，也需要完成不同类型的网络(异构网)互联的任务。

网络互联层定义了分组格式和协议，即 IP 协议。TCP/IP 协议中的网络互联层功能由 IP 协议规定和实现，故又称 IP 层。这一层的协议还包括：ICMP 因特网控制报文协议、ARP 地址解析协议、RARP 反向地址解析协议、RIP 协议等。这一层的典型设备有路由器、三层交换机等。

3) 传输层

在 TCP/IP 模型中，传输层的功能是使源主机和目标主机上的对等实体可以进行会话。传输层定义了两种服务质量不同的协议，即 TCP(传输控制协议)和 UDP(用户数据报协议)。

TCP 协议是一个面向连接的、可靠的协议。它将一台主机发出的字节流无差错地发往互联网上的其他主机。在发送端，它负责把上层传送下来的字节流分成报文段并传递给下层。在接收端，它负责对收到的报文进行重组，然后递交给上层。TCP 协议还要处理端到端的流量控制，以避免缓慢接收的接收方没有足够的缓冲区接收发送方发送的大量数据。UDP 协议是一个不可靠的、无连接协议，主要适用于不需要对报文进行排序和流量控制的场合。

4) 应用层

TCP/IP 模型将 OSI 参考模型中的会话层和表示层的功能合并到应用层实现。应用层面向不同的网络应用引入了不同的应用层协议。其中，有基于 TCP 协议的应用层协议，如文件传输协议(FTP)、虚拟终端协议(Telnet)、超文本链接协议(HTTP)，也有基于 UDP 协议的应用层协议。

2. IP 报文格式

IP 协议是 TCP/IP 协议族中的核心协议，所有的 TCP、UDP、ICMP、IGMP 数据都被封装在 IP 数据报中传送，如图 7-5 所示。

Ethernet	IP头部	TCP头部	上层数据	FCS

图 7-5　IP 报文封装

IP 报头格式如图 7-6 所示。各字段的长度和内容分别为：

00	04	08	12	16	20	24	28	31
版本	报头长度	服务类型		总长度				
标识				标志位	段偏移量			
生存期		协议		头部检验和				
源 IP 地址								
目标 IP 地址								
可选项								
数据								

图 7-6　IP 头部格式

各字段的长度和内容分别为：

(1) 版本字段：字段长度为 4 bit，用以表明 IP 协议的版本号，当前一般为 IPv4，即 0100。版本号 IPv6 为 1100。

(2) 报头长度字段：指首部占 32 bit 字的数目，包括任何选项。由于它是一个 4 bit 字段，因此首部最长为 60 Byte，即 15 × 32/8 = 60 Byte。IP 首部始终是 32 bit 的整数倍。IP 数据报报头的最小长度为 20 Byte(不含填充字段和 IP 选项字段的 IP 报头是最常见的 IP 报头，为 20 个 Byte)。

(3) 服务类型字段：字段长度为 8 bit，用于指定数据报所要求的服务质量(QoS)。

(4) 总长度字段：指整个 IP 数据报的长度，以 Byte 为单位。由于该字段长 16 bit，所以 IP 数据报最长可达 65 535 Byte。总长度字段是 IP 首部中必要的内容(数据长度 = 总长 − 报头长度)。

(5) 标识字段：字段长度为 16 bit，每个数据报都必须由唯一的标识符来标识，以便使接收主机能重装被分段的数据报。

(6) 标志位字段：字段长度为 3 bit，用于分段控制，其中第 0 位为预留位。

(7) 段偏移量字段：字段长度为 13 bit。如果一份数据报要求分段，则此字段应指明该段距原始数据报起始位置的偏移量。

(8) 生存期(Time to Live，TTL)字段：字段长度为 8 bit，用来设置数据报最多可以经过的路由器数，由发送数据的源主机设置，通常为 32、64、128 等。每经过一个路由器，其值减 1，当减到 0 时，该数据报被丢弃。

(9) 协议字段：字段长度为 8 bit，指明 IP 层所封装的上层协议类型，如 ICMP(1)、IGMP(2)、TCP(6)、UDP(17)等。

(10) 头部校验和字段：字段长度为 16 bit，内容是根据 IP 头部计算得到的校验和码。计算方法是：对头部中每个 16 bit 进行二进制反码求和(与 ICMP、IGMP、TCP、UDP 不同，IP 不对头部后的数据进行校验)。

(11) 源 IP 地址、目标 IP 地址字段：字段长度为 32 bit，分别用来标明发送 IP 数据报文的源主机地址和接收 IP 报文的目标主机地址。

(12) 可选项字段：字段长度为 32 bit，用来定义一些任选项，如记录路径、时间戳等。这些选项很少被使用，并不是所有主机和路由器都支持这些选项。可选项字段的长度必须是 32 bit 的整数倍，如果不足，必须填充 0 以达到此长度要求。

3. TCP 数据段格式

TCP 是一种可靠的、面向连接的字节流服务。源主机在传送数据前需要先和目标主机建立连接。然后，在此连接上，被编号的数据段按序收发。同时，要求对每一个数据段进行确认，保证可靠性。如果在指定的时间内没有收到目标主机对所发数据段的确认，源主机将再次发送该数据段。

(1) 源、目标端口号字段：字段长度均为 16 bit。TCP 协议通过使用所谓“端口”来标识源端和目标端的应用进程。端口号可以使用 0～65 535 的任何数字。在收到服务请求时，操作系统动态地为客户端的应用程序分配端口号。在服务器端，每种服务在特定端口为用户提供服务，比如 Web 服务默认端口为 80，FTP 服务默认端口为 21。

(2) 顺序号字段：字段长度为 32 bit，用来标识从 TCP 源端向 TCP 目标端发送的数据字节流，它表示在这个报文段中的第一个数据字节。

(3) 确认号字段：字段长度为 32 bit，只有 ACK 标志为 1 时，确认号字段才有效。它包含目标端所期望收到源端的下一个数据字节。

(4) 头部长度字段：字段长度为 4 bit，给出头部占 32 bit 的数目，没有任何选项字段的 TCP 头部长度为 20 Byte，最多可以有 60 Byte 的 TCP 头部。

(5) 标志位字段：字段长度为 6 bit，其中每个比特的含义分别为：URG(紧急指针有效)、ACK(确认序号有效)、PSH(接收方应该尽快将这个报文段交给应用层)、RST(重建连接)、SYN(发起一个连接)和 FIN(释放一个连接)。

(6) 窗口大小字段：字段长度为 16 bit，用来进行流量控制。单位为字节，这个值是本机期望一次接收的字节数。

(7) TCP 校验和字段：字段长度为 16 bit。该字段对整个 TCP 报文段进行校验和计算，并由目标端进行验证。

(8) 紧急指针字段：字段长度为 16 bit。它是一个偏移量，和序号字段中的值相加表示紧急数据最后一个字节的序号。

(9) 选项字段：字段长度为 32 bit，可能包括“窗口扩大因子”“时间戳”等选项。

4. UDP 数据段格式

UDP 是一种不可靠的、无连接的数据报服务。源主机在传送数据前不需要和目标主机建立连接。数据被冠以源、目标端口号等 UDP 报头字段后直接发往目的主机。这时，每个数据段的可靠性依靠上层协议来保证。在传送数据较少、较小的情况下，UDP 比 TCP 更加高效。

(1) 源、目标端口号字段：字段长度为 16 bit，用来标识源端和目标端的应用进程。

(2) 长度字段：字段长度为 16 bit，用来表示 UDP 头部和 UDP 数据的总长度字节。

(3) 校验和字段：字段长度为 16 bit，用来对 UDP 头部和 UDP 数据进行校验。与 TCP 不同的是，UDP 的字段是可选项，而 TCP 数据段中的校验和字段是必须存在的。

5. 套接字

在每个 TCP、UDP 数据段中都包含源端口和目标端口字段。通常把一个 IP 地址和一个端口号合称为一个套接字(Socket)，而 3 个套接字对(Socket Pair)可以唯一地确定互联网络中每个连接的双方(客户 IP 地址+客户端口号、服务器 IP 地址+服务器端口号)。需要注意的是，不同的应用层协议可能基于不同的传输层协议，如 FTP、Telnet、SMTP 协议基于可靠的 TCP 协议，而 TFTP、SNMP、RIP 基于不可靠的 UDP 协议。

同时，有些应用层协议占用了两个不同的端口号，如 FTP 占用 20、21 端口，SNMP 占用 161、162 端口。这些应用层协议在不同的端口提供不同的功能。如 FTP 的 21 端口用来侦听用户的连接请求，而 20 端口用来传送用户的文件数据。再如，SNMP 的 161 端口用于 SNMP 管理进程获取 SNMP 代理的数据，而 162 端口用于 SNMP 代理主动向 SNMP 管理进程发送数据。

还有一些协议使用了传输层的不同协议提供的服务。如 DNS 协议同时使用了 TCP 53 端口和 UDP 53 端口，DNS 协议在 UDP 的 53 端口提供域名解析服务，在 TCP 的 53 端口提供 DNS 区域文件传输服务。

6. TCP 连接建立、释放时的握手过程

理解 TCP 连接建立、释放时的握手过程，对于开发基于 TCP/IP 协议的通信程序是十分重要的。一个 TCP 连接的建立需要三次握手过程，三次握手的目标是使数据段的发送和接收同步，同时也向其他主机表明其一次可接收的数据量(即窗口大小)并建立逻辑连接。这三次握手的过程分别为：

第一次握手：源主机发送一个同步标志位(SYN)置 1 的 TCP 数据段。此段中同时标明初始序号(ISN)，ISN 是一个随时间变化的随机值。

第二次握手：目标主机发回确认数据段，此段中的同步标志位(SYN)同样被置 1，且

确认标志位(ACK)也置 1，同时在确认序号字段表明目标主机期待收到源主机下一个数据段的序号(即表明前一个数据段已收到且没有错误)。此外，此段中还包含目标主机的段初始序号。

第三次握手：源主机再回送一个数据段，同样带有递增的发送序号和确认序号。

这样，TCP 会话的三次握手完成。接下来，源主机和目标主机可以互相收发数据。数据传输结束后，通信的双方都可释放连接，这个握手过程需要四次：

第一次握手：源主机发送一个释放连接标志位“FIN=1，seq=u”给目标主机，表示请求结束会话，等待目标主机确认。

第二次握手：目标主机发送“ACK=1，seq=v”及确认号“ack=u+1”给客户，而这个报文段自己的序号为“seq= v”。从源主机到目标主机这个方向的连接就释放了，TCP 连接处于半关闭状态，目标主机若发送数据，源主机仍要接收。

第三次握手：目标主机发送“FIN=1，ACK=1，seq=w，ack=u+1”给源主机，表示目标主机已经没有要向源主机发送的数据。

第四次握手：源主机发送“ACK=1，seq=u+1，ack=w+1”给目标主机，表示收到连接释放报文段。

7.1.4　IPv4 与 IPv6

IPv4 是第一个被广泛使用的 IP 协议版本，也是到目前为止互联网设备和应用采用的最主要协议之一。按照 TCP/IP 协议，每个连接在互联网上的主机都应该有一个唯一的地址，这个地址就作为该主机的标志，叫做 IP 地址。为了方便使用，人们把这 32 位地址分为 4 段，每段 8 位，用十进制数字表示，每段数字范围为 0～255，段与段之间用句点隔开。比如，一个 IP 地址可以表示为 10.0.0.1。

在实际中，数量众多的主机不是各自独立地接入互联网。数量不一的主机先是组成一个相对独立的网络，称为 IP 子网，然后再通过统一的网关设备(主要是路由器)接入互联网。大的子网下又可以分小的子网。与互联网这一网络结构相对应，32 位的 IP 地址由两部分组成。一部分为网络地址，也就是该子网的编号。另一部分为主机地址，代表主机在该子网中的编号。为了便于 IP 地址的分配和使用，管理机构又把 IPv4 的 IP 地址分为 A、B、C、D、E 五类，其中 A、B、C 三类由 NIC 在全球范围内统一分配，D、E 类为特殊地址。A 类地址的第一个字节为网络地址，后三个字节为主机地址；B 类地址的前两个字节为网络地址，后两个字节为主机地址；C 类地址的前三个字节为网络地址，最后一个字节为主机地址。

随着互联网规模的不断扩大，主机数量呈指数增加，IPv4 协议提供的地址面临枯竭。由于移动终端的互联网化和物联网的成长，用户对 IP 地址的需求更加巨大。为了克服这一困难，IPv6 加快了部署的步伐。IPv6 是用于替代现行版本 IPv4 的 IP 协议的第六个版本。与 IPv4 相比，IPv6 具有以下几个优势：

(1) IPv6 具有更大的地址空间。IPv4 中规定 IP 地址长度为 32，即有 2^{32} 个地址，而 IPv6 中 IP 地址的长度为 128，即有 2^{128} 个地址。

(2) IPv6 使用更小的路由表。IPv6 的地址分配一开始就遵循聚类原则，这使得路由器能在路由表中用一条记录表示一片子网，大大减小了路由器中路由表的长度，提高了路由器转发数据包的速度。

(3) IPv6 增加了对流的控制，这使得网络上的多媒体应用有了长足发展的机会，为服务质量的提高提供了良好的网络基础。

(4) IPv6 加入了对自动配置的支持。这是对 DHCP 协议的改进和扩展，使得网络的管理更加方便和快捷。

(5) IPv6 具有更高的安全性。在使用 IPv6 网络时，用户可以对网络层的数据进行加密并对 IP 报文进行校验，极大地增强了网络的安全性。

我国互联网规模庞大，而申请到的 IP 地址总数相对较少，IP 地址紧缺的矛盾尤其尖锐。因此，在 IPv6 的推动方面，我国一直走在世界前列，我国 IPv6 网络的试点已经开展，很多新建的网络已经可以同时支持 IPv4 和 IPv6。

7.1.5　C/S 模式与 B/S 模式

互联网最大的特点是通过网络实现了全世界范围信息的共享。信息共享主要通过 B/S 模式或 C/S 模式实现，目前 B/S 模式最为普遍。

1. C/S 模式

C/S 是 Client/Server 的缩写，即客户/服务器模式。在 C/S 模式中，服务器是网络信息资源和计算的核心，而客户机是网络资源的消费者，客户机通过服务器获得所需要的网络信息资源。这里客户机和服务器都是指通信中所涉及的进程，是运行着的客户软件和服务器软件，使用计算机的人是计算机的"用户"，而不是这里所指的"客户"。但在国内外很多技术文献中，经常把运行服务器程序的机器称为服务器，实际中要根据上下文的内容进行区分。

C/S 模型的工作过程如图 7-7 所示。

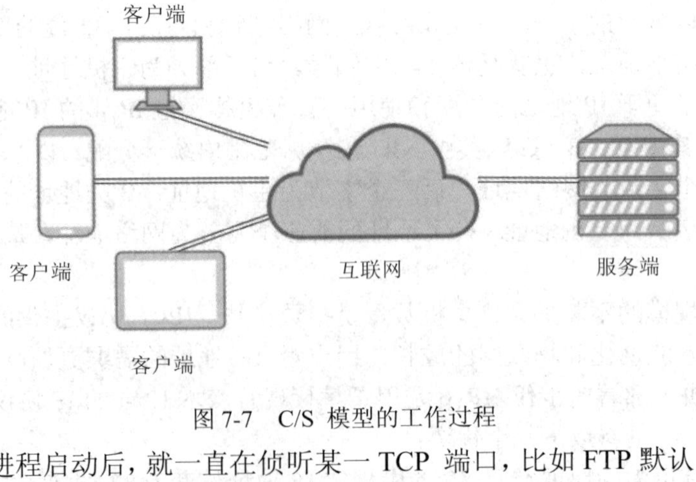

图 7-7　C/S 模型的工作过程

(1) 服务器进程启动后，就一直在侦听某一 TCP 端口，比如 FTP 默认为 21 端口，Web 默认为 80 端口，接收这一端口的请求信息。

(2) 如果客户甲需要查询某个学生的个人信息，它就向服务器发出请求(a)，告知这个学生的编号及要查询信息的内容。

(3) 服务器进程侦听到这一请求后，启动一个线程，该线程从关联的数据库、文件等资源库中搜索到该学生的信息，经过相关处理后，把结果(b)返回客户甲。

(4) 如果客户乙、客户丙也需要查询某个学生的个人信息，那么服务器分别启动另外两个线程，处理这两个客户的请求。

(5) 依次类推，如果有 N 个客户请求，服务器进程就启动 N 个线程处理客户的请求。由于计算机的 CPU 和内存等资源是有限的，因此，N 的大小是受到限制的。一般把 N 叫做该服务器能够处理的最大并发用户数。

C/S 是一种软件系统体系结构，通过它可以充分利用服务器端和客户端两方的硬件资源，将任务合理分配到两端，降低了系统的通信开销。

2. B/S 模式

B/S 是 Browser/Server 的缩写，即浏览器/服务器。它是一种特殊的 C/S，它在普通 C/S 的基础上，对服务器端和客户端都进行了改造和规范。客户端就是我们熟知的 Web 浏览器，如 IE、Firefox、Opera 等，服务器如 IIS、Apache 等。任何一种 Web 浏览器都可以访问任何一种服务器。这种模式统一了客户端，将系统核心功能的实现集中到服务器上，简化了系统的开发、维护和使用。

在技术文献中，人们经常把 C/S 结构和 B/S 结构并列起来，似乎 B/S 结构和 C/S 结构分属不同的两种结构，这当然是不准确的。但由于人们经常这样说，这种不准确的说法便成为业界习惯。因而当出现这样的说法时，我们应该把 C/S 理解为除 B/S 结构外其余的 C/S 结构。

在 B/S 模式下，服务器软件启动后，其进程就常驻内存中，一刻不停地侦听设定的 TCP 端口，一般是 80 端口或 8080 端口。一旦有向该端口发出的网页请求，服务器进程就从本地文件目录或相关资源库中读取 HTML 网页文件发送给请求者。大部分浏览器也支持许多 HTML 以外的文件格式，如 JPEG、PNG 和 GIF 图像格式，还可以利用插件来支持更多文件类型。网页设计者便可以把图像、动画、视频、声音和流媒体包含在网页中，或让人们透过网页而取得它们。

浏览器和服务器之间的通信采用 HTTP(Hyper Text Transport Protocol，超文本传送协议)，当需要更高的安全性时，需要采用 HTTPS(Hyper Text Transfer Protocol over Secure Socket Layer)。HTTPS 是 HTTP 的安全版本，它在 HTTP 下加入 SSL 层，支持对文件内容的加密，但 HTTPS 存在不同于 HTTP 的默认端口。

3. B/S 模式与 C/S 模式的优劣势比较

(1) B/S 模式比 C/S 模式维护和升级更简单。

在 C/S 模式下，软件系统的维护包括服务器软件和每一个客户端。由于每个客户端都由不同的人员使用，计算机里面一般会有各种其他的应用软件，同时，由于使用者的原因，计算机经常会被病毒、流氓软件等侵入，影响客户端软件的运行。因为客户端软件是专用的，都需要专门维护，系统管理人员就需要在几百甚至上千部电脑之间来回奔跑，效率是非常低的，因而维护工作量很大。

另一方面，实际使用的软件系统经常需要改进和升级，频繁的升级也成为 C/S 模式软件一项繁重的工作。而 B/S 模式只需要对服务器软件进行修改和升级即可。因此，无论用户的规模有多大，有多少分支机构，都不会增加任何维护升级的工作量。如果是异地，还可以实现远程升级和共享。“瘦”客户机和“胖”服务器日渐成为业界的主流，这对用户人力、物力、时间和费用的节省可以说是革命性的进步。

(2) B/S 模式比 C/S 模式成本更低。

在 C/S 模式下，软件不具有通用性，无论是服务器端软件还是客户端软件，都需要软件提供商进行全面开发。而在 B/S 模式下，客户端是通用的免费软件，一般无须开发，个别情况下只需要安装一个插件即可。同时，服务器端有成熟的软件，如 IIS、Apache 等，基本的通信功能和文件管理功能已经非常完善，只需要开发相对简单的网页、CGI 程序等，因而开发成本要低得多。

(3) B/S 模式服务器负载更重。

由于 B/S 模式下绝大多数任务都要服务器端完成，因而服务器端负载较重。一旦发生服务器网络拥塞以及因 CPU 或内存占用过度而瘫痪的情况，将严重影响系统的使用。因此，通常情况下要采取一些措施，如采用双机热备份、网络存储服务器、服务器集群等。

(4) B/S 模式客户端不如 C/S 模式功能强大。

B/S 模式下，客户端软件采用 Web 浏览器带来的方便性和低成本，在一定程度上是以牺牲客户端的功能为代价的，虽然在 Web 浏览器上可以运行诸如 JavaScript、VbScript 等脚本程序，但是这些程序对客户端资源的访问是受到严格限制的，因此很多和硬件以及本地文件系统资源相关的功能并不能实现。

由于以上原因，绝大多数应用系统采用了 B/S 模式。目前，不仅互联网上广泛采用 B/S 模式，在绝大多数企业内部网上也采用了 B/S 模式，比如公司内部 OA 系统、专用业务管理系统等。但是，由于 B/S 模式在本地资源访问方面的限制，在一些特殊情况下还必须采用 C/S 模式。

7.1.6　手机网页标准

目前，手机网页存在着几个不同的标准，如 HTML WML、XHTML、HTML5 等，如何选择合适的标准是手机网站开发必须首先考虑的问题。

1. HTML

HTML 是 Hyper Text Markup Language 的缩写，即超文本标记语言，它是用于描述网页文档的一种标记语言，它通过标记符号来标记要显示的网页中的各个元素。网页文件本身是一种文本文件，通过在文本文件中添加标记符，可以告诉浏览器如何显示其中的内容，如如何处理文字、如何安排画面、如何显示图片等。浏览器按顺序阅读网页文件，然后根据标记符解释和显示其标记的内容。

下面是一个简单的名为 Test1.html 的 HTML 文件。

```
<!doctype html>
<html>
  <head>
    <meta charset="utf-8">
    <title>Hello, This is a HTML page!</title>
    <style type="text/css">
```

```
        body, td, th {
          font-size: 36px;
          color:#900;
          font-family: Arial, Helvetica, sans -serif;
        </style>
      </head>
    <body>
      <p align="center">  </p>
      <p align="center">  </p>
      <p align="center">  </p>
      <p align="center"><strong>Hello, This is a HTML page! </strong></p>
      <p>  </p>
    </body>
    </html>
```

文件中的“<!doctype html>”说明该文件的类型是 HTML，<html>和</html>表示文件的开始和结束。<body>和</body>表示文件正文的开始和结束。这些符号就是标记符号，用来代表一定含义。该文件用 IE 浏览器打开后的显示效果如图 7-8 所示。

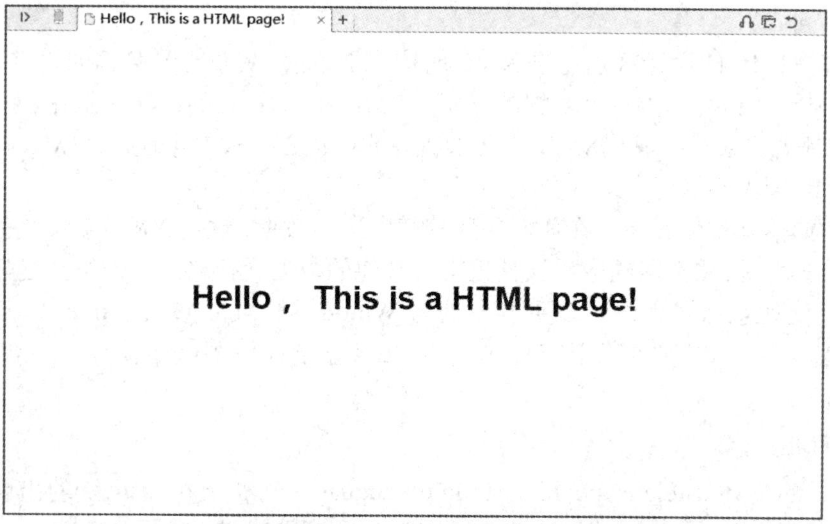

图 7-8 Test1.html 的浏览器显示效果

HTML 文档制作并不复杂，但 HTML 的功能强大，支持不同数据格式的文件嵌入。其主要特点是：

(1) 简易性。HTML 的版本升级采用超集方式，即新版本完全包含老版本，因而用老版本编写的网页可以被新版本完全接受，版本升级过程更加方便平滑。

(2) 可扩展性。HTML 的广泛应用带来了增强功能、增加标识符等要求。对此，HTML 采取子类元素方式，为系统扩展提供了保证。

(3) 平台无关性。虽然计算机种类很多，如 PC、服务器、笔记本、iPad、智能手机、不同形态的嵌入式设备等，但 HTML 都可以在这些平台上运行。

(4) HTML 支持以 JavaScript、VBScript 为代表的动态网页生成技术，丰富了网页的功能。

互联网之所以能成功，主要归功于 TCP/IP 和 HTML。TCP/IP 奠定了互联网扩展到全世界的网络技术基础，HTML 提供了把互联网信息传送且展示给几十亿互联网用户的最好手段。随着 4G 技术的普及，基于 HTML 升级版本的手机网页正迅速替代 WML 网页，成为手机网页的主流。

2. WML

最早的手机网站采用 WAP(Wireless Application Protocol)协议，网页设计则采用 WML(Wireless Markup Language)。WML 即无线标记语言，移动设备中内置的微型浏览器能够解释这种标记语言。虽然它和 HTML 语言很相像，但 WML 是 XML 的一个应用子集。

XML 是用于标记电子文件使其具有结构性的标记语言，不仅可以用来标记数据、定义数据类型，也是一种允许用户对自己的标记语言进行定义的源语言。XML 与 Access、Oracle、SQL Server 等数据库不同，数据库提供了更强有力的数据存储和分析能力，如数据索引、排序、查找、相关一致性等，而 XML 仅仅是存储数据。事实上，XML 与其他数据表现形式最大的不同在于它极其简单。这是一个看上去有点微小的优点，但正是这点使 XML 与众不同。

XML 与 HTML 的设计区别在于 XML 的核心是数据，其重点是数据的内容，而 HTML 被设计用来显示数据，其重点是数据的显示。XML 和 HTML 的语法区别在于不是所有的 HTML 标记都需要成对出现，XML 则要求所有的标记必须成对出现，HTML 标记不区分大小写，XML 则大小敏感，即区分大小写。

XML 的简单操作使其易于在任何应用程序中读写数据，这使 XML 很快成为数据交换的唯一公共语言。虽然不同的应用软件也支持其他的数据交换格式，但不久之后它们都将支持 XML。这就意味着程序可以更容易地与 Windows、Mac OS、Linux 以及其他平台下产生的信息结合，然后可以很容易加载 XML 数据到程序中来分析它，并以 XML 格式输出结果。

3. XHTML

XHTML(the eXtensible HyperText Markup Language，可扩展标识语言)的出现是 HTML 不断演进的结果。随着 Web 的日渐普及，HTML 用户要求控制页面的观感，为此，浏览器厂商在 HTML2 和 HTML3 中推出了新的特性。这些新特性在带来美感的同时，也使网页变得难以理解。复杂的嵌套表结构成为控制页面布局的主要手段，同时网页中充斥着大量 font 标记和 color 声明。

为解决这个问题，浏览器厂商又推出了 HTML4。它将表示逻辑的工作推给了 CSS(Cascading Style Sheets，层叠样式表)，为高级内容定位引入了层(div)的功能。与 HTML3 相比，这意味着代码的编写模式发生了变化。为了简化迁移过程，浏览器厂商又通过 HTML4 的 Transitional 版本来支持旧的 HTML3 结构，适用于高级用户的 Strict 版本则要求将内容和表示彻底分开。

这时，W3C 提出了 XHTML1 作为符合结构良好且有效的 HTML4 的 XML 版本。对于 XML 用户来说，这简化了将 XML 内容转化成网页并用已有验证程序检查转换结果的工作。于是，XHTML1.1 尝试将不同的问题隔离到不同的模块中，模块化方法针对不同的需要重用标准的不同部分，也有利于用新的功能扩展标准。

XML 的数据转换能力强大，完全可以替代 HTML，但面对成千上万已有的站点，直接采用 XML 还为时过早。因此，在 HTML4.0 的基础上，用 XML 的规则对其进行扩展，得到了 XHTML。从某种意义上讲，建立 XHTML 的目的就是实现 HTML 向 XML 的过渡。与 HTML4 相比，XHTML1.1 把内容和表示相分离，但和过去一样，一些实际问题只能使用 CSS 中的技巧来解决。比如，无序列表表示的菜单结构通常包括漂亮的图片。但是，图像不大容易通过文本-语音设备读给有视觉障碍的人听，而且像 Lynx 这样的文本浏览器也不能显示图像。一个复杂的 CSS 技巧可以在浏览器中隐藏文本显示图像。但是如果不同页面上的菜单不同，就很难用 CSS 指定这部分内容了。

XHTML2 进一步把内容和表示相分离，改进 HTML4 和 XHTML1 中残留的问题。比如，img src 标记换成了可用于任何元素的可选属性 src。修改后的 CSS 完全脱离了内容，不支持图像的设备很容易转而表示文本。用 xforms 模块替换了 HTML 的 forms，xforms 不需要一行脚本就能指定交互逻辑、验证规则和计算方法。此外，这种技术采用了丰富的 XML 结构，允许出现嵌套的子表单和重复的元素。除了提供一个强大的引擎外，文本—语音设备更适合提高应用程序的丰富性。

XHTML Mobile Profile 是 WAP 论坛为 WAP2.0 所定义的内容编写语言，它是为不支持 XHTML 的全部特性且资源有限的 Web 客户端所设计的。XHTML Mobile Profile 以 XHTML Basic 为基础，加入了一些来自 XHTML1.0 的元素和属性。这些内容事实上包括了一些其他表示元素和对内部样式表的支持。和 XHTML Basic 一样，XHTML Mobile Profile 是严格的 XHTML1.0 子集。

随着移动互联网的发展和手机终端的更新换代，越来越多的手机终端已经支持 XHTML，XHTML 逐步成为手机网站开发的首选描述语言，但仍有部分用户使用的低端手机尚不支持 XHTML。由于影响范围很小，对于手机网站的开发，仍建议采用 XHTML 作为主流模板语言，如果需要照顾部分低端手机市场，可以再开发一套 WML 模板，通过手机终端适配识别出手机终端类型后进行逐个调用。

4．HTML5

HTML5 是 W3C 之外的一些重要 Web 开发人员和主流浏览器厂商因为不同意 XHTML2 的方向而设计的。2004 年，他们成立了一个独立的工作组，为新的 HTML 版本提出了一种新的设计方向，并以网页超文本技术工作小组(WHATWG)的名义推出了 HTML5。HTML5 在诞生之后就确立了一个原则，即所有的技术必须是开放的，不准有专利限制。在此期间，Opera 提供了 CSS 技术，Google 提供了视频格式 WebM。目前大部分 HTML 协议在众多网络技术公司中达成共识，但在视频格式方面，世界各大互联网公司正在为具体标准进行争论。争论的两大阵营的一方是 Opera、火狐、Google 等，另一方则由苹果公司领衔。而按照争论的视频格式，可以分为 WebM 阵营和 MPEG 阵营。WebM 阵营认为，MPEG 格式目前是具有专利保护的，这违背了 HTML5 所有技术必须开放的原则。

MPEG 阵营坚持的原因则更多是因为自身就在使用这种视频格式。

HTML5 和 HTML4 的相似性远远高于 XHTML2 和 XHTML1 的相似性。HTML5 具有以下特点：迁移路径更加平坦，有经验的 HTML4 开发人员熟悉新版本更方便；新特性遵循相似的逻辑；特定元素的专门事件属性允许 HTML 编辑人员提供更适当的文本完成功能；HTML5 的基本设计理念利用 Web 开发人员需要的特性扩展 HTML4。HTML5 在继承 HTML4 基本技术的同时进行了简化。

HTML5 技术族主要包括 HTML5、CSS3、JavaScript、Web Application API、SVG 等，具有以下新特性：

(1) 丰富的结构化、语义化标签。

HTML5 新增加了一些结构化标签，主要包括<header>、<footer>、<nav>、<section>、<article>、<hgroup>、<aside>等，从而使网页结构更加简洁和严谨。新标签语义化更强，便于开发者理解和灵活使用，也利于计算机对语义化的 Web 应用进行理解、索引和利用。

(2) 面向应用的功能增强。

HTML5 面向移动应用不断进行功能增强，包括多线程并发、离线数据缓存、数据存储、跨域资源共享等。其中，WebWorkers 标准使 Web 应用弥补了以往只能单线程运行的短板，能够支持多线程的 Web 操作，并能将资源消耗较大的操作放到后台执行，从而提高了 Web 应用的响应速度，降低了终端资源消耗。Offline App Cache 能够将 Web 应用相关的资源文件缓存到本地，使用户在离线状态下也能使用 Web 应用，为开发离线的移动 Web 应用奠定了基础。Web Storage 规范为简单的网页数据存储提供了 LocalStorage 和 SessionStorage 两个基本方法，而 LocalStorage 可将数据永久保存在本地，SessionStorage 可在浏览器会话保持期间保存数据。IndexedDB 是 HTML5 的另一种数据存储方式，能够帮助 Web 应用存储复杂结构的数据。Cross-Origin Resource Sharing 使 Web 应用突破以往无法跨域名访问其他 Web 应用的限制，增强了 Web 应用服务之间的交互能力。

(3) 系统能力调用。

HTML5 纳入 W3C DAP 工作组制定的一系列设备 API，极大提升了 Web 应用对终端设备能力的访问和调用能力。这一系列设备 API 主要包括终端系统信息 API、日历 API、通讯录 API、触摸 API、通信 API、多媒体捕捉 API 等。同时，W3C 还制定了位置 API 和视频通信 API。位置 API 标准使基于位置的 Web 应用能够访问所持设备的地理位置信息。位置 API 与底层位置信息源无关，来源可包括 GPS、从网络信号(如 IP 地址、WiFi、基站号等)推测的位置以及用户输入位置。视频通信 API 通过 API 接口提供视频会议核心技术能力，包括音视频采集、编解码、网络传输、显示等，使浏览器能够直接进行实时视频和音频通信。

(4) 富媒体支持。

HTML5 技术极大增强了 Web 应用在绘图、音视频、字体、数学公式、表单等方面的能力。Canvas 特性提供 2D、3D 图片的移动、旋转、缩放等常规操作以及强大的绘图渲染能力。SVG 基于 XML 描述二维矢量图形，可根据用户的需求进行无失真缩放，适合移动设备图片显示。HTML5 标准增加了音视频标签<audio>和<video>，可在网页中直接播放音频和视频文件，以取代 Adobe Flash、微软 Silverlight、QuickTime 等多媒体插件及私有协议。WOFF 通过样式库为 Web 应用自动提供各种字体，同时能根据实际需要调整字体的大小。MathML 使用户能够在网页文本中直接输入复杂的数学公式符号。

(5) 连接特性。

Web Sockets 允许在 Web 应用前端与后端之间通过指定的端口打开一个持久链接，极大提高了 Web 应用的效率，使得基于页面的实时聊天、更快速的网页游戏体验、更优化的在线交流得到实现。同时，HTML5 拥有更有效的服务器推送技术，使得基于推送技术的应用更容易实现。

7.2　移动通信技术

7.2.1　移动通信技术发展历程

移动通信技术满足了人们在任何时间、任何地点与任何个人进行通信的愿望。在短短的二三十年间，称动通信技术实现了从传统的单基站大功率系统到蜂窝移动系统，从本地覆盖到全国覆盖，从提供语音业务到提供包括数据的综合业务，从模拟移动通信系统到数字移动通信系统的跨越，并实现了国内、国际漫游。移动通信技术也经历了从第一代到第二代、第三代、第四代的一个迅速发展的历程。

第一代移动通信系统(1G)兴起于 20 世纪 70 年代末，主要采用模拟技术和频分多址(FDMA)技术。由于受到传输带宽限制，其最致命的缺点是不能进行大区域性漫游。

第二代移动通信系统(2G)兴起于 20 世纪 90 年代初期，主要采用数字时分多址(TDMA)和码分多址(CDMA)技术，以数字传输方式实现语音和数据等业务，完成了模拟技术向数字技术的转变。

2008 年 5 月，国际电信联盟正式公布第三代移动通信系统(3G)标准，中国提交的 TD-SCDMA 正式成为国际标准，与欧洲 WCDMA、美国 CDMA2000 成为 3G 时代最主流的三大技术。3G 提供了前两代产品所不能提供的各种宽带信息业务，比如无线高速上网、视频等。

2010 年，海外主流运营商开始规模建设 4G。2013 年 12 月 4 日，工业与信息化部正式向三大运营商发布 4G 牌照，中国移动、中国电信和中国联通均获得 TD-LTE 牌照，标志着中国开始全面迈入 4G 时代。目前，5G 网络的商用也正在紧锣密鼓地推进。

根据工业和信息化部发布的 2019 年前三季度通信业经济运行情况，移动电话用户规模持续增长，4G 用户占比稳步提高。截至 9 月底，中国移动、中国电信和中国联通三家基础电信企业的移动电话用户总数达 15.98 亿户。其中，4G 用户规模为 12.64 亿户，占移动电话用户的 79.1%。

移动互联网流量保持高速增长，移动互联网累计流量达 887 亿 GB，其中通过手机上网的流量达到 884 亿 GB，占移动互联网总流量的 99.6%。2019 年 9 月当月户均移动互联网接入流量(DOU)达到 8.39 GB。

7.2.2　4G 移动通信技术

4G 包括 TD-LTE 和 FDD-LTE 两种制式，是目前世界占有主导地位的移动通信技术。

目前，中国移动、中国电信和中国联通三家国内电信运营商均已建成4G网络。

1. 4G标准

1) LTE

LTE(Long Term Evolution)项目是3G的演进，它改进并增强了3G的空中接入技术，采用OFDM和MIMO作为其无线网络演进的唯一标准。LTE的主要特点是在20 MHz频谱带宽下能够提供下行100 Mb/s与上行50 Mb/s的峰值速率，相对于3G网络大大提高了小区的容量，同时将网络延迟大大降低。LTE 标准演进的历史如下：

GSM: 9 K→GPRS: 42 kb/s→EDGE: 172kb/s→WCDMA: 364 kb/s→HSDPA/HSUPA: 14.4 Mb/s→HSDPA + /HSUPA+: 42 Mb/s→FDD-LTE: 300 Mb/s

由于WCDMA网络的升级版HSPA和HSPA+均能够演化到FDD-LTE这一状态，所以这一4G标准获得了最大的支持，成为4G标准的主流。TD-SCDMA与TD-LTE实际上没有关系，不能直接向TD-LTE演进。

2) LTE-Advanced

LTE-Advanced 的全称为 Further Advancements for E-UTRA，它满足 ITU-R 的IMT-Advanced技术征集需求，是3GPP形成欧洲IMT-Advanced技术提案的一个重要来源。LTE-Advanced完全兼容LTE，所以说LTE-Advanced是LTE的演进。

严格地讲，LTE作为3.9G移动互联网技术，LTE-Advanced作为4G标准更加确切一些。LTE-Advanced包含TDD和FDD两种制式，其中TD SCDMA能够进化到TDD制式，而WCDMA网络能够进化到FDD制式。

3) WiMAX

WiMAX(Worldwide Interoperability for Microwave Access)即全球微波互联接入，其另一个名字是IEEE 802.16。WiMAX的技术起点较高，WiMAX所能提供的最高接入速度是70 Mb/s，这个速度是3G所能提供的宽带速度的30倍。对无线网络来说，这的确是一个惊人的进步。WiMAX逐步实现宽带业务的移动化，而3G则实现移动业务的宽带化，两种网络的融合程度会越来越高，这也是未来移动世界和固定网络的融合趋势。

4) Wireless MAN

WirelessMAN-Advanced是WiMAX的升级版，即IEEE 802.16m标准，最高可以提供1 Gb/s无线传输速率，还可以兼容4G无线网络。

2. 4G移动系统网络结构及其关键技术

4G移动系统网络结构可分为三层：物理网络层、中间环境层和应用网络层。

物理网络层提供接入和路由选择功能，它们由无线和核心网的结合格式完成。中间环境层的功能有QoS映射、地址变换、完全性管理等。物理网络层与中间环境层及其应用环境之间的接口是开放的，它使发展和提供新的应用及服务变得更为容易，提供无缝高数据率的无线服务，并运行于多个频带。这一服务能适应多个无线标准及多模终端能力，跨越多个运营者和服务，提供大范围服务。

第四代移动通信系统的关键技术不仅包括信道传输、抗干扰性强的高速接入技术、调制和信息传输技术，还包括高性能、小型化和低成本的自适应阵列智能天线以及大容量、低成本的无线接口和光接口、系统管理资源、软件无线电、网络结构协议等。

第四代移动通信系统的主要技术核心是正交频分复用(OFDM)技术。OFDM 技术的特点是网络结构高度可扩展，具有良好的抗噪声性能和抗多信道干扰能力，可以提供无线数据技术质量更高(速率高、时延小)的服务和更好的性能价格比，能为 4G 无线网提供更好的方案。例如，无线区域环路(WLL)、数字音频广播(DAB)等都采用 OFDM 技术。

4G 移动通信对加速增长的广带无线连接的要求提供技术支持，对跨越公众的和专用的、室内和室外的多种无线系统和网络保证提供无缝的服务。通过对最适合的可用网络提供用户所需求的最佳服务，4G 移动通信能达到因特网通信所要求的增长。它增添新的频段，使频谱资源大大扩展，同时提供不同类型的通信接口，运用以路由技术为主的网络架构、以傅里叶变换来发展硬件架构实现第四代网络架构。移动通信会向数据化、高速化、宽带化、频段更高化方向发展，移动数据、移动 IP 预计会成为未来移动网的主流业务。

3. 国内三大运营商移动网络标准

目前，国内三大电信运营商移动网络的制式如下：

(1) 中国电信：

4G：TD-LTE，FDD-LTE；

3G：CDMA2000；

2G：CDMA。

(2) 中国移动：

4G：TD-LTE；

3G：TD-SCDMA；

2G：GSM。

(3) 中国联通：

4G：TD-LTE，FDD-LTE；

3G：WCDMA；

2G：GSM。

7.2.3 下一代移动通信技术

目前，作为下一代移动通信技术，第五代移动通信技术(5G)的标准研究正在紧锣密鼓地推进。5G 具有传输速率高、网络容量大、延时短等特性，下载速率是当前 4G 的 100 倍。对于一部 3D 电影，4G 条件下载需要 5～7 分钟，而 5G 只要 6 秒。更重要的是，5G 具有低至 1 毫秒的时延和最高达 10 Gb/s 的峰值速率，这使得自动驾驶、虚拟现实等各种对时延有着极高要求的工业应用有望得到长足发展。

1. 中国

IMT-2020(5G)推进组于 2013 年 2 月由工信部、发改委和科技部联合推动成立，目前至少有 56 家成员单位，涵盖国内移动通信领域产、学、研、用的主要力量，是推动国内 5G 技术研究及国际交流合作的主要平台。

中国公司投入了大量研发力量对 5G 应用方案进行深入研究、评估和优化，在传输性能上取得了突破。华为公司作为中国 IMT-2020 (5G)推进组的成员，参与了 Polar 码的研究与创新，且后续将和推进组全体成员持续加大对 5G 的研究投入。2016 年 11 月 18 日，在美国内华达州里诺的相关会议上，经过与会公司代表多轮技术讨论，国际移动通信标准化组织 3GPP 最终确定了 5G eMBB(增强移动宽带)场景的信道编码技术方案。其中，Polar 码作为控制信道的编码方案，LDPC 码作为数据信道的编码方案。

2. 欧盟

为了保持欧洲在未来移动通信产业中的领导地位，欧盟在第 7 期框架计划(FP7)中部署 METIS、5GNOW、MCN 等多个 5G 研究项目，后续在 Horizon 2020 计划中设立 5G PPP 项目，加大力度支持 5G 技术研发。欧盟同时积极开展 5G 国际合作，先后与韩国、日本、中国和巴西签署了 5G 联合声明，5G PPP 也与中、美、日、韩 5G 组织签署了合作备忘录。欧盟委员会于 2016 年底发布了 5G 行动计划，并于 2018 年启动了 5G 规模试验，力争在 2020 年之后实现 5G 商用，重点推动 5G 与车联网等垂直行业结合。

3. 韩国

韩国高度重视 5G 的战略地位，发布“创新 5G 移动战略”，成立 5G 论坛，启动 Giga Korea 等 5G 科研项目，已在 2018 年年初韩国平昌冬奥会开展了 5G 预商用试验。

4. 日本

日本在全球最早明确将在 2020 年实现 5G 商用，以支持 2020 年东京夏季奥运会及残奥会，并将重点解决超高清视频传输等移动宽带业务产生的海量数据需求。

5. 北美

美国运营商积极推进 5G 试验及商用进程，Verizon 联合多个厂商成立“Verizon 5G 技术论坛”，并联合日韩运营商成立 5G 开放试验规范联盟。此外，北美移动通信行业组织 4G Americas 也将工作重心转向 5G，并更名为 5G Americas。

7.3 移动互联网

7.3.1 移动互联网的概念与特点

工信部电信研究院认为，移动互联网是以移动网络作为网络接入方式的互联网及服务，它包括三个要素：移动终端、移动网络和应用服务。中国电信认为，移动互联网是移动通信和互联网从终端技术到业务全面融合的产物，它可以从广义和狭义两个角度来理解。从广义角度理解，移动互联网是指用户使用手机、上网本、笔记本电脑等移动终端，通过移动或无线网络访问互联网并使用互联网服务。从狭义角度理解，移动互联网是指用户使用手机通过移动网络获取访问互联网并使用互联网服务。一般而言， 电信行业所指的移动互联网主要是指狭义角度，包括通过 2G/3G/4G 网络使用互联网服务(WAP 与 Web 方式)。

与移动互联网类似的概念还有无线互联网。以前，移动互联网强调使用蜂窝移动通信网接入互联网，因此常常特指手机终端采用移动通信网接入互联网并使用互联网业务。而无线互联网强调接入互联网的方式是无线接入，除了蜂窝网外还包括各种无线接入技术，如 WAN 等。随着电信网络和计算机网络在技术、业务方面的相互融合，目前业界倾向于不再区分移动互联网与无线互联网的细微差别。

移动互联网既是一种网络和服务的实体，又是一种新的技术形态，既是以 IP 网络技术、移动通信技术和计算机技术为核心的一个庞大的技术体系，又是“移动宽带化”“宽带移动化”两种趋势长期发展并以 2G/3G/4G 技术为纽带实现交汇融合的产物。移动互联网不是对传统桌面互联的完全替代，而是一个革命性的扩展。原有的 PC 在固定地点通过光纤等宽带有线线路上网的方式仍然得以保存，而在原来无法上网的室外、移动状态等情形下，通过移动和无线方式实现了互联网的连接。原来存在于互联网上的内容，除了增加适合移动方式访问的功能外，其他的功能仍然得以保留。

1. 移动互联网的主要特点

(1) 终端移动性。移动互联网业务使得用户可以在移动状态下接入和使用互联网服务。移动互联网终端也就是智能手机或 iPad 等，便于用户随身携带和随时使用，人们可以在任何完整或零碎的时间使用它。

(2) 终端智能感知能力。移动互联网终端通过计算机软硬件结构和丰富的传感外设，可以定位自己所处的方位，采集周围的声音、温度等信息，因而具备智能感知的能力。

(3) 个性化。移动互联网的终端完全为个人使用，相应的操作系统和各种应用也针对个人。它采用社会化网络服务、博客等 Web 2.0 技术与终端个性化、网络个性化相互结合，个性化呈现能力非常强。移动网络对使用者个人的行为特征、位置信息等能够精确反映和提取，并与电子地图等技术相结合形成信息。

(4) 业务私密性。在使用移动互联网业务时，所使用的内容和服务更私密，如手机支付业务、保密通信、手机门卡、手机水卡等。

2. 移动互联网的局限性

除上述特点，移动互联网也受到来自终端和网络的局限，主要体现在以下两个方面：

(1) 终端能力方面。在终端能力方面，移动互联网受到终端屏幕大小、电池容量等的限制。由于屏幕小，移动互联网终端显示的内容界面必须简单紧凑、便于操作。传统互联网页面那样复杂的页面结构、大量的页面信息无法在移动互联网终端中很好地展示。由于电池容量有限，移动终端不能像桌面 PC 那样持续得到外部供电，长时间、高强度的本机处理受到制约，移动互联网要尽可能做到低耗能，尽量避免长时间持续操作。通过对多款智能手机耗电情况的分析，智能手机相当一部分耗电用于屏幕显示，这会给视频观看类的应用带来不利影响。

(2) 网络能力方面。在网络能力方面，移动互联网受到无线网络传输环境的影响。比如，高速移动状态、区域内基站覆盖率不高等，都将直接影响带宽稳定性，进而影响带宽敏感型应用的使用。当某个区域用户数量过大，超过基站容量时，网络将产生拥塞，造成内容的延迟和停滞。

7.3.2 移动互联网与桌面互联网的比较

在过去的十几年里，桌面互联网以其惊人的发展速度给人留下了深刻印象，而移动互联网的发展速度比桌面互联网的发展速度更快。桌面互联网和移动互联网出现以前使用的是以 PC 方式通过固定线路上网的传统互联网，其主要特点是大屏幕、匿名、位置固定、包月计费、开放、应用免费。移动互联网则综合了桌面互联网和移动通信网的两大领域技术的大多数优点，具有开放、应用免费、小屏幕、便携性、隐私性、准确性、可定位、实时性等特点。如图 7-9 所示展示了这三种通信技术之间的相互关系。

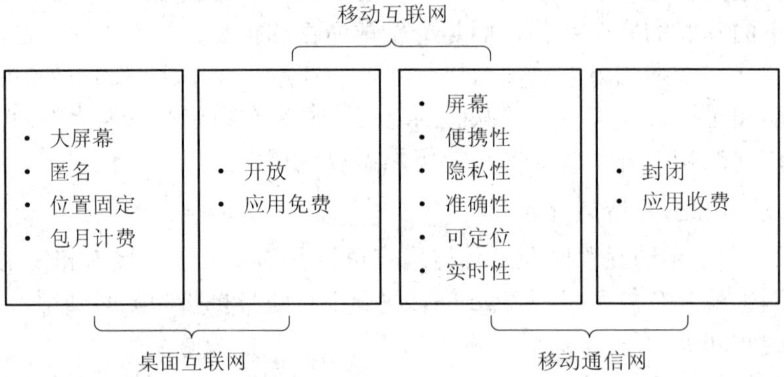

图 7-9　移动互联网与桌面互联网及移动通信网的关系

移动互联网相对于上网地点固定的基于桌面的传统互联网而言，两者的区别可以通过表 7-1 来进一步说明。

表 7-1　传统桌面互联网与移动互联网的指标对比

对比指标	传统桌面互联网	移动互联网
业务组织形式	• 分散的应用服务结构 • 用户围绕服务为中心	• 服务结构以电信运营商为中心 • 服务以用户为中心
接入终端	• 台式机 • 笔记本电脑	• 手机 • 上网本 • 平板电脑及其他上网终端
应用网络	• 传统有线网络(ADSL、FTTX) • WAN 等网络扩展	• 电信运营商 2G、3G、4G、5G 网络 • WiFi
用户习惯	• 上网地点：办公室、学校、家庭、网吧等固定场所 • 使用时间：固定、连续一段时间	• 上网地点：交通工具、户外 • 使用时间：碎片化时间
可搭载服务的特点	• 界面内容复杂的应用系统 • 除通过强制认证外，系统无法识别用户	• 界面内容简单、易操作的应用系统基于位置服务、身份识别、身份鉴定的应用服务来工作

7.3.3　移动互联网三要素与关键技术

移动互联网是融合了电子信息多个领域丰富成果的一个全新的网络和业务形态。它有三大要素，即网络、终端和应用。网络和终端是应用的基础，并为应用提供服务，而应用直接服务于用户，新应用的不断推出激起了人们对网络和终端不断升级的需求。移动互联网三要素得到一个庞大的技术体系的支撑，其关键技术涵盖信息技术领域的方方面面，如图 7-10 所示。

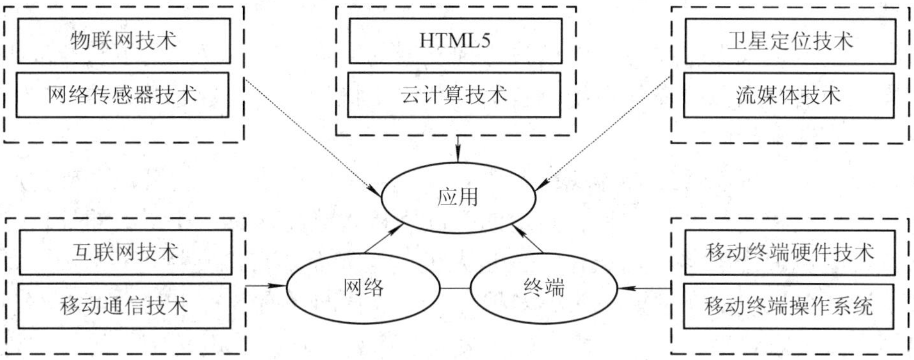

图 7-10　移动互联网技术体系

移动互联网由传统互联网和作为网络接入手段的移动通信网(含其他无线通信网)融合而成，其关键技术包括互联网技术和移动通信技术。互联网协议 IPv6 因其巨大优势，被改进为 MIIPv6，成为移动互联网的基础协议。

移动互联网终端实际上是一台计算机化的通信终端，其关键技术包括移动终端硬件技术和移动终端操作系统。硬件技术包括核心的智能终端芯片、3G 终端基带处理器芯片，以及外围的触摸显示屏、高像素摄像头、大容量存储器、GPS 接收模块、多种传感器等。移动操作系统目前以 Android 和苹果的 iOS 最为突出，其他如微软、诺基亚等公司的操作系统也占有一定市场份额。

移动互联网应用的种类繁多，正由时尚消费、高端消费，逐步向社会生活各个层面、各个角落迅速渗透。首先支撑移动互联网应用关键技术的是由 WAP 和 HTML 演进而来的 HTML5，它是移动互联网终端和应用平台系统进行信息沟通的共同语言标准。其次是云计算技术，云计算技术为移动互联网应用提供强大的中心平台功能。此外，由于移动互联网应用的多样性，它还与物联网技术、网络传感技术、卫星定位技术和流媒体技术等有关联。移动互联网涵盖了互联网技术、移动通信技术、移动终端硬件技术、移动终端操作系统、HTML5、云计算平台等多项关键技术。

7.4　移动智能终端与操作系统

7.4.1　移动智能终端及其核心技术

严格地说，移动通信终端包括手机、平板电脑和笔记本电脑。由于笔记本电脑采用与 PC 完全相同的操作系统，通常所说的移动通信终端仅指手机和平板电脑，而把智能手机和平板电脑称为移动智能终端。

传统手机以通话和短信功能为核心，采用按键输入和小屏显示的方式。目前，除了针对老人等少数特殊人群和场合设计的手机外，智能手机已替代传统手机成为主流。智能手机具备普通手机的全部功能，能够进行正常通话和发送短信，但是从系统结构来看，智能手机已经是完整意义上的计算机，其处理能力和功能的丰富程度远远超过了传统手机。可以说，智能手机是传统的通信终端计算机化的结果，也可以说，智能手机是计算机网络化、移动化的结果。

平板电脑是笔记本电脑向更加便携化方向发展的产物，它不仅采用了与智能手机大体相同的结构，还装有类似的操作系统。目前，智能手机的一个发展趋势是屏幕越来越大，它与平板电脑有逐渐趋同的趋势。

移动智能终端的智能性主要体现在四个方面：一是操作系统平台开放，支持应用程序的灵活开发、安装和运行；二是具有高速的互联网接入能力，具备 PC 级的处理能力，支持桌面互联网主流应用的移动化迁移；三是人机交互界面丰富，支持可视化输入、3D 显示、语音识别、图像识别、触摸输入等多种交互方式；四是有各种丰富且可以不断增加的应用，包括个人信息管理、日程记事、任务安排、多媒体应用、网页浏览等，并且还具有多任务和复制、粘贴功能。

移动通信终端涉及很多技术，包括系统和应用软件技术、微电子微机电技术、下一代显示和语音识别等人机交互技术、新型金属和高精度玻璃等原材料技术以及整机设计和制造技术，这些技术分支十分庞杂，主要可分为以下四大核心领域。

1. 移动芯片技术

集成电路是移动通信终端的核心器件，传统终端芯片包含了基带芯片、射频芯片、电源管理芯片和存储芯片。其中，基带芯片相当于传统手机的 CPU，能够实现传统手机最核心的通信信号处理功能；射频芯片负责信号的收发；存储芯片负责数据的存储；电源管理芯片负责电力供应，通常与基带芯片同时设置。随着手机的智能化发展，支持操作系统、应用软件以及音视频等功能的应用处理芯片的重要性日益提升，它已经与基带芯片一起成为智能手机的 CPU，这两个芯片也是当今移动智能终端芯片平台中最重要和发展最迅速的部分。

2. 系统软件技术

操作系统是移动智能终端软件平台体系的核心，向下适配硬件系统，向上支撑应用软件，决定用户最终体验。开放成为移动智能终端操作系统的主旋律，开放模式聚集产业链实现协同创新，打造完备业务生态系统，苹果公司正是通过应用商店开放运作获得极大的成功的。开源成为移动智能终端操作系统的主模式，极大降低了第三方进入门槛，提升了产业链上下游支持效率，免费的系统软件调动了产业多方积极性。其中，Android 是开源模式的典范。为了兼顾运行效率和开发效率，各操作系统进行了不同的技术选择。Android 为提升开发效率，选择走 Java 路线，但提升了对硬件的要求，使得智能终端只有在 600 MHz 以上的芯片平台上才可较顺畅运行。iOS、WP7、Bada 和 WePhone 选择原生语言，对硬件平台要求降低，但应用软件开发过程比 Java 复杂。当前各移动智能终端操作系统均有相应应用开发环境，也各具专长。

3. 人机交互技术

人机交互技术是当今移动终端技术体系中发展最为初级也最有潜力的技术。与旨在提升计算性能的技术不同，人机交互技术旨在让计算设备有更好的用户体验。人机交互技术包括未来显示技术、多模态交互技术、无处不在的普适交互环境和支持特殊应用的交互技术。其中，后两个部分与智能空间、脑机交互等学科相关性较强，属于技术发展愿景，当前商用领域的人机交互技术集中体现在前两个部分。

未来显示技术是最基本的人机交互技术，与高精度芯片、生物电池相比，近期创新机遇更多。目前 OLED、3D 显示、电子纸等热门技术相继商用，大幅提升了视觉体验。近年来，在多模态交互技术领域，随着语音识别、图像识别、多点触控等技术的应用，传统的交互手段将得到大大加强，键盘、窗口等传统的人机交互手段在移动通信设备上的使用体验大大提升。

4. 应用开发技术

通过 API(即应用编程接口。运行在上层的程序可通过 API 获取下层平台拥有的各种能力与信息)面向第三方开发者开放终端、网络、云服务的各种能力已成为移动互联网时代应用开发的重要趋势。移动互联网已经深刻地改变了移动智能终端操作系统 API 的开放模式，面向终端厂商通过预置引入第三方应用的传统模式沦为配角，面向开发者开放 API 接口并由用户自行安装应用的新模式成为主流。应用开发技术通过协同创新以较小力量调动和集聚庞大产业群，形成“我利大家、人人为我”的乘数效应。

Web 具有技术开放、标准相对统一、应用开发门槛低等优点，普遍被业界看作应用平台甚至移动终端操作系统未来的主要发展趋势。其技术核心是 Web 引擎，它能提供运行、解析、显示等基础能力，其中轻量高效的 WebKit 正在推动移动互联网向统一的应用平台发展，而决定 Web 解析速度的 JS 引擎成为主流厂商竞争热点。由于 HTML5 同时支持传统网页和手机网页的技术，Web 为移动智能终端应用开发提供了更加强大的工具。

7.4.2　智能手机操作系统

智能手机是一种嵌入式计算机系统。像其他计算机系统一样，它也需要操作系统的支持。操作系统是智能手机软件体系的核心，向下管理硬件系统发挥其各种功能，向上为各种应用软件提供服务和支撑，操作系统的功能和性能进一步影响到用户的最终体验。

目前，市面上主流手机搭载的操作系统主要有 Android、iOS、Windows Phone、Symbian 和 BlackBerry 等。华为鸿蒙系统(Harmony OS)的诞生使其成为全球又一开源的操作系统。不同的操作系统在开放性、开源性以及运行和开发效率等方面各有优劣势。

下面就目前主流的 Android 和 iOS 两种系统作简单介绍。

1. Android

Android 是 Google 公司于 2007 年 11 月 5 日颁布的基于 Linux 平台的开源手机操作系统，由操作系统、中间件、用户界面和应用软件组成。同年，手机厂商 HTC 制造出第一款 Android 手机 HTCG1。到 2010 年，Android 系统就发展成为最具潜力的智能操作系统。Android 系统架构分为四层，从下到上分别是 Linux 内核层、系统运行库层、应用程序框架层和应用程序层。

1) Linux 内核层

Android 基于 Linux2.6 内核，其核心系统服务(如安全性、内存管理、进程管理、网路协议以及驱动模型)都依赖于 Linux 内核。

2) 系统运行库层

系统运行库层可以分成两部分，分别是系统库和 Android Runtime。

系统库是应用程序框架的支撑，是连接应用程序框架层与 Linux 内核层的重要纽带，包括 Surface Manager、Media Framework、SQLite、OpenGLES、FreeType、WebKit、SGL、SSL 和 Libc。

Android应用程序采用Java语言编写，程序在Android Runtime中执行。Android Runtime分为核心库和 Dalvik 虚拟机两部分。核心库提供了 Java 语言 API 中的大多数功能，同时也包含了 Android 的一些核心 API，如 android.os、android.net、android.media 等。Android 程序不同于 J2ME 程序，每个 Android 应用程序都有一个专有的进程，并且不是多个程序运行在一个虚拟机中，而是每个 Android 程序都有一个 Dalvik 虚拟机的实例，并在该实例中执行。Dalvik 虚拟机是一种基于寄存器的 Java 虚拟机，不是传统的基于栈的虚拟机，具有优化内存资源使用以及支持多个虚拟机的特点。需要注意的是，Android 程序在虚拟机中执行的并非是编译后的字节码，而是通过转换工具 dx 将 Java 字节码转成 dex 格式的中间码。

3) 应用程序框架层

应用程序框架层是 Android 开发的基础，很多核心应用程序也是通过这一层来实现其核心功能的。该层简化了组件的重用，开发人员可以直接使用其提供的组件来进行快速的应用程序开发，也可以通过继承实现个性化的拓展。

4) 应用程序层

Android 平台不仅是操作系统，还包含了许多应用程序，如 SMS 短信客户端程序、电话拨号程序、图片浏览器、Web 浏览器等应用程序。这些应用程序都是用 Java 语言编写的，并且都可以被开发人员所开发的其他应用程序替换。不同于其他手机操作系统固化的系统软件，它能使得应用程序更加灵活和个性化。

2. iOS

iOS 是由苹果公司为自有的 iPhone、iPod touch 及 iPad 开发的专用操作系统，具有封闭性的特点。iOS 的系统架构从下到上分为四个层次，即核心操作系统层、核心服务层、媒体层和触摸层。

1) 核心操作系统层(Core OS 层)

该层是用 FreeBSD 和 Mach 所改写的 Darwin，是开源、符合 POSIX 标准的一个 Unix 核心。这一层包含或提供了整个 iPhone OS 的一些基础功能，如硬件驱动、内存管理、程序管理、线程管理(POSIX)、文件系统、网络(BSD Socket)以及标准输入/输出等。所有这些功能都通过 C 语言的 API 来提供。另外，值得一提的是，这一层最具有 Unix 色彩，如果需要把 Unix 上开发的程序移植到 iPhone 上，多半都会使用到 Core OS 层的 API。

Core OS 层的驱动也提供了硬件和系统框架之间的接口。然而，基于对安全的考虑，只有有限的系统框架类能访问内核和驱动。

2) 核心服务层(Core Services 层)

Core Services 层在 Core OS 层的基础上提供了更为丰富的功能，它包含了 Foundation.Framework 和 Core Foundation.Framework。之所以叫 Foundation，是因为它提供

了一系列处理字串、排列、组合、日历、时间等的基本功能。Foundation 属于 Objective-C 的 API，Core Fundation 属于 C 的 API。另外，Core Services 层还提供了其他的功能，如 Security、Core Location、SQLite 和 Address Book。其中 Security 用来处理认证、密码管理和安全性管理；Core Location 用来处理 GPS 定位；SQLite 是轻量级的数据库；AddressBook 用来处理电话簿资料。

3) 媒体层

媒体层提供了图片、音乐、影片等多媒体功能。图像分为 2D 图像和 3D 图像，前者由 Quartz2D 来支持，后者则是由 OpenglES 支持。与音乐对应的模块是 Core Audio 和 OpenAL，Media Player 实现了影片的播放。另外，媒体层还提供了 Core Animation 来对强大动画进行支持。

4) 触摸层

iOS 系统架构最上面一层是触摸层，它是 Objective-C 的 API，其中最核心的部分是用户界面框架。应用程序界面上的各种组件全是由它来提供呈现的。除此之外，它还负责处理屏幕上的多点触摸事件、文字的输出、图片和网页的显示、相机或文件的存取以及加速感应等部分。

3. Android 与 iOS 的对比

作为当前最重要的两个移动智能终端操作系统，Android 与 iOS 在多个方面的差异都非常明显。具体说明如下：

1) 系统架构

Android 采用的是 Java 技术，所有应用都在 Dalvik 虚拟机中运行，Dalvik 是 Google 专门为移动设备优化设计的 Java 虚拟机。因此 Android 具有成熟、存在大量可重用代码的优点，也有占内存大、运行速度略低的缺点。而 iOS 的体系架构相对较为传统，但运行效率高，对硬件的要求低，成本优势大。在现有的硬件条件下，iOS 应用运行具有最好的顺畅感，也更加省电。iOS 系统架构朴实无华且干净清晰，是目前最有效率的移动智能终端操作系统。

2) 应用开发平台

Android 开发工具一般使用 Eclipse，大部分类库兼容原来 Sun 的 JavaSE，同时依赖于 Java 良好的开源性和第三方类库的支持，并通过虚拟机执行。与 Object C 相比，Java 只能进行自动内存回收。

iOS 使用 Object C 语言，开发工具为 Xcode，其运行效率和标准 C 相近，在运行效率和内存占用上好于 Java，但其开发难度也远大于 Java。iOS 使用的开发类库是诞生于 MFC 之前的 Cocoa，其开发速度快。Object C 能进行自动内存回收，也能进行手动内存回收。这个区别导致 iOS 应用比 Android 应用更为流畅。

3) 用户体验

(1) 手机扩展性。由于硬件厂商之间的互相竞争，多数 Android 手机可以很容易地通过 TF 卡扩展存储容量，而苹果公司则主要通过出售 iPhone 的硬件获得收入，且依据存储容量大小及屏幕大小来定价。

(2) 碎片化。Android 手机由不同的硬件厂商生产，规格不可能一致。目前上市的机种数以千计，仅屏幕尺寸就有数十种，其在不同的硬件条件下体验也会大有不同。而苹果手机则强调的是体验一致，各款手机在风格和体验上基本相同。

(3) 云服务。互联网时代的智能手机只是一个面向用户的前端，与之相对应的后台则有强大的云服务在支撑。在苹果手机上，几乎所有的用户数据都会被传入苹果的 iCloud 云，如照片、通讯录、邮件、备忘录、浏览器历史记录等。即便丢失了手机，用户数据依然能通过账号复原。而 Android 手机对应的谷歌云服务框架在中国大陆仍处于不可访问状态，这严重影响了它的用户体验，取而代之的是国内厂商如华为、小米等仿照苹果公司的做法，搭建了类似的云生态系统。但它们只对于自家厂商生产的手机可用，对其他品牌的手机则爱莫能助，造成了 Android 手机的服务与数据等互相之间不可共享。

(4) 流畅度。长久以来，iOS 在流畅度方面一直占有优势，它采用更贴近硬件的类 C 语言来进行系统和 App 的开发。而 Android 系统采用的 Java 语言则有些臃肿，同时 App 来源较杂，因此表现得要差些。事实上，许多 Android 的旗舰机型的 CPU 核心数和内存容量普遍高于苹果，也是希望借此弥补 Android 流畅度方面的短板，但相应地也带来了功耗较大的问题。

(5) 应用生态。严格来说，无论苹果公司还是各 Android 手机厂商，他们只是提供了一部带有上网功能的手机，而真正发挥手机作用的是运行在其上的应用程序，即 App。

目前，大多数常用的 App 都同时有 Android 版与 iOS 版，如微信、淘宝、QQ、12306 等，其用户体验也大致相同。但从宏观应用生态上来看，苹果走的是封闭路线：所有的 App 都要求从苹果的应用商店购买、下载；开发者每次提交 App 时，也都必须通过苹果的审核。其带来的优点是 App 质量较高且相对安全，不像某些 Android 的 App 中隐藏着窃取用户隐私的代码。在应用商业模式上，苹果公司 App 开发者主要是通过 App 销售分成来获利，而 Android 开发者受制于国内应用市场较为混乱的情况，大多采用免费策略，而通过广告等商业模式来获利。这一点上，不同的开发者有不同的策略，其带来的 App 用户体验影响主要取决于用户自身价值取向。

(6) 终端价格。Android 终端价格跨度很大，大致从数百元到万元不等。而 iOS 终端 iPhone 的价格相对集中在较高的区间内，这在一定程度上限制了用户在硬件终端上的选择，也造成了其市场份额小于 Android 的情况。

课后习题七

简答题

(1) ISO/OSI 模型和 TCP/IP 模型有什么区别与联系？

(2) OSI 模型的通信机制是什么？

(3) 为什么要引入 IPv6？IPv6 有哪些特点？

(4) 4G 移动通信有哪几个制式？各有什么特点？

(5) 简述桌面互联网、移动通信网和移动互联网三者之间的关系。

第 8 章　大数据技术及应用

在互联网出现之前，数据主要由人机会话的方式产生，以结构化数据为主，通过传统关系型数据库来管理。互联网的出现和快速发展，尤其是移动互联网的发展和数码设备的大规模使用，使得今天数据的来源除了人机会话外，更多的是由各种设备、服务器、应用自动产生。这些数据以近乎指数方式增长，传统关系型数据库对这些数据的管理不足，大数据处理技术应运而生。如何组织和利用好这些数据，用来进行前瞻性的分析和更好地决策，需要对大数据的采集、存储与处理有一定的了解。

【主要内容】

(1) 大数据应用概述；

(2) 大数据的采集；

(3) 大数据的存储与处理。

8.1　大数据应用概述

8.1.1　大数据的概念与意义

1. 大数据的概念

大数据(Big Data)指无法在一定时间范围内用常规软件工具进行捕捉、管理和处理的数据集合，是需要新处理模式才能具有更强的决策力、洞察发现力和流程优化能力的海量、高增长率和多样化的信息资产，如购物网站的消费记录。这些数据只有进行处理整合才有意义。

大数据技术的战略意义不在于掌握庞大的数据信息，而在于对这些含有意义的数据进行专业化处理。换而言之，如果把大数据比作一种产业，那么这种产业实现盈利的关键在于提高对数据的“加工能力”，通过“加工”实现数据的“增值”。

大数据需要特殊的技术，以有效地处理大量的允许经过时间内的数据。适用于大数据的技术包括大规模并行处理(Massively Parallel Processing，MPP)数据库、数据挖掘、分布式文件系统、分布式数据库、云计算平台、互联网和可扩展的存储系统。

2. 大数据的意义

阿里巴巴创始人马云提到，未来的时代将不是 T 时代，而是 DT 的时代。大数据的价值并不在“大”，而在于“有用”。价值含量、挖掘成本比数量更为重要。对于很多行业而言，如何利用这些大规模数据是赢得竞争的关键。大数据的意义主要体现在以下三个方面：

(1) 对大数据的处理分析正成为新一代信息技术融合应用的结点。移动互联网、物联网、社交网络、数字家庭、电子商务等是新一代信息技术的应用形态，这些应用不断产生大数据。云计算为这些海量、多样化的大数据提供存储和运算平台。通过对不同来源数据的管理、处理、分析与优化，将结果反馈到上述应用中，会创造出巨大的经济和社会价值。

(2) 大数据是信息产业持续高速增长的新引擎。面向大数据市场的新技术、新产品、新服务、新业态会不断涌现。在硬件与集成设备领域，大数据将对芯片、存储产业产生重要影响，还将催生一体化数据存储处理服务器、内存计算等市场。在软件与服务领域，大数据将引发数据快速处理分析、数据挖掘技术和软件产品的发展。

(3) 大数据利用将成为提高核心竞争力的关键因素。各行各业的决策正在从“业务驱动”转变为“数据驱动”。

8.1.2 大数据的主要分类

从数据结构角度来看，大数据可以分为结构化数据、半结构化数据和非结构化数据。从内容来源角度来看，大数据可以分为互联网大数据、政务大数据、企业大数据和个人大数据。对各种大数据的介绍如下：

1. 互联网大数据

互联网上的数据每年增长 50%，每两年便将翻一番。互联网数据中心(Internet Data Center，IDC)预测，到 2020 年，全球将总共拥有 35 ZB 的数据量。互联网是大数据发展的前锋，随着 Web 2.0 时代的发展，人们似乎都习惯了将自己的生活通过网络进行数据化，以方便分享、记录和回忆。

对于互联网上的大数据，清晰地界定其分类界限很困难。接下来对百度和阿里巴巴的大数据进行介绍。

百度拥有两种类型的大数据：一是用户搜索表征的需求数据，二是爬虫和阿拉丁获取的公共 Web 数据。搜索巨头百度围绕数据而生。爬虫能够实现对网页数据的抓取、网页内容的组织和解析，并通过语义分析对搜索需求的精准理解，从海量数据中找准结果。精准的搜索引擎关键字实质上就是一个数据的获取、组织、分析和挖掘的过程。搜索引擎在大数据时代面临的挑战有：更多的暗网数据，更多的 Web 化但没有结构化的数据，更多的 Web 化、结构化但封闭的数据。

阿里巴巴拥有交易数据和信用数据。这两种数据更容易变现，挖掘出其商业价值。除此之外，阿里巴巴还通过投资等方式掌握了部分社交数据和移动数据，如微博、高德地图和腾讯拥有用户关系数据和基于此产生的社交数据。通过这些数据可以分析人们的生活和行为，从中挖掘出政治、社会、文化、商业、健康等领域的信息，甚至可以预测未来。

2. 政务大数据

政务大数据是政府部门在对整个社会活动进行管理的过程中产生并使用的各类巨量数据，包括工业数据、农业数据、工商数据、纳税数据、环保数据、海关数据、土地数据、房地产数据、气象数据、金融数据、信用数据、电力数据、电信数据、天然气数据、自来水数据和道路交通数据等各种数据以及针对个人的人口、教育、收入、安全刑事案件、出入境数据、旅游数据、医疗数据、教育数据和消费数据等各种数据。这些数据通过平台互联互通形成有内在关系的大数据，可以用于政府宏观管理、企业和个人征信查询等各种场合。

这些数据在政府部门中看似是单一的、静态的。但是，如果政府可以将这些数据关联起来，并对这些数据进行有效的关联分析和统一管理，这些数据必定将获得“新生”，其价值是无法估量的。智能电网、智慧交通、智慧医疗、智慧环保、智慧城市等都依托于大数据，大数据为智慧城市的各个领域提供决策支持。

在城市规划方面，通过对城市地理、气象等自然信息以及经济、社会、文化、人口等人文社会信息的挖掘，利用大数据可以为城市规划提供决策，强化城市管理服务的科学性和前瞻性；在交通管理方面，通过对道路交通信息的实时挖掘，利用大数据能有效缓解交通拥堵，并快速响应突发状况，为城市交通的良性运转提供科学的决策依据；在舆情监控方面，通过网络关键词搜索及语义智能分析，利用大数据能提高舆情分析的及时性、全面性，能全面掌握社情民意，提高公共服务能力，有助于应对网络突发的公共事件，打击违法犯罪；在安防与防灾领域，通过大数据的挖掘，利用大数据可以及时发现人为或自然灾害、恐怖事件，提高应急处理能力和安全防范能力。

3. 企业大数据

企业大数据是企业在业务管理和运营中产生和使用的各类巨量数据。因其在行业的主导地位，其数据具有两重性，即其数据既是企业数据也是政府关注的数据。比如，作为电力企业、电信运营商、银行、主流电商等大型企业，庞大的运营数据、设备数据等是企业自己的数据。但同时，这些企业面向宏观层面的数据也是该行业的政务大数据。

普通企业也有自己的大数据，如大型制造企业、大型连锁企业等在长期运行中积累的数据，甚至一些中小企业也会产生可观的数据。同时，如机床、汽车、电器等产品在长期使用中也会积累数据。在工业领域，德国提出的工业 4.0 战略和我国提出的智能制造战略主张从产品的设计到生产，到使用，再把使用中的信息实时反馈到设计环节，实现产品的个性化定制。在这一过程中会产生各类巨量数据。对于智慧农业、智慧医疗、智慧环保等领域的很多企业，这一概念同样成立，也会产生各类巨量的数据。

这些数据经过深入分析和挖掘，既可以用于企业自身的生产和经营活动，也可以提供给第三方使用。对于企业的大数据有一种预测：数据将逐渐成为企业的一种资产，数据产业也将会向传统企业的供应链模式发展，最终形成数据供应链。这里有两个明显的现象：一是外部数据的重要性日益超过内部数据，在互联互通的互联网时代，单一企业的内部数据与整个互联网数据相比只是沧海一粟；二是能提供包括数据供应、数据整合与加工、数据应用等多环节服务的公司会有明显的综合竞争优势。

4. 个人大数据

个人大数据是指与个人相关联的各种数据。个人信息被有效采集后，可由本人授权提供给第三方进行处理和使用。目前，个人信息分散在各个系统中，如派出所有个人身份信息，淘宝有很多人的购物记录，教育机构有每个人的学习记录等。未来，每个用户可以在互联网上注册个人的数据中心，以存储个人大数据信息。通过可穿戴设备或植入芯片等感知技术，还可以采集个人的健康大数据，如牙齿监控数据、心率数据、体温数据、视力数据、记忆数据、地理位置数据、社会关系数据、运动数据、饮食数据、购物数据等。

个人大数据的特点是数据仅留存在个人中心，其他第三方机构只被授权使用，且数据使用授权有一定的期限。采集个人数据应该明确分类，除了国家立法明确要求接受监控的数据外，其他类型数据都应由用户自己决定是否被采集。

8.1.3　大数据应用总体框架

大数据框架图如图 8-1 所示。

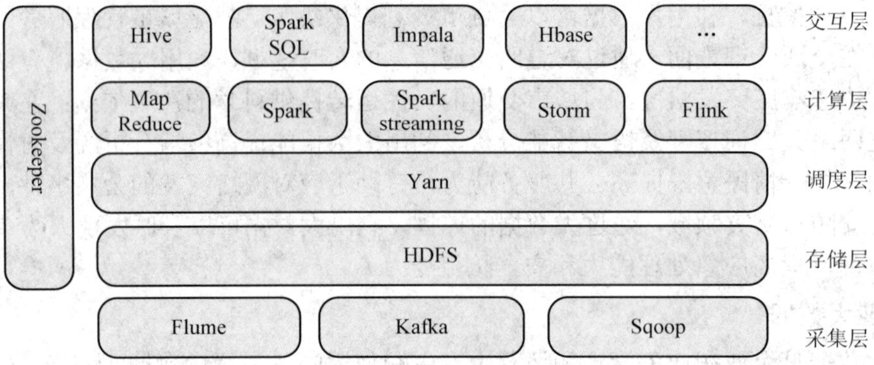

图 8-1　大数据框架图

从整体上看，大数据分为五个层次，从下到上分别是采集层、存储层、调度层、计算层和交互层。

采集层的作用是收集和转发数据，如 Flume 是日志收集工具，Kafka 是经典的消费队列，Sqoop 是 ETL 工具等。这些工具同样是为了解决大数据处理中的一些具体场景问题而诞生的应用，对整个生态圈起到了支撑和拓展的作用。

在采集层上是存储层。海量数据在单机内已经无法存储，解决方案是依靠分布式来存储将数据存储在 N 台机器构成的集群之上，并依赖一定的 HA(High Available)机制保证数据的可靠性和可拓展性。开源的方案就是使用 Hadoop 中的 HDFS 组件。作为分布式文件系统，HDFS 是海量文件的存储池，也是整个大数据生态体系的基石之一。

在存储层之上是调度层。Hadoop2.0 提供的解决方案是运用通用资源管理器 Yarn。在大数据平台之上会有很多作业任务需要运行，那么如何将集群的资源分配，如何调度这些 Task 任务完成，就依赖 Yarn 做统一安排。Yarn 作为通用资源调度器，可以管理 MapReduce、Spark、Storm 等诸多作业。

再往上是大数据的另外一个核心——计算层。针对批处理和流计算两类不同的业务场景，分别衍生出 MapReduce、Spark、Spark Streaming、Storm、Flink 等计算框架。不同的公司有不同的技术选型，这些计算框架在各自的领域发挥着强大效能。作为大数据开发工程师，需要熟悉以上几个计算框架的编程。

最上面是交互层。它们的作用是方便开发，提供的一些便捷组件，如 Hive 可以做数据仓库，Spark SQL 可以操作一些结构化数据，Impala 可以做实时交互式查询等。本质来说，上述工具可以理解成“接口”，最终都会转换成计算层的执行引擎去具体执行。交互层的工具方便了开发，也是工作中必不可少的利器。

在图 8-1 中的最左侧是 Zookeeper，它为整个集群的部分组件(如 HBase 和 Kafka)提供协调服务。它是集群的管理者，监视着集群中各个节点的状态并根据节点的反馈做出合理的操作。

综上，采集层解决的是大数据的收集和流通，存储层解决的是大数据的存储，计算层和交互层解决的是大数据的计算和消费问题。

8.2　大数据的采集

如上节所述，大数据大体上可以分为结构化数据、半结构化和非结构化互联网数据以及物联网数据三大类。三类数据特点不同，所需要的数据采集与预处理方法也不同。结构化数据是指即使数据种类很多，但每类数据均具有自己固定的结构；非结构化数据是指即使是同一类数据，每个数据单元的结构也不固定；半结构化数据是指数据单元部分结构是固定的，但也有部分不固定。网页本身就是一种半结构化数据，因为 HTML 虽定义了网页的基本格式，但网页的具体构成、所嵌套的图片、视频等信息是不固定的。最后，物联网数据也是结构化的，它是一种流数据。

对三类大数据的介绍如下：

1. 结构化数据

结构化数据包括由各种电子政务系统，企业的 OA、ERP、CRM、进销存系统，电商平台等产生的数据。其特点是数据已经结构化，每条记录的每个字段都有着确定的意义。这些数据库中不同的库表包括不同的内容，不同库表以关系型数据库的方式关联，可以刻画更复杂的内容。

基于这些信息化系统的大数据系统其实是在更高一个层次把众多这样的库表关联起来，以便根据特定目的提取新的信息。比如，政府构建的征信系统就是把工商系统、税务系统、公安系统、检察司法系统、金融系统等各种数据根据一定规则关联起来，以便判断企业的征信情况。由于原始数据的意义是确定的，数据格式是规范的，因此，数据采集的关键是根据业务需要，制定对原始数据的使用方式，这同时也决定了原始数据关联的具体方式。

在进行数据采集时，首先需要确定从原有各系统采集数据的具体内容，其次制定与原有系统的接口规范。这一接口既可以是原有系统提供的程序接口，又可以是数据库接口，如图 8-2 所示。从原有系统采集数据，对数据进行简单关联处理，作为进一步大数据分析与挖掘的基础。

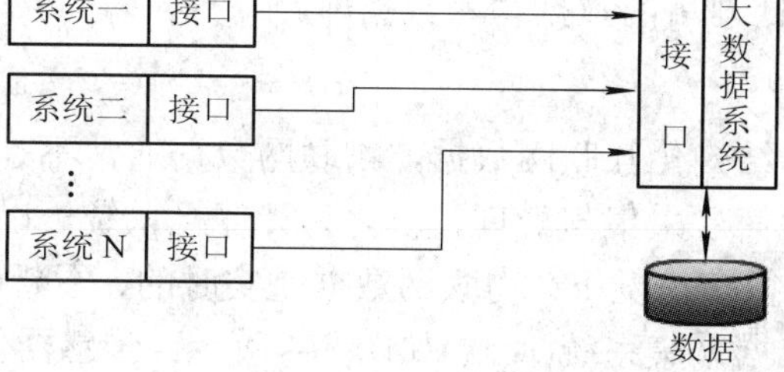

图 8-2　结构化数据采集示意图

2. 半结构化和非结构化互联网数据

相比结构化数据，互联网的很多数据是以网页等方式存在的，具有分布广、格式多样、半结构化或非结构化的特点，这需要有针对性地对网页数据进行采集、转换、加工和存储。尤其在网页数据的采集和处理方面，需要更为复杂的方法。下面简要介绍网页数据的采集和处理的方法。

互联网网页数据采集是一个获取相关网页内容，并从中抽取出用户所需要的属性内容的过程。网页数据的处理则是对抽取出来的网页数据进行内容和格式上的处理，进行转换和加工，使之能够适应用户的需求，并将之存储下来供以后使用。

互联网大数据采集和处理的整体过程如图 8-3 所示。它包含四个主要模块：爬虫、数据处理、URL 队列和数据。这四个主要模块的功能如下：

(1) 爬虫：从互联网上抓取网页内容，并抽取出需要的属性内容。

(2) 数据处理：对爬虫抓取的内容进行处理。

(3) URL 队列：为爬虫提供需要抓取数据网站的 URL。

(4) 数据：包含三方面，一是网站 URL，即需要抓取数据网站的 URL 信息；二是爬虫数据，即爬虫从网页中抽取出来的数据；三是数据处理后的数据，即经过数据处理之后的数据。

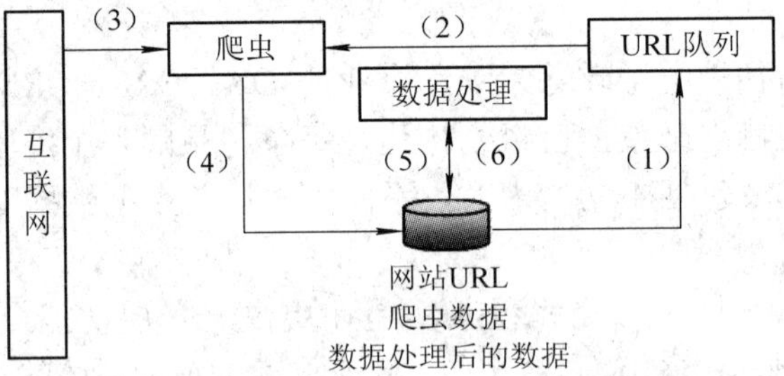

图 8-3　Web 数据抓取与处理

整个 Web 数据采集和处理的基本步骤如下：

(1) 将需要抓取数据的网站的 URL 信息(Site URL)写入 URL 队列。

(2) 爬虫从 URL 队列中获取需要抓取数据的网站的 Site URL 信息。

(3) 爬虫从互联网抓取与 Site URL 对应的网页内容，并抽取出网页特定属性的内容值。

(4) 爬虫将从网页中抽取出的数据(Spider Data)写入数据库。

(5) 数据处理单元读取爬虫数据并进行处理。

(6) 数据处理单元将处理后的数据写入数据库。

3. 物联网数据

相比结构化数据和非结构化互联网数据，物联网数据通常不是现成的，需要首先通过传感器对各种物理量进行信号采集与处理，转化为计算机系统可以识别的数据，然后才能做进一步分析和处理。在很多情况下，物联网数据是实时的、不断产生的，是一种流数据。

一个典型的物联网数据采集系统(前端)如图 8-4 所示。传感器信号通过以太网、WiFi、ZigBee 等本地网络接入网关，物联网网关一般通过 4G 或 NB-IoT 远程接入数据中心。传感器不仅实现了数据的采集和模/数转换，还实现了数据的网络封装，以便在网络上传输。目前，主流的封装方式是 IP 封装，以便采用互联网的传输技术。

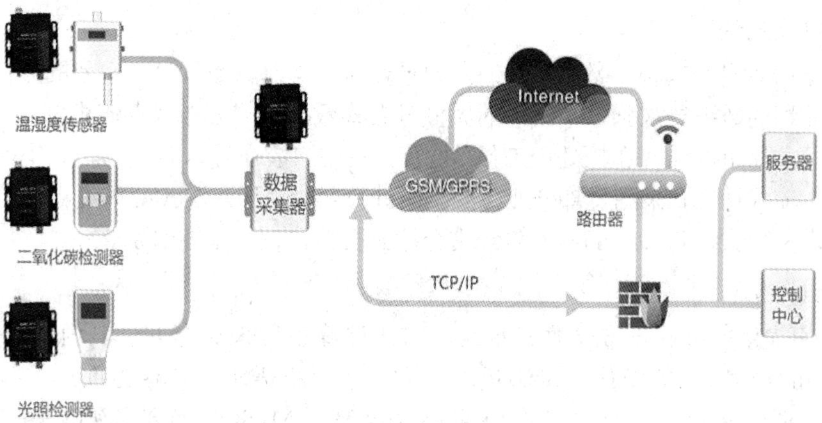

图 8-4　物联网数据采集系统(前端)示意图

8.3　大数据的存储与处理

8.3.1　数据库技术回顾

数据库技术是存储、处理、管理数据的一门计算机技术，是计算机科学技术中发展最快、应用最为广泛的重要分支之一，是计算机信息系统的重要技术基础和支柱。数据库是存储在计算机内的有结构的数据集合。数据库系统是指由硬件设备、软件系统、专业领域的数据库和数据库管理人员构成的一个运行系统。

数据库技术产生于 20 世纪 60 年代末。随着计算机技术和相应技术领域的发展，数据库技术得到了极大的发展，如产生了面向对象数据库技术、多媒体数据库技术、Web 数据库技术、数据挖掘技术、空间数据存储技术等。

8.3.2　大数据数据处理技术概述

大数据处理的流程主要包括四个环节：采集、导入(预处理)、统计(分析)和挖掘。下面针对这四环节进行简单阐述。

1. 采集

大数据的采集是指利用多个数据库来接收发自客户端(Web、App 或传感器形式等)的数据，并且用户可以通过这些数据库来进行简单的查询和处理工作。比如，电商会使用传统的关系型数据库 MySQL 和 Oracle 等来存储每一笔事务数据，除此之外，Redis 和 MongoDB 这样的 NoSQL 数据库也常用于数据的采集。在大数据的采集过程中，其主要特点和挑战是并发数高。因为同时可能会有成千上万的用户来进行访问和操作，如火车票售票网站和淘宝，它们并发的访问量在峰值时会达到上百万，所以需要在采集端部署大量数据库才能支撑用户的开发访问。同时，如何在这些数据库之间进行负载均衡和分片也是需要深入思考和设计的问题。

2. 导入(预处理)

虽然采集端本身会有很多数据库，但是如果要对这些海量数据进行有效的分析，还是应该将这些来自前端的数据导入到一个集中的大型分布式数据库或分布式存储集群，并且可以在导入基础上做一些简单的清洗和预处理工作。也有一些用户会在导入时使用来自 Twitter 的 Storm 来对数据进行流式计算，来满足部分业务的实时计算需求。导入与预处理过程的特点和挑战主要是导入的数据量大，每秒钟的导入量经常会达到百兆，甚至千兆级别。

3. 统计(分析)

统计(分析)主要利用分布式数据库或分布式计算集群来对存储于其内的海量数据进行普通的分析和分类汇总等操作，以满足用户常见的分析需求。在这方面，一些实时性需求会用到 EMC 的 GreenPlum、Oracle 的 Exadata 以及基于 MySQL 的列式存储 Infobright 等，而一些批处理或基于半结构化数据的需求可以使用 Hadoop。统计(分析)这部分的主要特点和挑战是分析涉及的数据量大，其对系统资源，特别是 I/O 会有极大的占用。

4. 挖掘

与前面统计(分析)过程不同，数据挖掘一般没有预先设定的主题，主要是在现有数据上进行基于各种算法的计算，从而起到预测(Predict)的效果，实现一些高级别数据分析的需求。比较典型算法有用于聚类的 Kmeans、用于统计学习的 SVM 和用于分类的 NaiveBayes，主要使用的工具有 Hadoop 的 Mahout 等。该过程的特点和挑战主要是用于挖掘的算法很复杂，且计算涉及的数据量和计算量都很大。常用数据挖掘算法都以单线程为主。

课后习题八

一、选择题

(1) 当前大数据技术的基础是由(　　)首先提出的。

A. 微软　　B. 百度　　C. 谷歌　　D. 阿里巴巴

(2) 大数据的起源是(　　)。

A. 金融　　B. 电信　　C. 互联网　　D. 公共管理

(3) 数据清洗的方法不包括(　　)。

A. 缺失值处理　　B. 噪声数据清除

C. 一致性检查　　D. 重复数据记录处理

(4) 智能健康手环的应用开发体现了(　　)的数据采集技术的应用。

A. 统计报表　　B. 网络爬虫　　C. API 接口　　D. 传感器

(5) 下列关于数据重组的说法错误的是(　　)。

A. 数据重组是数据的重新生产和重新采集

B．数据重组能够使数据焕发新的光芒

C．数据重组实现的关键在于多源数据融合和数据集成

D．数据重组有利于实现新颖的数据模式创新

(6) 智慧城市的构建不包括(　　)。

A．数字城市　B．物联网　C．联网监控　D．云计算

(7) 大数据的最显著的特征是(　　)。

A．数据规模大　B．数据类型多样

C．数据处理速度快　D．数据价值密度高

(8) 美国海军军官莫里通过对前人航海日志的分析，绘制了新的航海路线图，标明了大风与洋流可能发生的地点。这体现了大数据分析理念中(　　)的观点。

A．在数据基础上倾向于全体数据而不是抽样数据

B．在分析方法上更注重相关分析而不是因果分析

C．在分析效果上更追求效率而不是绝对精确

D．在数据规模上强调相对数据而不是绝对数据

(9) 下列关于舍恩伯格对大数据特点的说法错误的是(　　)。

A．数据规模大　B．数据类型多样

C．数据处理速度快　D．数据价值密度高

(10) 当前社会中，最为突出的大数据环境是(　　)。

A．互联网　B．物联网　C．综合国力　D．自然资源

(11) 在数据生命周期管理实践中，数据的作用是(　　)。

A．存储和备份规范　B．管理和维护

C．价值挖掘和利用　D．应用开发和管理

二、简答题

(1) 大数据现象是怎样形成的？

(2) 云计算有哪些特点？

(3) 云计算技术体系结构可以分为哪几层？

第 9 章　云计算技术及应用

云计算(Cloud Computing)是分布式计算的一种，指的是通过网络“云”将巨大的数据计算处理程序分解成无数个小程序，然后通过多部服务器组成的系统进行处理和分析这些小程序，将得到结果返回给用户的过程。在早期，云计算就是简单的分布式计算，即解决任务分发，并进行计算结果的合并。因而，云计算又称为网格计算。通过这项技术，可以在很短的时间(几秒钟)内完成对数以万计的数据的处理，从而提供强大的网络服务。

【主要内容】

(1) 云计算的定义；

(2) 云计算的特征；

(3) 服务理论；

(4) 云计算的 SPI 服务模型；

(5) 云计算与相关领域的关系。

9.1　云计算概述

9.1.1　云计算的定义

虽然云计算技术发展迅速，应用日渐广泛，但是目前仍没有一个关于云计算的统一定义。通常得到较多认可的说法为：云计算是一种 IT 服务的交付和使用模式，即用户通过网络以按需、易扩展的方式获得所需资源(硬件、平台、软件)的模式，提供资源的网络被称为“云”。

“云”中的资源在使用者看来是可以无限扩展、随时获取的，并且按需使用，按使用方式付费。“云”的这种特性使其成为一种像水、电设施一样的 IT 基础设施。

根据美国国家标准与技术研究院(National Institute of Standards and Technology，NIST)的定义，云计算是一种利用互联网实现随时随地、按需、便捷地访问共享资源池(如计算设施、存储设备、应用程序等)的计算模式。计算机资源服务化是云计算重要的表现形式，它为用户屏蔽了数据中心管理、大规模数据处理、应用程序部署等问题。

云计算的基本思路十分简单，即“合”的思路：服务提供商提供应用程序，服务提供商的数据中心负责集中存储过去一直保存在最终用户个人计算机上或企业的数据中心内的信息，用户则通过互联网远程访问这些应用程序和数据。

根据上面的定义，“云”就是一些可以自我维护和自我管理的虚拟资源，通常由一些大规模服务器集群(如计算服务器、存储服务器、宽带资源等)组成。云计算将所有的资源集中在一起，并由软件自动管理。这使得用户无需为许多的细节而烦恼，能够把更多的精力放在自己的业务上，有利于创新和降低成本。

这种虚拟资源之所以被称为“云”，是因为它在某些方面具有现实中云的特征，如云一般都较大，云的规模可以动态伸缩，云的边界是模糊的，同时云在空中飘忽不定，无法也无需确定它的具体位置。将其称为“云”，还因为云计算的鼻祖之一——亚马逊公司将其网格计算的一个产品取名为“弹性计算云”(Elastic Compute Cloud，EC2)，而该产品在商业上取得了很大的成功。

另外，在各种图示中，互联网常用一个云状图案来表示，如图 9-1 所示。因此提供资源的网络被称为“云”，同时，“云”也是对底层基础设施的一种抽象概念。

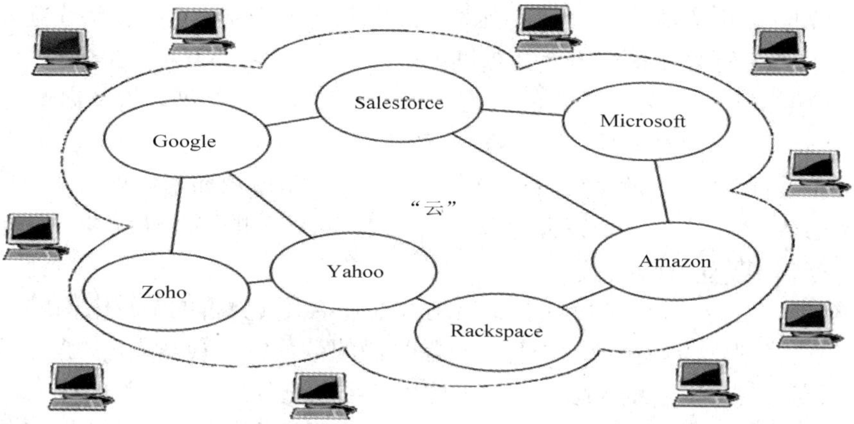

图 9-1　“云”的形象描述

云计算的出现使提供计算能力的方式发生了巨大变化，这就好比电力供应从古老的单台发电机模式转向电厂集中供电模式。这一改变意味着计算能力和存储能力可以像煤气、水电一样作为商品进行流通，且取用方便，费用低廉。而其中最大的不同仅仅在于计算能力和存储能力是通过互联网进行传输的。

云计算是分布式计算、互联网技术、大规模资源管理等技术融合与发展的结果，如图 9-2 所示。其研究和应用是一个系统工程，涵盖了数据中心管理、资源虚拟化、海量数据处理、计算机安全等重要问题。

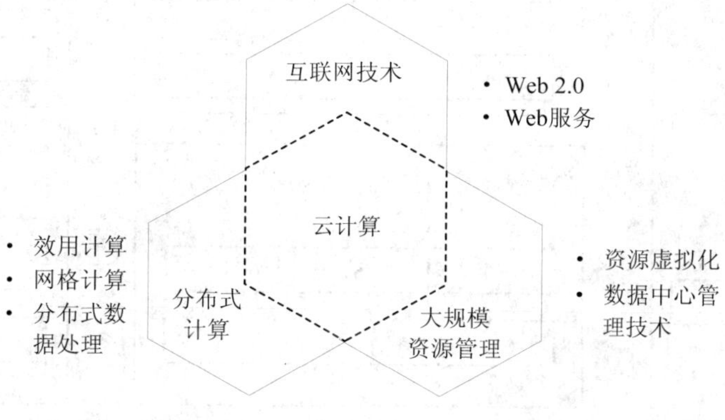

图 9-2　云计算与相关技术的关系

9.1.2 云计算的特征

云计算有如下七大特征：

(1) 超大规模。“云”具有相当大的规模，Google 云计算已经拥有 200 多万台服务器，Amazon、IBM、微软、Yahoo 等大型互联网公司的“云”均拥有几十万台服务器。企业私有云一般拥有数百，乃至上千台服务器。“云”能赋予用户前所未有的计算能力。

(2) 虚拟化。云计算支持用户在任意位置使用各种终端获取应用服务。所请求的资源来自“云”，应用在“云”中某处运行。用户无需了解应用运行的具体位置，只需一台笔记本或一部手机就可以通过网络来获取需要的服务，甚至完成超级计算的任务。

(3) 高可靠性。“云”使用了数据多副本容错、计算节点同构可互换等措施来保障服务的高可靠性，使用云计算比使用本地计算机更可靠。

(4) 通用性。云计算不针对特定的应用，在“云”的支撑下可以构造出千变万化的应用，同一个“云”可以同时运行不同的应用。

(5) 高可扩展性。“云”的规模可以动态伸缩，以满足应用和用户规模增长的需要。

(6) 按需服务。“云”是一个庞大的资源池，用户可按需购买。使用“云”时，可以像使用自来水、电、煤气一样计费。

(7) 价格低廉。由于“云”的特殊容错措施可以采用极其廉价的节点来构成“云”，“云”的自动化集中式管理使大量企业无需负担日益高昂的数据中心管理成本，“云”的通用性使资源的利用率相较传统系统大幅提升，因此用户可以充分享受“云”的低成本优势，通常只要花费几百美元和几天时间就能完成以前需要数万美元和数月时间才能完成的任务。

9.1.3 云计算体系结构

云计算的体系结构由 5 部分组成，分别为应用层、平台层、资源层、用户访问层和管理层。云计算的本质是通过网络提供服务，所以其体系结构以服务为核心，如图 9-3 所示。

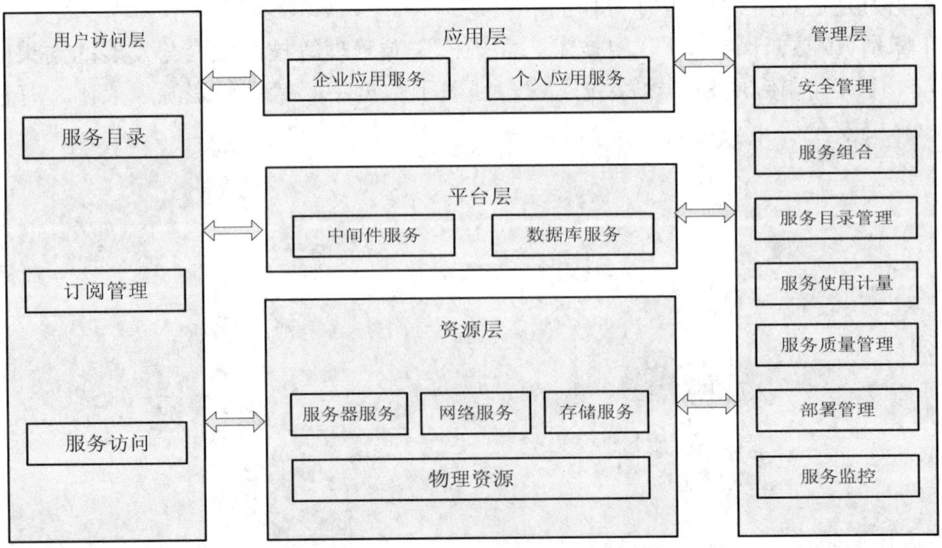

图 9-3　云计算的体系结构

下面介绍云计算的 5 个体系结构：

1．资源层

资源层包括物理资源服务、服务器服务、网络服务和存储服务，这些服务可以提供虚拟化的资源，从而隐藏物理资源的复杂性。对资源层各组成部分介绍如下：

(1) 物理资源服务是指物理设备，如服务器等。

(2) 服务器服务是指操作系统的环境，如 Linux 集群等。

(3) 网络服务是指提供的网络处理能力，如防火墙、VLAN、负载等。

(4) 存储服务为用户提供存储能力。

2．平台层

平台层为用户提供对资源层服务的封装，使用户可以构建自己的应用。平台层包括数据库服务和中间件服务。对平台层各组成部分介绍如下：

(1) 数据库服务提供可扩展的数据库处理的能力。

(2) 中间件服务为用户提供可扩展的消息中间件或事务处理中间件等服务。

3．应用层

应用层提供软件服务，包括企业应用服务和个人应用服务。对应用层各组成部分介绍如下：

(1) 企业应用服务是指面向企业的用户，如财务管理、客户关系管理、商业智能等。

(2) 个人应用服务指面向个人用户的服务，如电子邮件、文本处理、个人信息存储等。

4．用户访问层

用户访问层是方便用户使用云计算服务所需的各种支撑服务，针对每个层次的云计算服务都需要提供相应的访问接口，包括服务目录、订阅管理和服务访问。对用户访问层各组成部分介绍如下：

(1) 服务目录是一个服务列表，用户可以从中选择需要使用的云计算服务。

(2) 订阅管理是提供给用户的管理功能，用户可以查阅自己订阅的服务或终止订阅的服务。

(3) 服务访问是针对每种层次的云计算服务提供的访问接口，针对资源层的访问，提供的接口可能是远程桌面或 Windows，针对应用层的访问，提供的接口可能是 Web。

5．管理层

管理层提供对所有层次云计算服务的管理功能，包括安全管理、服务组合、服务目录管理、服务使用计量、服务质量管理、部署管理和服务监控。对管理层各组成部分介绍如下：

(1) 安全管理提供对服务的授权控制、用户认证、审计、一致性检查等功能。

(2) 服务组合提供对自己有云计算服务进行组合的功能，使得新的服务可以基于已有服务创建时间。

(3) 服务目录管理服务提供服务目录和服务本身的管理功能，管理员可以增加新的服务或从服务目录中除去服务。

(4) 服务使用计量对用户的使用情况进行统计，并以此为依据对用户进行计费。

(5) 服务质量管理提供对服务的性能、可靠性、可扩展性进行管理。

(6) 部署管理提供对服务实例的自动化部署和配置，当用户通过订阅管理增加新的服务订阅后，部署管理模块自动为用户准备服务实例。

(7) 服务监控提供对服务的健康状态的记录。

9.1.4 云计算的部署模式

如图 9-4 所示，云计算可以有三种部署模式，即公共云、私有云和混合云。三者的比较如表 9-1 所示。

图 9-4　云计算的部署模式

表 9-1　云计算的部署模式比较

比较项目	前期成本	运行成本	适用对象	安全性	对云资源可用性的控制	法律问题
公共云	无需前期成本	运营可委托服务供应商，按需付费	大企业以及中小企业	低，有更多受到诸如DDoS恶意攻击的可能，需要可信的虚拟数据中心	公司无法自行控制	存在跨国界的数据存储问题
私有云	需要较大的系统投资	需要专门的运营管理技术和开销	大企业	高	公司可自行控制	无跨国界的数据存储问题
混合云	需要一定的系统投资	介于公共云和私有云之间	有多个外部和内部供应商的企业	有应用兼容性问题	公司可在一定程度上自行控制	存在跨国界的数据存储问题

对云计算三种部署模式介绍如下：

1．公共云

公共云是指为外部客户提供服务的云。它所有的服务是供别人使用，而不是自己使用。目前，典型的公共云有微软的 Windows Azure 平台、亚马逊的 AWS(Amazon Web Services)、Salesforce.com 以及国内的阿里巴巴、用友伟库等。

对于使用者而言，公共云的最大优点是其所应用的程序、服务及相关数据都存放在公共云的提供者处，自己无需做相应的投资和建设。目前最大的问题是，由于数据不存储在自己的数据中心，其安全性存在一定风险。同时，公共云的可用性不受使用者控制。

2．私有云

私有云是指企业自己使用的云。它所有的服务不是供别人使用，而是供内部人员或分支机构使用。私有云的部署比较适合有众多分支机构的大型企业或政府部门。随着这些大型企业数据中心的集中化，私有云将会成为其部署 IT 系统的主流模式。

相对于公共云，私有云部署在企业内部，因此其数据安全性高，系统可用性可由自己控制，但其缺点是投资较大。

3．混合云

混合云是指供自己和客户共同使用的云。它所提供的服务既可以供别人使用，也可以供自己使用。相比较而言，混合云的部署方式对提供者的要求更高。

9.1.5 云计算的核心技术

云计算系统运用了许多技术，其中以 MapReduce 编程模型、海量数据分布存储技术、海量数据管理技术、虚拟化技术、云计算平台管理技术最为关键。

对云计算系统运用的主要技术的介绍如下：

1．MapReduce 编程模型

MapReduce 是 Google 开发的 Java、Python、C++的编程模型，它是一种简化的分布式编程模型和高效的任务调度模型，用于大规模数据集(大于 1 TB)的并行运算。严格的编程模型使云计算环境下的编程十分简单。MapReduce 模式的思想是将要执行的问题分解成 Map(映射)和 Reduce(化简)的方式，先通过 Map 程序将数据切割成不相关的区块，分配(调度)给大量计算机处理，达到分布式运算的效果，再通过 Reduce 程序将结果汇整输出。

2．海量数据分布存储技术

云计算系统由大量服务器组成，同时为大量用户服务，因此云计算系统采用分布式存储的方式存储数据，用冗余存储的方式保证数据的可靠性。云计算系统中广泛使用的数据存储系统是 Google 的 GFS(Google File System，Google 文件系统)和 Hadoop 团队开发的 GFS 开源实现的 HDFS。GFS 即是一个可扩展的分布式文件系统，用于大型的、分布式的、对大量数据进行访问的应用。GFS 的设计思想不同于传统的文件系统，它是针对大规模数据处理和 Google 应用特性而设计的。它运行于廉价的普通硬件上，但可以提供容错功能。它可以给大量的用户提供总体性能较高的服务。一个 GFS 集群由一个主服务器(Master Sever)和大量的块服务器(Chunk Server)构成，并被许多客户(Client)访问。主服务器存储文件系统所有的元数据，包括名字空间、访问控制信息、从文件到块的映射以及块的当前位置。它也控制系统范围的活动，如块租约(Lease)管理、孤儿块的垃圾收集和块服务器间的块迁移。主服务器定期通过 heart beat 消息与每一个块服务器通信，给块服务器传递指令并收集它的状态。GFS 中的文件被切分为 64 MB 的块并以冗余存储，每份数据在系统中保存三个以上备份。客户与主服务器的交换只限于对元数据的操作。所有数据方面的通信都直接和块服务器联系，这大大提高了系统的效率，防止了主服务器负载过重问题的发生。

3. 海量数据管理技术

云计算需要对分布的、海量的数据进行处理和分析。因此，数据管理技术必需能够高效地管理大量的数据。云计算系统中的数据管理技术主要是 Google 的 BT(Big Table)数据管理技术和 Hadoop 团队开发的开源数据管理模块 Hbase。BT 是建立在 GFS、Scheduler、Lock Service 和 MapReduce 之上的一个大型的分布式数据库。与传统的关系数据库不同，它把所有数据都作为对象来处理，形成一个巨大的表格，用来分布存储大规模结构化数据。Google 的很多项目都使用 BT 来存储数据，包括网页查询、Google earth 和 Google 金融。这些应用程序对 BT 的要求各不相同，如从 URL 到网页，到卫星图像的数据大小不同，从后端的大批处理到实时数据服务的反应速度不同。对于不同的要求，BT 都成功地提供了灵活、高效的服务。

4. 虚拟化技术

通过虚拟化技术可实现软件应用与底层硬件相隔离。它包括将单个资源划分成多个虚拟资源的裂分模式，也包括将多个资源整合成一个虚拟资源的聚合模式。虚拟化技术根据对象可分成存储虚拟化、计算虚拟化、网络虚拟化等。计算虚拟化又分为系统级虚拟化、应用级虚拟化和桌面虚拟化。

5. 云计算平台管理技术

云计算资源规模庞大，服务器数量众多并分布在不同的地点，同时运行着数百种应用。如何有效地管理这些服务器，保证整个系统提供不间断的服务是巨大的挑战。云计算系统的平台管理技术能够使大量的服务器协同工作，方便地进行业务部署和开通，快速发现和排除系统故障，通过自动化、智能化的手段实现大规模系统的可靠运营。

9.1.6　云计算技术的应用

较为简单的云计算技术已经普遍服务于如今的互联网中，最为常见的就是网络搜索引擎和网络邮箱。其中，谷歌和百度是用户熟悉的网络搜索引擎。在任何时间，用户可以在搜索引擎上搜索想要的资源，通过云端共享数据资源。在过去，寄邮件是一件比较麻烦的事情，而在云计算技术和网络技术的推动下，电子邮箱成为了社会生活中的一部分，只要在网络环境下，就可以实现实时的邮件寄发。云计算技术已经融入现今的社会生活中。

对云计算技术的各种应用介绍如下：

1. 存储云

存储云又称云存储，它是在云计算技术上发展起来的一个新的存储技术。云存储是一个以数据存储和管理为核心的云计算系统。用户可以将本地的资源上传至云端，在任何地方连入互联网来获取云上的资源。大家熟知的谷歌、微软等大型网络公司均有云存储的服务。在国内，百度云和微云则是市场占有量最大的存储云。存储云向用户提供了存储容器服务、备份服务、归档服务和记录管理服务等，大大方便了使用者对资源进行管理。

2. 医疗云

医疗云是指在云计算、移动技术、多媒体、4G 通信、大数据以及物联网等新技术基础上，结合医疗技术，使用云计算来创建医疗健康服务云平台的技术，实现了医疗资源的共享和医疗范围的扩大。医疗云提高了医疗机构的工作效率，方便了居民就医。医院的预约挂号、电子病历、医保等都是云计算与医疗领域结合的产物。此外，医疗云还具有数据安全、信息共享、动态扩展、布局全国的优势。

3．金融云

金融云是指利用云计算的模型，将信息、金融和服务等功能分散到庞大分支机构构成的互联网云中，旨在为银行、保险和基金等金融机构提供互联网处理和运行服务，同时共享互联网资源并实现了高效、低成本的目标。在 2013 年 11 月 27 日，阿里云整合阿里巴巴旗下资源推出了阿里金融云服务。其实，它就是现在基本普及的快捷支付服务。由于金融与云计算结合，现在只需要在手机上简单操作就可以完成银行存款、购买保险和基金买卖。现在，不只阿里巴巴推出了金融云服务，如苏宁金融、腾讯等企业也推出了自己的金融云服务。

4．教育云

实质上，教育云是教育信息化的一种发展。教育云可以将任何教育硬件资源虚拟化，然后将其传入互联网中，向教育机构、老师和同学提供一个方便快捷的平台。现在流行的慕课(MOOC)就是教育云的一种应用。慕课是大规模开放的在线课程平台。现阶段，慕课的三大优秀平台为 Coursera、edX 和 Udacity。在国内，中国大学 MOOC 也是非常好的在线课程平台。在 2013 年 10 月 10 日，清华大学推出学堂在线，许多大学现已使用学堂在线进行课程学习。

9.2　服务理论

9.2.1　服务的概念

根据网格之父 Ian Foster 的定义，服务(Service)是一种通过良好的信息交换来提供客户某种能力的实体(Entity)。服务可定义为导致服务执行某些操作(Operation)的特定信息交换的序列。

事实上，服务的概念是一个从 Web 服务(Web Services)到网格服务(Grid Service)、自治服务(Autonomic Service)、云服务(Cloud Service)、服务虚拟化(Service Virtualization)和面向服务开发(Service Oriented Development)的不断完善的过程。

W3C(www.w3c.org)为 Web Services 下的定义是：Web Services 是由 URI(Uniform Resource Identifier，统一资源标识符)标识的软件应用，该应用的接口和绑定可通过 XML(Extensible Markup Language，可扩展标记语言)标准进行定义、描述和发现。同时，该应用可通过基于 Internet 的 XML 消息协议与其他软件应用直接交互。

Ian Foster 结合 Web Services 的概念分析了企业内部和企业之间系统互联对分布式资源集成的需求，提出了响应协议消息的服务本质，提出了网格服务(Grid Service)的概念，指出网格所提供的可扩展服务集合能够以各种方式聚合以满足企业等虚拟组织的需求，为开放网格服务体系结构(Open Grid Services Architecture，OGSA)规范奠定了基础。

2004 年，Ian Foster 等人提出了 WS-Resource(Web 服务-资源)的概念和方法，解决了使用 Web 服务一致地和可互操作地访问分布式状态化资源的问题，进一步推动了网格服务和 Web 服务的融合，为新的 Web 服务资源框架(Web Services Resource Framework，WSRF)规范奠定了基础。

Ian Foster 等人还描述了 Grid 和 Agent(智能体或智体)之间融合的必要性，揭示了两者之间共同的服务本质，提出了自治服务(Autonomic Service)的思想以及鲁棒敏捷面向服务系统(Robust Agile Service Oriented Systems)的思想，给出了相关的十个研究问题，进一步拓展了服务理论在工业、商业领域的应用前景。

2005 年，Ann Chervenak 等人完成了基于轻量数据复制器(Lightweight Data Replicator，LDR)的发布功能的数据复制服务(Data Replication Service)的设计，这是一个应用服务理论解决科学协同问题的典范。

9.2.2 几种常见的服务

以下是几种常见的服务：

1. Web 服务

Web 服务的含义包括以下三个方面：

(1) Web 服务是在 Internet 上跨机器进程使应用程序之间相互通信的技术，而非人与机器之间交互的技术。

(2) Web 服务的设计初衷是平台无关性和语言无关性，这也是它的设计特色之一。

(3) Web 服务只是提供一个接口，剩下的工作需要程序员在开发平台上使用不同的编程语言来实现。

在 Internet 和网格环境下的信息系统中，服务交互的结构是通过 Web 服务机制实现的，因此所有的实体都是服务。

2. 网格服务

网格服务提供了一组接口，这些接口定义明确且遵守特定的惯例，解决服务发现、动态服务创建、生命周期管理、服务通知等问题。简单地说，OGSI (Open Grid Services Infrastructure)服务 = OGSI 接口/行为 + 服务数据(Service Data)，WSRF(Web Services Resource Framework)服务 = WSRF 接口/行为 + WS 资源属性(WS-Resource Properties)。

3. Agent

Agent 是封装的计算机系统，它适合于某些环境并能够在该环境中通过灵活的、自治的行为以达到其设计目标。具体来说，Agent 是带有良好定义的边界和接口的可以清楚确认的问题解决实体。它适合嵌入某个特定的环境，通过传感器接收与其环境状态有关的输入，并通过受动器作用于环境。它们不仅可以控制自身内部的状态，还可以控制自身的行为。同时，它能够展示灵活的问题解决能力来实现设计目标。

尽管每个 Agent 都可以被当作一个服务(其原因是它与其他智能体通过消息交换进行交互)，但是并非每个服务都必须是一个 Agent，其原因是它可能不参与展示灵活的自治动作的消息交换。因此，自治动作是智能体和普通服务如何互操作问题的核心。

4. 云服务

云服务主要指云计算的 SPI 服务模型。

9.2.3 服务概念的特征

服务概念的特征如下：

(1) 服务交互的结构是通过 Web 服务机制实现的。例如，服务引入了大量新描述语言(如 WSDL，即 Web Services Description Language)、新通信方法(如 SOAP，即 Simple Object Access Protocol)和新体系结构(如 SOA，即 Service Oriented Architecture)。

(2) 服务与传统的 Web Services 不同，它是动态的(Dynamic)、有状态的(Stateful)。服务的动态性表现在可以临时创建新服务，可以在系统生命期结束时销毁服务回收资源。

服务可以提供多个服务实例(Instance)，每个服务实例自身保持着内部状态(State)信息，并通过一组标准的接口与它的客户进行互操作(Interaction)。给出的这些接口是根据 OGSI 或 WSRF 规范定义的，它使客户除了正常的服务访问行为以外，还能获取/设置状态信息。

(3) 服务是自治的(Autonomous)。服务的自治性表现在其服务行为不仅由客户请求驱动，还可以根据其他因素如本地策略、与客户协商的输出反馈等完成行为调节。自治性能够根据本地策略和局部反馈进行闭环调节，从而提供了稳定(Stable)的服务。

9.2.4 面向服务的开发

分布式应用程序的开发(Distributed Application Development)是一种从一台机器向另一台机器获取数据的技术与工程。这些数据可以是不确定的变量，如购买订单、顾客数据、π 的 100～200 位等。

应用开发方法的演变主要经历了以下四个阶段，从中可看出其走向分布式的趋势：

1. 面向过程开发

面向过程开发是结构化的程序设计，软件系统的行为与数据部分分离。典型开发工具是 C 语言、Pascal 语言等，其程序核心是函数或过程。

通常其运行环境是典型的主机(Mainframe)，如 IBM 的大型机以及单机 PC 等。

2. 面向对象开发

面向对象开发是数据和操作的封装，行为和数据的隐藏。典型开发工具是 C++、Java 等，其程序核心是对象。

通常其运行环境是局域网(企业网或校园网)计算平台下的 C/S(客户机/服务器)架构。

CORBA(Common Object Request Broker Architecture，通用对象请求代理架构)就是相应的分布式技术规范。

3. 面向组件开发

面向组件开发是基于组件或构件快速创建更加复杂、高质量的系统。典型开发工具是 VB、J2EE、Delphi 等，其程序核心是组件或构件。

通常其运行环境是广域网(Internet 或 Intranet)计算平台下的 B/S(浏览器/服务器)架构或是带中间件的 B/M/S(浏览器/中间件/服务器)三层架构。

DCOM(Distributed Componet Object Model，分布式组件对象模型)、EJB(企业 JavaBean)组件模型等就是相应的分布式技术规范。

4．面向服务开发

面向服务开发是更广泛的企业之间的信息系统集成。典型开发工具是 .Net、J2EE 等，其程序核心是 Web Services 或 Grid Services。

通常其运行环境是网格计算/云计算平台下的 OGSA 架构或 SOA 架构。

SOAP 是应用于面向服务开发的典型分布式调用和通信协议。

1) 面向服务开发的特点

面向服务开发有以下几个特点：

(1) 服务是一种通用开发方式，不仅支持科学计算，还支持其他服务，包括数据服务、信息服务、通信服务、计算服务、交易服务、政务服务、教育服务、娱乐服务、金融服务、旅游服务、医疗服务、专家服务等。它还可以承担包括自动化信息系统在内的各种新型信息系统，对实时性的支持相当好，如工业 Ethernet 上的数据处理、实验仪器的远程访问、即时消息、在线聊天、IP 电话和视频会议等，即一切皆是服务。

(2) 服务是一种基本的应用模式，即客户端向网格/云端发出服务请求，网格/云端完成服务并将结果通知客户端。

客户看到的是一个网格整体/云整体，所有的服务请求都向网格/云端发出，而不是向具体的某个网站或某台服务器发出，即服务的关键是一体化(Integration)。

(3) 服务开发的主要评价指标不再单纯是速度、费用等单一指标，而是类似服务等级协议(Service Level Protocol)的一套用户满意度或服务质量(Quality of Service，QoS)评价标准，即服务一体化的目标是提高服务质量。

2) 面向服务的架构(SOA)

SOA 是一个组件模型，它将应用程序的不同功能单元(即服务)通过相应的接口和契约联系起来。接口是采用中立的方式进行定义的，它独立于实现服务的硬件平台、操作系统和编程语言。SOA 中的协作如图 9-5 所示。

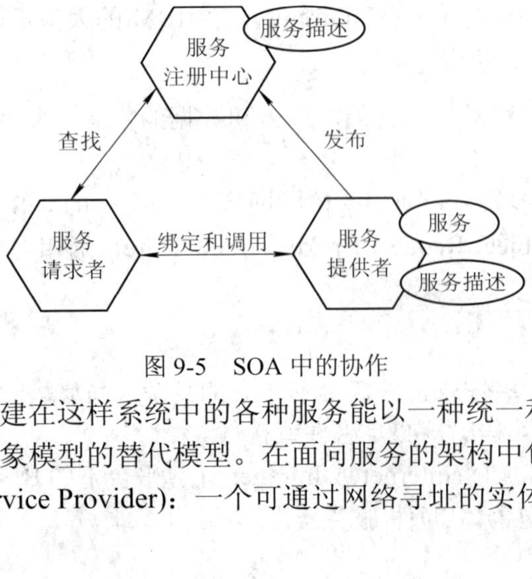

图 9-5　SOA 中的协作

SOA 的作用是使构建在这样系统中的各种服务能以一种统一和通用的方式进行交互，SOA 是更传统的面向对象模型的替代模型。在面向服务的架构中包括以下三个角色：

(1) 服务提供者(Service Provider)：一个可通过网络寻址的实体。它接受和执行来自使用者的请求，并将自己的服务描述和接口契约发布到服务注册中心，以便服务使用者可以发现和访问该服务。

(2) 服务请求者(Service Consumer)：一个应用程序、一个软件模块或需要一个服务的另一个服务。它发起对注册中心中服务的查询，通过传输绑定服务，并且执行服务功能。服务请求者根据接口契约来执行服务。

(3) 服务注册中心(Service Registry)：服务发现的支持者。它包含一个可用服务的存储库，并允许感兴趣的服务使用者查找服务提供者接口。

角色之间主要有以下三个操作：

(1) 发布(Publish)：为了使服务可访问，需要发布服务描述使服务请求者可以发现和调用它。

(2) 查找(Find)：服务请求者的定位服务是通过查询服务注册中心来找到满足其标准的服务的。

(3) 绑定和调用(Bind and Invoke)：在检索服务描述之后，服务请求者根据服务描述中的信息来调用服务。

在面向服务的架构中，服务注册和调用的过程是：首先，服务提供者发布服务描述信息到服务注册中心，服务请求者在服务注册中心查找所需要的服务，如果找到了，则由服务注册中心返回服务所在的位置，之后，根据所返回的服务位置信息，服务请求者与服务提供者的服务绑定，最后直接调用和执行它。

WSDL (Web Services Description Language，Web 服务描述语言)的用途是“描述”Web 服务。业务之间将通过交换 WSDL 文件来理解对方的服务。当实现了某种服务时(如股票查询服务)，为了让别的程序调用，必须用 WSDL 公布服务的接口。例如，服务名称，服务所在的机器名称，监听端口号，传递参数的类型、个数和顺序，返回结果的类型等。

9.3　云计算的 SPI 服务模型

云计算资源以云服务的形式提供，“一切皆是服务”。云计算核心服务通常可以分为三个子层：基础设施即服务层(Infrastructure as a Service，IaaS)、平台即服务层(Platform as a Service，PaaS)和软件即服务层(Software as a Service，SaaS)，这被称为云计算的 SPI 服务模型，如图 9-6 所示。

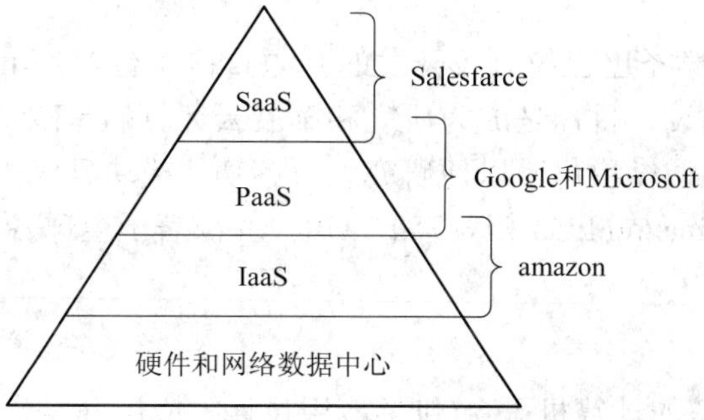

图 9-6　云计算的 SPI 服务模型

9.3.1 IaaS

IaaS 是指企业或个人可以使用云计算技术来远程访问计算资源，它包括计算、存储以及应用虚拟化技术所提供的相关功能。无论是最终用户、SaaS 提供商，还是 PaaS 提供商都可以从基础设施服务中获得应用所需的计算能力，无须对支持这一计算能力的基础 IT 软硬件付出相应的原始投资成本。

IaaS 提供硬件基础设施部署服务，为用户按需提供实体或虚拟的计算、存储和网络等资源。在使用 IaaS 层服务的过程中，用户需要向 IaaS 层服务提供商提供基础设施的配置信息，运行于基础设施的程序代码以及相关的用户数据。

由于数据中心是 IaaS 层的基础，因此数据中心的管理和优化问题成为近年来研究的热点。另外，为了优化硬件资源的分配，IaaS 层引入了虚拟化技术。借助于 Xen、KVM、VMware 等虚拟化工具，可以提供可靠性高、可定制性强、规模可扩展的 IaaS 层服务。

IaaS 层是云计算的基础。通过建立大规模数据中心，IaaS 层为上层云计算服务提供海量硬件资源。同时，在虚拟化技术的支持下，IaaS 层可以实现硬件资源的按需配置，并提供个性化的基础设施服务。

基于以上两个基础，IaaS 层主要研究两个问题：一是如何建设低成本、高效能的数据中心，二是如何拓展虚拟化技术，实现弹性、可靠的基础设施服务。

IaaS 将硬件设备等基础设施作为服务出租给用户，并按照使用时间来计费，如 Amazon 公司的 AWS 和弹性云计算 EC2 以及简单存储服务 S3。

IaaS 服务的主要客户是中小型公司。雇佣维护人员和购买服务器是一项很大的成本，事实上，即使购买了非常贵的服务器，其使用率也不及 15%，在更多的时候，这些服务器处于闲置状态，因此 Amazon 的 AWS 为中小型公司提供了服务器租赁等服务，受到了极大的欢迎。IaaS 服务可以很好地节约中小型公司对服务器的购买与维护成本。

典型的 IaaS 平台包括 Amazon EC2 和 Eucalyptus。

Amazon EC2 为公众提供基于 Xen 虚拟机的基础设施服务。Amazon EC2 的虚拟机分为标准型、高内存型、高性能型等多种类型，每一种类型的价格各不相同。用户可以根据自身应用的需求，定制虚拟机的硬件配置和操作系统。Amazon EC2 的计费系统根据用户的使用情况(一般为使用时间)收费。在弹性服务方面，Amazon EC2 可以根据用户自定义的弹性规则，扩张或收缩虚拟机集群规模。目前，Amazon EC2 已拥有 Ericsson、Active.com、Autodesk 等大量用户。

Eucalyptus 是加州大学圣巴巴拉分校开发的开源 IaaS 平台。与 Amazon EC2 等商业 IaaS 平台不同，Eucalyptus 的设计目标是成为研究和发展云计算的基础平台。为了实现这个目标，Eucalyptus 的设计强调模块化，以便研究者对各功能模块升级、改造和更换。目前，Eucalyptus 已实现了和 Amazon EC2 相兼容的 API，并部署于全球各地的研究机构。

9.3.2 PaaS

PaaS 是指将一个完整的计算机平台(包括应用设计、应用开发、应用测试和应用托管)作为一种服务提供给客户。在这种服务模式中，客户不需要购买硬件和软件，只需要利用

PaaS 平台，就能够创建、测试和部署应用及服务。与基于数据中心的平台进行软件开发相比，它的费用要低得多，这是 PaaS 的最大价值所在。

PaaS 是云计算应用程序运行环境，提供应用程序部署与管理服务。通过 PaaS 层的软件工具和开发语言，应用程序开发者只需上传程序代码和数据即可使用服务，而不必关注底层的网络、存储、操作系统的管理问题。

由于目前互联网应用平台(如 Facebook、Google、淘宝等)的数据量日趋庞大，PaaS 层应当充分考虑对海量数据的存储与处理能力，并利用有效的资源管理与调度策略提高处理效率。

PaaS 层作为三层核心服务的中间层，既为上层应用提供简单、可靠的分布式编程框架，又需要基于底层的资源信息调度作业和管理数据，屏蔽底层系统的复杂性。随着数据密集型应用的普及和数据规模的日益庞大，PaaS 层需要具备存储与处理海量数据的能力。

基于以上分析，PaaS 层主要研究两个问题：一是 PaaS 层的海量数据存储与处理技术，二是基于海量数据存储与处理技术的资源管理与调度策略。

PaaS 搭建的是应用程序的运行环境，如 Microsoft 的 Windows Azure、Google 的 Google APP Enigne 等。PaaS 服务的主要特点在于提供了一个运行平台，用户可在该平台上编写所需要程序，运行并维护该程序，不用考虑节点、资源间配合等因素，但用户只能按照服务提供商所提供的某些固定的语言编写程序。例如，Google 的 App Engine 可让用户在 Google 的基础架构上开发和运行网络应用程序，提供的开发语言有 Java 和 Python。Salesforce 的 force.com 是另一个开发应用程序的云计算平台，使用 Eclipse 开发。

典型的 PaaS 平台包括 Google App Engine、Hadoop 和 Windows Azure。这些平台都基于海量数据处理技术搭建且各具代表性。典型的 PaaS 平台的比较如图 9-7 所示。

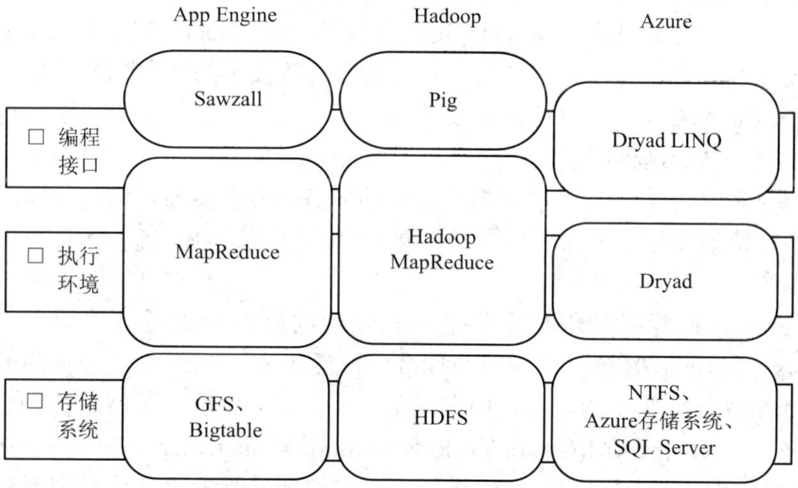

图 9-7　典型 PaaS 平台的比较

Google App Engine 是基于 Google 数据中心的开发、托管 Web 应用程序的平台。通过该平台，程序开发者可以构建规模可扩展的 Web 应用程序，而不用考虑对硬件基础设施的管理。Google App Engine 由 GFS 管理数据，由 MapReduce 处理数据，并用 Sawzall 为编程语言提供接口。

Hadoop 是开源的分布式处理平台，其 HDFS(Hadoop Distributed File System)、Hadoop MapReduce 和 Pig 模块实现了 GFS(Google File System)、MapReduce 和 Sawzall 等数据处理技术。与 Google 的分布式处理平台相似，Hadoop 在可扩展性、可靠性、可用性方面做了优化，使其适用于大规模的云环境。目前，Hadoop 由 Apache 基金会维护，Yahoo、Facebook、淘宝等公司利用 Hadoop 构建数据处理平台，以满足海量数据分析处理需求。

Windows Azure 以 Dryad(森林女神)作为数据处理引擎，允许用户在 Microsoft 数据中心上构建、管理、扩展应用程序。2010 年 12 月 21 日，Microsoft 发布了公测版 Dryad 平台，成为 Google MapReduce 分布式数据计算平台的竞争对手。Microsoft 的 Dryad 项目主要研究用于编写并行和分布式程序的编程模型。目前，Windows Azure 支持按需付费，并提供 90 天免费试用和 1 GB 数据库空间的服务，其服务范围已经遍布 41 个国家和地区。

9.3.3 SaaS

SaaS 是指用户获取软件服务的一种新形式。它不需要用户将软件产品安装在自己的计算机或服务器上，而是按某种服务水平协议(SLA)直接通过网络向专门的提供商获取自己所需要的、带有相应软件功能的服务。从本质上来说，软件(即服务)就是软件服务提供商为满足用户某种特定需求而提供其消费软件的计算能力。

SaaS 是基于云计算基础平台所开发的应用程序。企业可以通过租用 SaaS 层服务解决企业信息化问题，如企业通过 Gmail 建立属于该企业的电子邮件服务。该服务托管于 Google 的数据中心，企业不必考虑服务器的管理和维护问题。对于普通用户来讲，SaaS 层服务将桌面应用程序迁移到互联网，可实现应用程序的泛在访问。

SaaS 是将软件打包成服务，如 Google 的在线翻译和 Gmail 等服务。SaaS 的特点就是在大多数情况下不需要安装任何客户端，或只需要安装很小的客户端就可以运行性能很好的程序或软件。SaaS 服务取代以往需要安装客户端才可以运行的程序，这使得用户可以在更好的资源环境下享受这种服务。

SaaS 是在线应用平台，为用户提供平台化的服务，为上层各种信息化应用提供统一的平台。它能够完整地贯穿业务流，将各种信息化产品完美整合，统一运行维护，形成一个完整的支撑系统。

SaaS 层面向云计算终端用户提供基于互联网的软件应用服务。随着 Web 服务、HTML5、Ajax、Mashup 等技术的成熟与标准化，近年来，SaaS 应用发展迅速。

当前，SaaS 有各种典型的应用，如在线邮件服务、网络会议、网络传真、在线杀毒等各种工具型服务，在线 CRM(Customer Relationship Management，客户关系管理)、在线 HR(Human Resource，人力资源)、在线进销存、在线项目管理等各种管理型服务，以及网络搜索、网络游戏、在线视频等娱乐性应用。

SaaS 是未来软件业的发展趋势，目前已吸引了众多厂商的参与。不仅 Google、微软、Salesforce 等各大软件巨头都推出了自己的 SaaS 应用，用友、金蝶等国内软件巨头也推出了自己的 SaaS 应用。

下面简述两种典型的 SaaS 应用：Google Apps 和 Salesforce CRM。

Google Apps 包括 Google Docs、Gmail 等一系列 SaaS 应用。Google 将传统的桌面应用程序(如文字处理软件、电子邮件服务等)迁移到互联网，并托管这些应用程序。用户通过 Web 浏览器便可随时随地访问 Google Apps，不需要下载、安装或维护任何硬件或软件。Google Apps 为每个应用提供了编程接口，使各应用之间可以随意组合。Google Apps 的用户既可以是个人用户，也可以是服务提供商。例如，企业可向 Google 申请域名为 @example.com 的邮件服务，以满足企业内部收发电子邮件的需求。在此期间，企业只需对资源使用量付费，而不必考虑购置、维护邮件服务器、邮件管理系统的开销。

Salesforce CRM 部署于 Force.com 云计算平台，为企业提供客户关系管理服务，包括销售云、服务云和数据云等部分。通过租用 CRM 的服务，企业可以拥有完整的企业管理系统，用以管理内部员工、生产销售和客户业务等。利用 CRM 预定义的服务组件，企业可以根据自身业务的特点定制工作流程。基于数据隔离模型，CRM 可以隔离不同企业的数据，为每个企业分别提供一份应用程序的副本。CRM 可根据企业的业务量为企业弹性分配资源。除此之外，CRM 为移动智能终端开发了应用程序，支持各种类型的客户端设备访问该服务，实现了泛在接入。

9.3.4　IaaS、PaaS 和 SaaS 的比较

IaaS、PaaS 和 SaaS 三者之间的比较如表 9-2 所示。

表 9-2　SaaS、PaaS 和 IaaS 三者的比较

项目	服务内容	服务对象	使用方式	关键技术	系统实例
IaaS	提供基础设施部署服务	需要硬件资源的用户	使用者上传数据、程序代码和环境配置	数据中心管理技术、虚拟化技术等	Amazon EC2、Eucalyptus 等
PaaS	提供应用程序部署与管理服务	程序开发者	使用者上传数据和程序代码	海量数据处理技术、资源管理与调度技术等	Google App Engine、Windows Azure、Hadoop 等
SaaS	提供基于互联网的应用程序服务	企业和需要软件应用的用户	使用者上传数据	Web 服务技术、互联网应用开发技术等	Google Apps、Salesforce CRM 等

9.4　云计算与相关领域的关系

9.4.1　云计算与网格计算的关系

根据网格之父 Ian Foster 的定义，网格(Grid)的基本概念是：动态多机构虚拟组织中的协同资源共享与问题解决。

网格的三要素为：

(1) 对非集中控制的资源进行协调。

(2) 使用标准的、开放的、通用的协议和接口。

(3) 提供非平凡的服务质量。

网格计算体系结构的发展包括三个阶段：五层沙漏结构、开放网格服务体系结构(Open Grid Service Architecture，OGSA)和 Web Service 资源框架(Web Service Resource Framework，WSRF)，如图 9-8 所示。

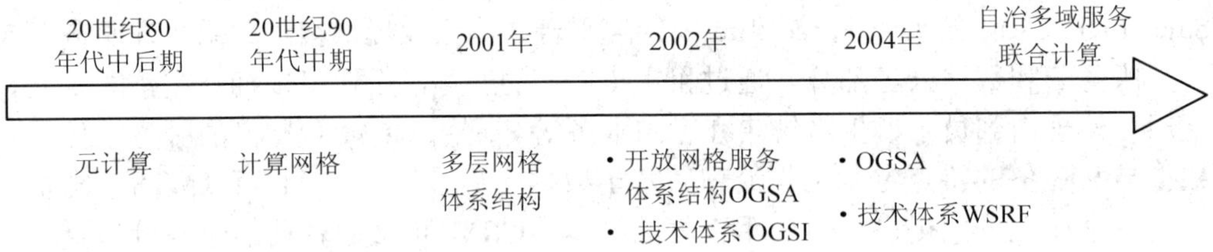

图 9-8　网格技术的发展阶段

五层沙漏结构由 Ian Foster 等人最早提出，是一个最先出现的应用和影响广泛的结构，从低到高包括构造层(Fabric Layer)、连接层(Connectivity Layer)、资源层(Resource Layer)、汇聚层(Collective Layer)和应用层(Application Layer)，如图 9-9 所示。构造层提供一套对局部资源控制的工具和接口；连接层提供保证通信安全的认证核心协议；资源层定义了一些对单个的资源实施共享操作的协议；汇聚层实现多个资源协同工作；应用层提供网格的系统开发和应用开发工具、环境。

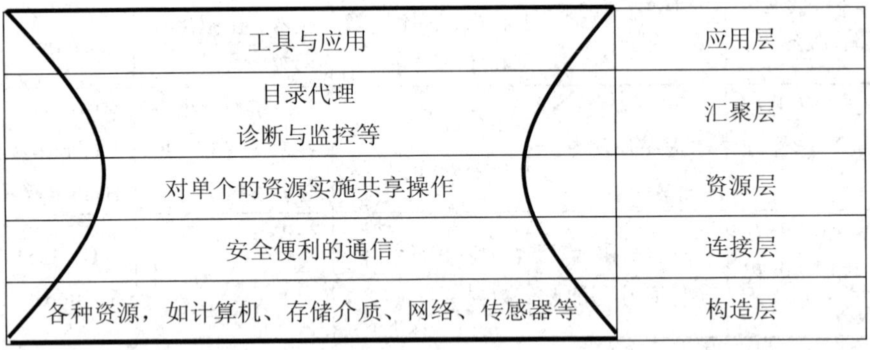

图 9-9　五层沙漏结构

开放网格服务结构是全球网格论坛(Global Grid Forum)的重要标准建议，是继五层沙漏结构之后最重要的一种网格体系结构。它是由 Ian Foster 等人结合 Web Services 等技术，在 IBM 合作下提出的新的网格结构。

最初的 OGSA 结构的技术体系采用开放网格服务基础设施(Open Grid Services Infrastructure，OGSI)，后来 Ian Foster 等人提出了 WS-Resource(Web 服务-资源)的概念和方法，解决了使用 Web 服务一致地和可互操作地访问分布式状态化资源的问题，进一步推动了网格服务和 Web 服务的融合，OGSA 也过渡到以 WSRF 规范为技术体系的阶段。

网格计算与云计算的比较如表 9-3 所示。

表 9-3　网格计算与云计算的比较

网格计算	云计算
异构资源	同构资源
不同机构	单一机构
虚拟组织	虚拟机
科学计算为主	数据处理为主
高性能计算机	服务器/PC
松耦合问题	紧耦合问题
免费(政府支付)	按量计费
标准化	尚无标准
科学界	商业社会

网格计算强调资源共享，任何人都可以作为请求者使用其他节点的资源，都需要贡献一定资源给其他节点。网格计算强调将工作量转移到远程的可用计算资源上。云计算强调专有，任何人都可以获取自己的专有资源，这些资源是由少数团体提供的，用户不需要贡献自己的资源。在云计算中，计算资源被转换形式去适应工作负载，它既支持网格类型应用，又支持非网格环境，如运行传统或 Web2.0 应用的三层网络架构。网格计算侧重并行的计算集中性需求，且难以自动扩展。云计算侧重事务性应用大量的单独的请求，可以实现自动或半自动的扩展。

网格的构建大多为完成某一个特定的任务需要或支持挑战性的应用。这也是生物网格、地理网格、国家教育网格等各种不同的网格项目出现的原因。云计算一般来说都是为了通用应用而设计的。云计算一开始就支持广泛企业计算和 Web 应用，普适性更强。网格计算的主要思路是聚合分布的松散耦合资源，而云计算的 IT 资源相对集中，以 Internet 的形式提供底层资源的获得和使用。

9.4.2　云计算与 P2P 计算的关系

Intel 公司 P2P(Peer to Peer，对等计算)工作组提出了 P2P 计算的定义：系统之间通过直接交换来共享计算机资源和服务。

P2P 就是人可以直接连接到其他用户的计算机来交换资源，不用像过去那样连接到服务器去浏览与下载资源。P2P 另一个重要特点是改变了互联网现在的以大网站为中心的状态，重返非中心化，并把权力交还用户。每个计算机作为节点充当客户端、服务器的角色，网络上的所有节点都可以通过直接互联共享信息资源、处理器资源、存储资源甚至高速缓存资源等。

P2P 是一种分散的、非集中和自组织的分布式系统，利用分布式资源进行关键性的应用。网络上现有的许多服务可以归入 P2P 的行列，如搜索外太空智能生命的服务 SETI@home，如图 9-10 所示；如 ICQ、AOL Instant Messenger、Yahoo Pager、MSN Messenger 以及 QQ 这样的即时通信系统都是最流行的 P2P 应用。P2P 已经由最初的文件共享转向更深入的应用，如大规模的分布式存储等。

温馨提示：

40 年来，天文学家一直在搜索天空中的生命迹象，这一努力的过程被称为“搜寻外星智慧(Search for Extra-Terrestrial Intelligence，SETI)”计划，在这 40 年里，“哇！”信号是所接收到的数据中唯一从噪音中凸显出来的信号。1977 年 8 月 15 日，俄亥俄州立大学“巨耳”射电天文台发现了这个来自人马座方向、长达 72 s 的无线电传输信号。当其达到峰值时，该信号比深空的环境辐射要强 30 倍。这促使志愿者、天文学家杰里·埃曼在计算机打印出的数据旁潦草地写下了“哇！”，从而给这个信号命了名。2012 年 8 月 15 日，在发现“哇！”信号整整 35 年后，人类将向出现这一令人迷惑的信号的方向发射信息。任何人都可以通过推特将自己的意见(140 个字内)添加到给“外星人”的答复中。

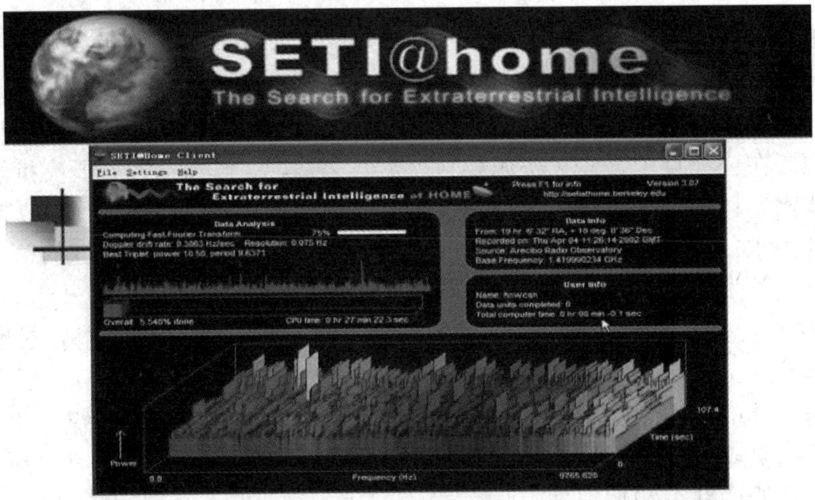

图 9-10　搜索外太空智能生命的服务 SETI@home

P2P 计算的优势：

(1) P2P 集合大量计算机的能力，达到空前的计算能力。如图 9-11 所示，截至 2002 年 7 月，SETI@home 项目已有 380 多万台计算机参加，投入百万年 CPU 时间，平均每台返回 142.81 个结果，已有 547 488 318 个结果。

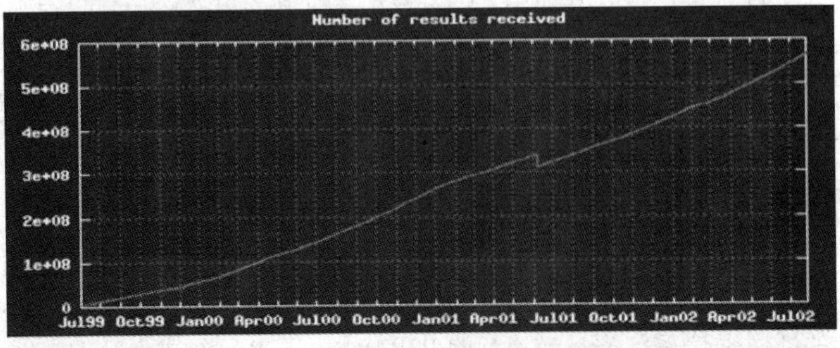

图 9-11　SETI@home 聚合的计算能力

(2) P2P 使用空闲计算时间，成本很低。

P2P 计算的劣势：

(1) 用户的注意力有限，不可能有大量的类似活动。

(2) 由于单元之间是独立的，P2P 对应用存在局限性。

(3) P2P 的计算能力不稳定，需要不断推动用户参与。如图 9-12 所示，SETI@home 项目的计算能力不稳定，通常在暑假期间每日返回的结果数多，这是因为对该项目感兴趣的人多半是中学生和大学生。

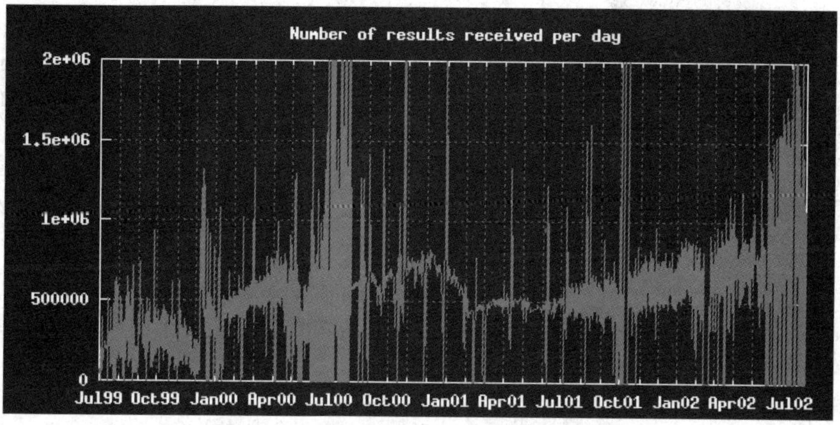

图 9-12　SETI@home 不稳定的计算能力

下面将 P2P 计算与云计算(以 MapReduce 为例)进行比较。

1) 相同点

二者都是将问题分为独立的块，然后进行并行计算。

2) 不同点

(1) P2P 计算是 CPU 高度密集型的。相对于计算时间而言，其传输时间几乎为零。因此，P2P 计算贡献的是 CPU 周期，而不是带宽。MapReduce 是 CPU 和带宽高度密集型的。MapReduce 被用来运行那些需要数分钟或数小时才能完成的作业，这些作业在一个聚集很高带宽的数据中心运行。

(2) P2P 计算是在接入互联网的不可信的计算机上运行，这些计算机的网速不高，数据也不在本地。MapReduce 是在高带宽的高性能数据中心的可信任专用硬件设备上运行。

(3) P2P 计算可以运行在世界各地数万至数百万台计算机上，规模庞大。MapReduce 目前尚不能跨多个数据中心工作，目前它运行在最多 4000 台机器的集群上，规模不算庞大。

9.4.3　云计算与集群计算的关系

集群(Cluster)由彼此连接且相似的基本系统单元(计算\主存\通信\存储)组成的，通常都位于一个单一的管理域内且在很多情况下被看作一个单一的系统。

计算机节点可以是物理上集中在一起的，也可以是物理上分散而通过局域网(Local Area Network，LAN)连接在一起的。在 LAN 基础上，一个连接在一起的计算机集群对于用户和应用程序来说像一个单一的系统，这样的系统可以提供一种价格合理且运行快速、可靠的解决方案。

集群计算主要有以下几个特点：

(1) 集群技术支持混合平台工作模式，体系结构上可以同时支持 RISC(Reduced Instruction Set Computer，精简指令集计算机)和 IA(Intel Architecture)节点，操作系统上可以同时支持 Windows Server、Linux 和 UNIX 等操作系统。

(2) 集群技术具有统一的系统监控和管理功能，可以简单直观地监控到整个集群的软硬件运行状态，同时可以通过集群的主机入侵检测系统保障系统的安全性。

(3) 集群技术的架构具有优异的动态扩展性，可以根据用户应用的需要，随时增加新的节点，而不必改动整个集群系统。

(4) 集群服务器节点可以根据不同的需要，灵活地进行调整和配置，承担不同的应用服务、计算任务或通过软件管理协同处理某一特定任务。

云计算与集群计算的区别和联系如下：

1) 云计算与集群计算的区别

集群计算局限于某个领域，是为了解决计算能力不足的问题而创建的，因此通常局限于 LAN 范围内，不适用于不同领域参与者之间的资源共享。云计算能够提供更为广泛可用的、域内/域间的、通信以及资源的共享。

集群中的节点是集中控制的，且集群管理器(Middleware)知道每个节点的状态。云计算是分布式控制的。

2) 云计算与集群计算的联系

(1) 集群计算是云计算的一个不可缺少的子集。集群计算可以构成私有云，它是规模更大的云计算的基础。

(2) 集群计算能够减少更高一级的云计算需要解决的问题的数目。

(3) 集群计算使用资源和软件来实现组合单元的外部特性，这些特性会影响集群计算的使用，甚至它需要在更大的云计算中集成。

9.4.4 云计算与物联网的关系

云计算和物联网之间存在紧密的关系。为此说明如下：

(1) 物联网和云计算是国家非常重视的战略性新兴产业，是国家重点推动跨越发展的新一代信息技术产业。物联网产业有很大的市场容量，有巨大的发展潜力，是重大的应用领域。

(2) 物联网的形成和发展会导致分布在各处的大量的数据需要协调和处理，云计算对物联网数据处理起到重要的支持作用。没有云计算，物联网就会成为“物离网”，产生一个一个的“信息孤岛”，没有云计算平台支持的物联网价值不大。小范围的传感器数据处理和整合的技术早已产生(如工控领域等)但这并不是真正的物联网。

(3) 对于云计算来说，物联网是一个应用，是一个国家重点推动的巨大的应用领域。但从业务层次来看，物联网与其他应用对于云计算来说没有本质的区别。云计算不关心具体的应用。

物联网产业的蓬勃发展离不开云计算的支撑，物联网项目在启动时一定要考虑到后面的支撑平台。

云计算正是为了解决平台问题而出现的一种全新的、完整的体系架构。有了云计算，也就有了平台，有了平台，物联网就有了稳定的根基。甚至可以说，物联网虽不因云计算而产生，却因云计算而存在，它只是云计算的一种应用。源于物联网中的“物”，在云计算模式中，物联网只不过是附加上传感器的云终端，与上网本、手机并没有什么本质上的区别。这可能就是为什么物联网只有在云计算日渐成熟的今天才能重新焕发活力的主要原因。

课后习题九

一、选择题(多选)

(1) 之所以称“云计算”为“云”，是因为(　　)。

A．它在某些方面具有现实中云的特征

B．云计算的鼻祖之一——亚马逊公司的弹性计算云 EC2 产品

C．互联网常以一个云状图案来表示

D．以上都不是

(2) 云计算未来发展所面临的挑战主要包括(　　)。

A．数据安全问题　　B．网络性能问题　　C．协议与标准问题

D．可扩展技术问题　　E．推广问题

(3) 下列云计算技术属于 IaaS 层面的是(　　)。

A．Amazon EC2　　B．Eucalyptus

C．Google App Engine　　D．Windows Azure

(4) 下列云计算技术属于 PaaS 层面的是(　　)。

A．Hadoop　　B．Eucalyptus

C．Google App Engine　　D．Windows Azure

(5) 下列云计算技术属于 SaaS 层面的是(　　)。

A．Hadoop　　B．Salesforce CRM

C．Google Apps　　D．Windows Azure

二、填空题

(1) 由于互联网常以一个(　　)状图案来表示，因此提供资源的网络被称为“云”。

(2) 根据网格之父 Ian Foster 的定义，服务是(　　)。

(3) 应用开发方法的演变主要经历了几个不同的阶段，从中可看出其具有(　　)的趋势。

(4) 云计算的 SPI 服务模型包括(　　)、(　　)和(　　)三个层次。

三、简答题

(1) 什么是云计算？它有哪些特征？

(2) 云计算的特征之一是“价格低廉”，请说明为什么它具有该特征？

(3) 云计算的部署方式除了公有云、私有云和混合云外，有的业内人士还提到了社区

云、行业云的概念。请查找资料，说明其特征。

(4) 列表比较“云”的三种部署模式。

(5) 服务概念的特征有哪些？

(6) 在面向服务的架构中，服务注册和调用的过程包括哪些步骤？

(7) 列表比较 SaaS、PaaS 和 IaaS 三者的关系。

(8) 列表比较网格计算和云计算。

(9) 说明 P2P 计算与 MapReduce 编程模型的云计算的异同。

(10) 说明云计算与物联网的关系。

(11) 举出你了解的云计算的实例，并加以说明(100 字左右)。

第 10 章　虚拟现实(VR)技术及应用

虚拟现实(VR)技术的理论和实践已有几十年的历史，但近年来，随着计算机技术和传感技术的发展，VR 技术正在成为一个热门话题。同时，增强现实(AR)和混合现实(MR)技术也相继出现，并迅速向各个领域扩展。本质上，VR、AR 和 MR 都以虚拟现实为特点，但三者之间又有区别，AR 是虚拟现实的进一步发展，而 MR 则是虚拟现实和增强现实技术的融合。

【主要内容】

(1) VR 的概念及特征；

(2) VR 的主要技术；

(3) 沉浸感和交互作用原理；

(4) VR 设备及技术应用；

(5) AR 技术；

(6) MR 技术。

10.1　VR 的概念及主要技术

10.1.1　VR 的概念、特征及组成

1. VR 概念

虚拟现实(Virtual Reality，VR)技术是仿真技术的一个重要方向，是仿真技术与计算机图形学人机接口技术、多媒体技术、传感技术、网络技术等多种技术的集合。它是综合利用计算机图形系统和各种显示及控制等接口设备，在计算机上生成的、可交互的三维环境中提供沉浸感觉的技术。VR 虚拟现实的关键技术主要包括模拟环境三维图形处理技术、位置追踪技术、触觉或力觉反馈、智能传感设备等。理想的 VR 体验是在基于计算机生成逼真的三维立体虚拟环境中，一种高端人机接口借助 VR 输入/输出设备体会到人体正常能感应到的视觉、听觉、触觉、力觉、运动等所有感知以及嗅觉和味觉等多种感觉通道的实时模拟和实时交互，并利用位置追踪技术，对头部转动、眼睛、手势等其他行为动作进行采集，由计算机处理体验者动作的相应数据，并做出实时响应和反馈。

2. VR 的特征

VR 具有以下四个特征：

(1) 多感知性。VR 的多感知性是指 VR 除了具有一般计算机所具有的视觉感知外，还具有听觉感知、触觉感知和运动感知，甚至还具有味觉、嗅觉等感知。理想的虚拟现实应

该具有人所具有的一切感知功能。

(2) 存在感。VR 的存在感是指用户感到作为主角存在于模拟环境中的真实程度。理想的模拟环境应该达到使用户难辨真假的程度。

(3) 交互性。VR 的交互性是指用户对模拟环境内物体的可操作程度和从环境得到反馈的自然程度。

(4) 自主性。VR 的自主性是指虚拟环境中的物体依据现实世界物理运动定律动作的程度。

3. VR 的组成

一个典型的虚拟现实系统主要由头盔显示设备、多传感器组和力反馈装置组成。在虚拟现实系统的输入部分，基于自然交互的设备主要有力反馈设备、数据手套和三维鼠标。

头盔显示设备是虚拟现实应用中的 3D VR 图形显示与观察设备，如图 10-1 所示。其可单独与主机相连以接收来自主机的 3D VR 图形信号。它主要由显示元件和光学系统组成。

力反馈是运用先进的技术手段将虚拟物体的空间无能运动转变成物理设备的机械运动的过程，如图 10-2 所示。它能使用户体验到真实的力度感和方向感，从而提供一个崭新的人机交互界面。此项技术在世界上最早应用在尖端医学领域以及军事作战和演习领域。

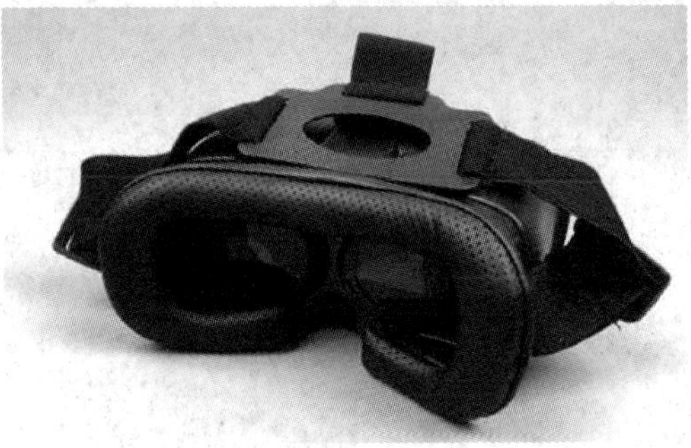

图 10-1　头盔显示设备

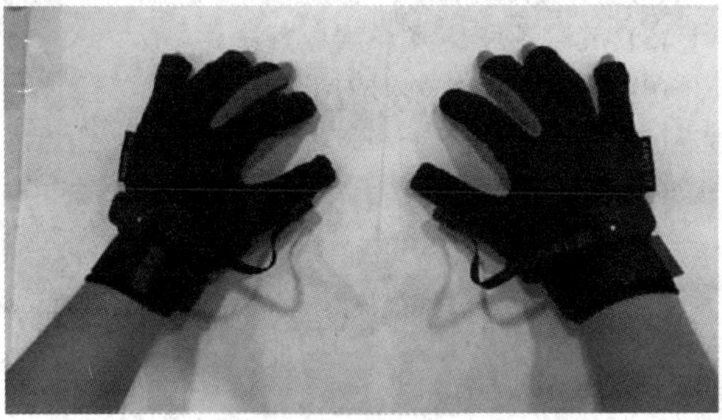

图 10-2　力反馈器

10.1.2　VR 的主要技术

VR 涉及诸多技术，包括实时三维计算机图形技术，广角(宽视野)立体显示技术，对观察者头、眼和手的跟踪技术，网络传输技术，立体声技术，VR 感觉反馈技术，语音输入/输出技术等。

VR 涉及的主要技术介绍如下：

1. 实时三维计算机图形技术

利用计算机模型产生图形、图像并不困难，如果有足够准确的模型，又有充足的时间，就可以生成不同光照条件下各种物体的精确图像。但是，实时性对 VR 而言十分关键。例如，在飞行模拟系统中，图像的刷新相当重要，同时它对图像质量的要求也很高。在非常复杂的虚拟环境中，实现对图像的实时刷新就变得相当困难。实时性的实现不仅有赖于图形图像生成算法，还需要具有足够处理能力的计算机的支持。

在基于几何图形的实时绘制技术的实现过程中，用来降低场景的复杂度，提高三维场景的动态显示速度的方法有：预测计算法、脱机计算法、3D 剪切法、可见消隐法和细节层次模型法。其中细节层次模型法的应用较为广泛。

2. 广角(宽视野)立体显示技术

人在看周围的环境时，由于两只眼睛的位置不同，得到的图像也会略有不同。这些图像在大脑里合成起来，形成了一个关于周围环境的整体景象，这个景象包括了距离远近的信息。此外，距离信息也可以通过其他方法获得，例如眼睛焦距的远近、物体大小的比较等。

在 VR 系统中，双目立体视觉起到了很大的作用。用户的两只眼睛看到的不同图像是分别产生的，并显示在不同的显示器上。部分系统采用单个显示器，用户带上特殊的眼镜后，一只眼睛只能看到奇数帧图像，另一只眼睛只能看到偶数帧图像，奇、偶帧的不同图像使视觉产生了立体感。

3. 观察者头、眼和手的跟踪技术

在人造环境中，每个物体相对于系统的坐标系都有一个位置与形态，用户也是如此。用户看到的景象是由用户的位置和头、眼的方向确定。空间位置跟踪技术有多种，常见的跟踪系统有机械跟踪器、电磁跟踪器、超声波跟踪器、惯性跟踪器和光学跟踪器。

另外，在传统的计算机图形技术中，视场的改变是通过鼠标或键盘来实现。用户的视觉系统和运动感知系统是分离的。利用头部跟踪来改变图像的视角，用户的视觉系统和运动感知系统就可以联系起来，使感觉更逼真。这种方法的另一个优点是用户不仅可以通过双目立体视觉去认识环境，还可以通过头部的运动去观察环境。

4. 网络传输技术

在用户与计算机的交互中，键盘和鼠标是目前最常用的工具，但对于三维空间而言，这些工具都不太适合。因为在三维空间中有六个自由度，用比较直观的办法把鼠标的平面运动映射成三维空间的任意运动比较困难。不过，现在已经有一些设备可以提供六个自由度，如 3Space 数字化仪和 SpaceBall 空间球等。此外，还有一些性能比较优异的设备能提供六个自由度，如数据手套和数据衣等。

5. 立体声技术

人能够很好地判别声源的方向。在水平方向上，由于声音到达两只耳朵的时间或距离有所不同，人们靠声音的相位差及强度的差别来确定声音的方向。常见的立体声效果就是靠在不同位置录制左右耳听到的声音来实现的，因此立体声会有一种方向感。现实生活里，当头部转动时听到的声音的方向就会改变。但在目前的 VR 系统中，声音的方向与用户头部的运动无关。

6. VR 感觉反馈技术

例如，在一个 VR 系统中，用户可以看到一个虚拟的杯子，用户可以设法去抓住它，但手没有真正接触杯子的感觉，且有可能穿过虚拟杯子的“表面”，这在现实生活中是不可能发生的。解决这一问题的常用方法是在手套内层安装一些可以振动的触点来模拟触觉。

在真实感实时绘制技术中，为了提高显示的逼真度，加强真实性，常利用的方法有纹理映射、反走样映射和环境映射。

7. 语音输入/输出技术

在 VR 系统中，语音的输入/输出也很重要。这就要求虚拟环境能听懂人的语言并能与

人实时交互。让计算机识别人的语音是相当困难的，因为语音信号和自然语言信号有“多边性”和复杂性。例如，在连续语音中，词与词之间没有明显的停顿，同一词、同一字的发音受前后词、字的影响，不仅不同人说同一词的发音会有所不同，就是同一人发音还会因心理、生理和环境的影响而有所不同。

目前，使用人的自然语言作为计算机输入存在两个问题：一是效率问题，为便于计算机理解，输入的语音可能会相当繁琐；二是正确性问题，计算机要能够准确理解语音。

10.1.3　沉浸感和交互作用原理

根据虚拟现实对“沉浸性”程度和交互程度的不同，可把虚拟现实系统划分为四种典型类型，即沉浸式、桌面式、增强式和分布式。

VR 用沉浸感带给人们身临其境的感受。在 VR 眼镜和头盔出现前，VR 装备基本是平面显示器。有时，VR 装备将产生的画面投影到一个弧形甚至是球形屏幕上，或在这些屏幕上叠加左右眼分别的图像，从而产生更加立体的视觉效果。这类装置往往很大，也很昂贵。近几年发展起来的虚拟现实头戴式显示器则同时具备了沉浸感强和价格便宜的优点。

1. 沉浸感及其产生的原理

沉浸感是人对计算机系统创造和显示出来的虚拟环境的感觉和认识，是虚拟现实技术的核心概念之一。它是指一种主观感知，即人对计算机系统创造和显示出来的虚拟环境(Virtual Environment，VE)的感觉和认识。当参与者置身于虚拟环境中时，其感觉系统以一种与在真实环境中相同的方式处理来自虚拟世界的视觉和其他感知数据。例如，用户能在玩游戏时被创造出的虚拟环境所吸引而产生身临其境的感觉。

目前，VR 眼镜主要通过以下五个方面来获得沉浸感：

(1) 通过经过放大的显示屏技术来获得沉浸感。该技术能够在用户眼前显示出一个放大的局部虚拟时间景象。目前，显示视场角为 90°～110°，在这个显示范围内，该技术主要通过三维引擎技术产生实时的立体图像。

(2) 通过与头部位置传感采集的数据相配合，让三维引擎响应头部转动方向和当前头部位置变化，并以很高的频率实时改变显示的三维头像，使用户头部转动的角度刚好和三维引擎模拟的三维画面视觉一致，让用户觉得仿佛是通过一个大窗口在观察一个虚拟的三维世界。

(3) 通过凸透镜来放大人眼看到的即时图像范围。现在的 VR 眼镜大概会产生 90°～120°的图像视野，这样的视野大概和一个良好的三通道环幕投影系统产生的效果差不多，但 VR 眼镜要更加贴近人眼，人眼被干扰的可能性大大降低。

(4) 当人转动头部时，头部的陀螺仪能够及时通知图像生成引擎，使之及时更新画面，从而使人感觉在看一个环绕的虚拟空间，进而产生 360°的空间感。

(5) 左右眼每一时刻看到的图像是不一样的，通过两幅区别左右眼位置的不同图像，可以产生很强烈的立体纵深感。

2. 交互作用

另外，用户通过动作、手势、语言等人类自然的方式能够与虚拟世界进行有效的沟通。通常来讲，如果用户在面对虚拟世界时，做出了肢体动作，就可以认为该虚拟世界对用户发生了反馈。那么，用户的动作和虚拟世界对用户的反馈组合在一起，就形成一次交互作用。

10.2　VR 设备及其平台简单介绍

VR 开发环境包括 VR 设备、VR 引擎、VR 开发语言和 VR 平台四个部分。本节主要向读者简单介绍 VR 设备及其平台。有兴趣的读者可以自行进行更多深入的学习。

10.2.1　VR 设备

虚拟现实硬件指的是与虚拟现实技术领域相关的硬件产品，是虚拟现实解决方案中用到的硬件设备。现阶段 VR 硬件设备大致可分为四类，包括显示和观察设备(如 3D 展示系统、大型投影系统 CAVE、头戴式立体显示器等)、交互设备(包括位置追踪仪、数据手套、3D 输入设备、动作捕捉设备、眼动仪、力反馈设备以及其他交互设备)、声音设备(如三维立体声系统以及非传统意义的立体声系统)和三维数据获取设备(如 3D 扫描仪等)。从通俗意义上来讲，VR 设备主要包括 VR 显示器、Touch 控制器、遥控器、红外传感器、VR 头盔(眼镜)等。

下面对各类 VR 硬件设备进行具体介绍。

1. 显示和观察设备

1) 虚拟现实头显

虚拟现实头显(头戴式显示器)是利用人的左右眼获取信息的差异，引导用户产生一种身在虚拟环境中的感觉的一种头戴式立体显示器。其显示原理是左右眼屏幕分别显示左右眼的图像，人眼获取这种带有差异的信息后在脑海中产生立体感，如图 10-3、图 10-4 所示。

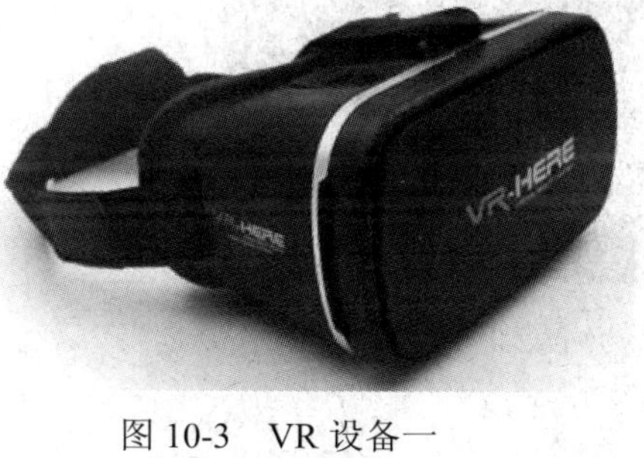

图 10-3　VR 设备一

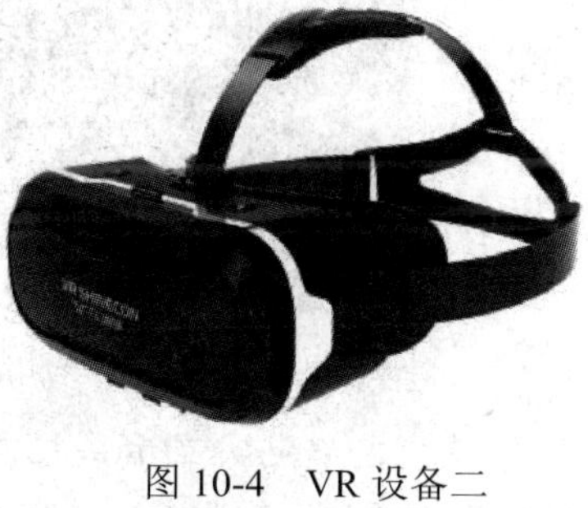

图 10-4　VR 设备二

2) 双目全方位显示器

双目全方位显示器是一种偶联头部的立体显示设备，是一种特殊的头部显示设备，如图 10-5 所示。

3) CRT 终端-液晶光闸眼镜

CRT 终端-液晶光闸眼镜立体视觉系统如图 10-6 所示，其工作原理是：计算机分别产生左右眼的两幅图像，经过合成处理之后，采用分时交替的方式显示在 CRT 终端上。用户则佩戴一副与计算机相连的液晶光闸眼镜，眼镜片在驱动信号的作用下，将以与图像显示同步的速率交替工作，即当计算机显示左眼图像时，右眼透镜将被屏蔽，显示右眼图像时，左眼透镜被屏蔽。根据双目视差与深度距离正比的关系，人的视觉生理系统可以自动将这两幅视差图像合成一个立体图像。

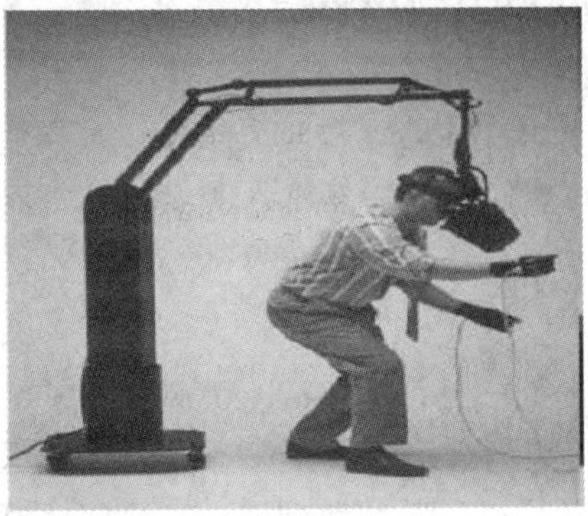

图 10-5　双目全方位显示器

图 10-6　CRT 终端-液晶光闸眼镜

4) 大屏幕投影-液晶光闸眼镜

大屏幕投影-液晶光闸眼镜立体视觉系统如图 10-7 所示。其原理和 CRT 显示相同，只是将分时图像 CRT 显示改为大屏幕显示。用于投影的 CRT 或数字投影机要求极高的亮度和分辨率，它适合在较大的空间内产生投影图像的应用需求。

图 10-7　大屏幕投影-液晶光闸眼镜

5) CAVE 洞穴式虚拟现实显示系统

洞穴式 VR 系统就是一种基于投影的环绕屏幕的洞穴自动化虚拟环境(Cave Automatic Virtual Environment，CAVE)，如图 10-8 所示。人置身于由计算机生成的世界中，并能在其中来回走动，从不同的角度观察它、触摸它，进而改变它的形状。CAVE 投影系统是由三个面以上(含三面)硬质背投影墙组成的高度沉浸的虚拟演示环境。配合三维跟踪器，用户可以在被投影墙包围的系统近距离接触虚拟三维物体或随意漫游“真实”的虚拟环境。CAVE 系统一般应用于高标准的虚拟现实系统。该系统可提供一个房间大小的最小 3 面或最大 70 面(2004 年)立方体投影显示空间供多人参与。所有参与者均完全沉浸在一个被立体投影画面包围的高级虚拟仿真环境中，借助相应虚拟现实交互设备(如数据手套、位置跟踪器等)，从而获得一种身临其境的高分辨率三维立体视听影像和六自由度交互感受。(六自由度是指宽度、高度、深度、俯仰角、转动角和偏转角，可以扭转、挤压、拉伸以及来回摇摆，用来控制虚拟场景做自由漫游，或控制场景中某个物体的空间位置及其方向。)由于投影面积能够覆盖用户的所有视野，所以 CAVE 系统能提供给使用者一种前所未有的带有震撼性的沉浸感受。

6) 智能眼镜

智能眼镜如图 10-9 所示。它是可以直接解放大家的双手，让大家不需要一直拿着设备，也不需要连续单击屏幕输入。智能眼镜配合自然交互界面，相当于现在手持终端的图像接口，不需要单击，只需要使用人的本能行为，如摇头晃脑、讲话、转眼等，就可以和智能眼镜进行交互。

图 10-8　CAVE

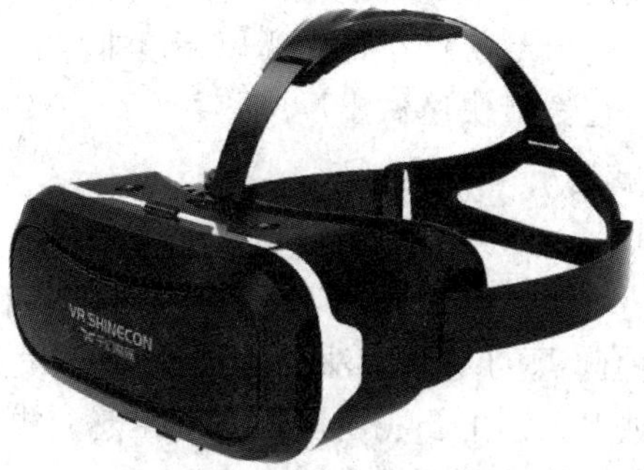

图 10-9　智能眼镜

2. 交互设备

1) 数据手套

数据手套如图 10-10 所示。它是虚拟仿真中最常用的交互工具。数据手套设有弯曲传感器，弯曲传感器由柔性电路板、力敏元件、弹性封装材料组成，通过导线连接至信号处理电路。在柔性电路板上设有至少两根导线，用力敏材料包覆于柔性电路板外部，再在力敏材料上包覆一层弹性封装材料，柔性电路板留一端在外，用导线与外电路连接。数据手套把人手姿态准确实时地传递给虚拟环境，同时能够把与虚拟物体的接触信息反馈给操作者，使操作者以更加直接、更加自然、更加有效的方式与虚拟世界进行交互，大大增强了互动性和沉浸感。此外，数据手套为操作者提供了一种通用、直接的人机交互方式，特别适用于需要多自由度手模型对虚拟物体进行复杂操作的虚拟现实系统。

2) 力矩球

力矩球如图 10-11 所示。它是一种可提供六自由度的外部输入设备，安装在一个小型的固定平台上。力矩球通常使用发光二极管来测量力。它通过装在球中心的几个张力器测量出手所施加的力，闭关将其测量值转化为三个平移运动和三个旋转运动的值送入计算机中，计算机根据这些值来改变其输出显示。力矩球在选取对象时不是很直观，一般与数据手套和立体眼镜配合使用。

图 10-10　数据手套

图 10-11　力矩球

3) 操纵杆

操纵杆如图 10-12 所示。它是一种可以提供六自由度及手指按钮的外部输入设备，适合虚拟飞行等操作。由于操纵杆采用全数字化设计，所以精度非常高。无论操作速度多快，它都能快速做出反应。

图 10-12　操纵杆

4) 触觉反馈装置

如果在 VR 系统中没有触觉反馈，当用户接触到虚拟世界的某一物体时，易使手穿过物体，从而失去真实感。解决这种问题的有效方法是在用户交互设备中增加触觉反馈。触觉反馈主要利用视觉、气压感、振动触感、电子触感和神经肌肉模拟等方法来实现。例如，皮肤反馈可变点脉冲的电子触感反馈和直接刺激皮层的神经肌肉模拟反馈都不太安全，相对而言，气压式和振动触感是较为安全的触觉反馈方法。

例如，振动反馈是用声音线圈作为振动换能装置以产生振动的方法。简单的换能装置就如同一个未安装喇叭的声音线圈，复杂的换能器是利用状态记忆合金支撑的。当电流通过这些换能装置时，它们都会发生形变和弯曲。根据需要把换能器做成各种形状，把它们安装在皮肤表面的各个位置，这样就能产生对虚拟物体的光滑度、粗糙度的感知。

5) 力觉反馈装置

力觉和触觉实际上是两种不同的感知，触觉包括的感知内容更加丰富，如接触感、质感、纹理感以及温度感等。力觉感知设备要求能反馈力的大小和方向。与触觉反馈装置相比，力反馈装置相对成熟一些。目前已有的力反馈装置包括力量反馈臂、力量反馈操纵杆、笔式六自由度游戏棒等。力量反馈操纵杆如图 10-13 所示。其原理是由计算机通过反馈系统对用户的手、腕、臂等的运动产生阻力，从而使用户感受到作用力的方向和大小。

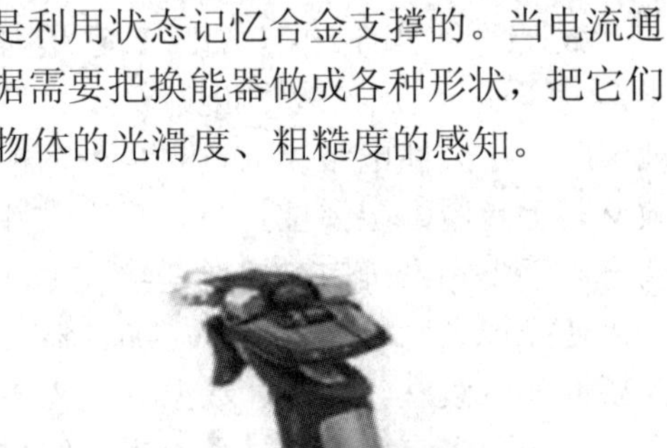

图 10-13　力量反馈操纵杆

6) 运动捕捉系统

在 VR 系统中，为了实现人与 VR 系统的交互，必须确定参与者的头部、手、身体等位置的方向，准确地跟踪测量参与者的动作，将这些动作实时监测出来，以便将这些数据反馈给显示和控制系统。

到目前为止，常用的运动捕捉技术从原理上可分为机械式、声学式、电磁式和光学式。同时，不依赖传感器而直接识别人体特征的运动捕捉技术也将很快进入实用。

从技术角度来看，运动捕捉就是测量、跟踪、记录物体在三维空间中的运动轨迹。

7) 机械式运动捕捉

机械式运动捕捉依靠机械装置来跟踪和测量运动轨迹。典型的系统由多个关节和刚性连杆组成，在可转动的关节中装有角度传感器，可以测得关节转动角度的变化情况。装置运动是根据角度传感器所测得的角度变化和连杆的高度，可以得出杆件末端点在空间中的位置和运动轨迹。实际上，装置上任何一点的轨迹都可以被求出，刚性连杆也可以换成长度可变的伸缩杆。

机械式运动捕捉的一种应用形式是将欲捕捉的运动物体与机械结构相连，物体运动带动机械装置运动，从而运动被传感器记录下来。这种方法的优点是成本低，精度高，可以做到实时测量，还可以允许多个角色同时表演，但是使用起来非常不方便，机械结构对表演者的动作限制很大。

8) 声学运动捕捉

常用的声学捕捉设备由发送器、接收器和处理单元组成。发送器是一个固定的超声波发送器，接收器一般由呈三角形排列的三个超声波探头组成。通过测量声波从发送器到接收器的时间或相位差，系统可以确定接收器的位置和方向。

9) 电磁式运动捕捉

电磁式运动捕捉是比较常用的运动捕捉设备，一般由发射源、接收传感器和数据处理单元组成。发射源在空间按照一定时空规律分布电磁场。接收传感器安置在表演者沿着身体的相关位置，随着表演者在电磁场中运动，通过电缆或无线方式与数据处理单元相连。

10) 光学式运动捕捉

光学式运动捕捉通过对目标上特定光点的监视和跟踪来完成运动捕捉的任务。目前常见的光学式运动捕捉大多数基于计算机视觉原理。从理论上说，对于空间中的一个点，只要它能同时被两个相机锁定，则根据同一时刻两个相机所拍摄的图像和相机参数，可以确定这一时刻该点在空间中的位置。当相机以足够高的速率连续拍摄时，从图像序列中就可以得到该点的运动轨迹。

3. 声音设备

1) 三维立体声

与三维声音不同，立体声是由计算机生成的、能由人工设定声源在空间中的三维位置的一种合成声音。这种声音技术不仅考虑到人的头部、躯干对声音反射所产生的影响，还对人的头部进行实时跟踪，使虚拟声音能随着人的头部运动相应变化，从而能够得到逼真的三维听觉效果。

2) 语音识别

VR 的语音识别系统让计算机具备了人类的听觉功能，使人机以语言方式进行信息交换。VR 的语音识别必须根据人类的发生机理和听觉机制，给计算机配置“发声器官”和“听觉神经”。

VR 系统中的语音识别装置主要用于合并其他参与者的听觉和视觉。在大量数据输入时，语音识别系统可以进行处理和调节。

4. 三维数据获取设备

3D 扫描仪也称三维立体扫描仪，是集合光、机、电和计算机技术于一体的高新科技产品，主要用于获取物体外表面的三维坐标及物体的三维数字化模型。该设备不但可用于产品的逆向工程、快速原型制造、三维检测(机器视觉测量)等领域，而且随着三维扫描技术的不断深入发展，诸如三维影视动画、数字化展览馆、服装量身定制、计算机虚拟现实仿真与可视化等越来越多的行业也开始应用三维扫描仪这一便捷的手段来创建实物的数字化模型。

10.2.2　VR 开发语言及平台

1. 开发语言

目前，Unity/3Dmax 建模是设计者必须掌握的。如果没有 3D 引擎的支持，VR 则无法进行开发。VR 语言开发其实就是 3D 编程引擎的语言。上面提到的 3D 引擎和编程所需的 SDK 主要使用的语言是 C 或 C++。大多数 3D 引擎都是由 C 或 C++开发的。Oculus 提供的 SDK 也是由 C++开发的。在安卓设备上运行的是 GearVR，它需要使用 Android NDK 并进行开发。Unreal 引擎同样由 C++进行开发。MiddleVR 提供了基于 C++的 SDK。

此外，Unity 把 C#当作脚本语言来使用。在 VRPN 中可以使用.NET bindings for VRPN 作为开发语言。HoloLens 也是把 C#当作脚本语言来使用。Javascript 也是 Unity 的一种脚本语言。Javascript 在使用人数上占有优势，其原因是 Javascript 语言在 3D 处理上表现出的超强的适应能力。其中，Web VR 的非常成熟的 HTML5 3D 引擎(three.js 和 Babylon.js)就是基于 Javascript 语言进行开发的。

2. VR 平台

目前，Oculus 仅支持 Android(通过 Gear VR)和 Windows 平台，而 Middle VR 只能支持 Windows 平台。其他的几个引擎(如 VRPN、OSVR 等)都有多个应用平台支持，Unity3D 和 Unreal 也有多个应用平台支持。Playstation VR 是 PS 独有的引擎。HoloLens 是 Windows 独有的引擎。WebVR 对目前广大应用平台具有良好的适应能力。

VR 技术分为动画和开发两个大方向，目前大部分培训机构教授的都是 Unity3D 之类的课程。

3. Unity3D 的安装及启动

Unity 也叫 Unity3D，是丹麦 Unity 公司开发的一款跨平台游戏开发工具。作为一款跨平台的游戏开发工具，Unity3D 从一开始就被设计成易于使用的产品，用户可以通过软件轻松创建诸如三维视频游戏、建筑可视化、实时三维动画等类型的互动内容。它的功能简单明了，同时支持包括 iOS、Android、PC、Web、PS3 和 XBOX 等多个平台的快速发布。除了简单易用的优点，Unity 软件还包含了价值数百万美元的功能强大的游戏引擎。这款游戏引擎包括整合的编辑器、跨平台发布、地形编辑、着色器、脚本、网络物理和版本控制等特性，是一个全面整合的专业游戏引擎。

Unity 3D 的安装及启动方法如下：

(1) 双击运行“UnityDownloadAssistant-5.0.0b1.exe”开始安装，如图 10-14 所示。

(2) 待文件解压缩完毕后可以看到如图 10-15 所示的安装界面。本次安装的是 64 位的软件。

图 10-14　安装文件解压

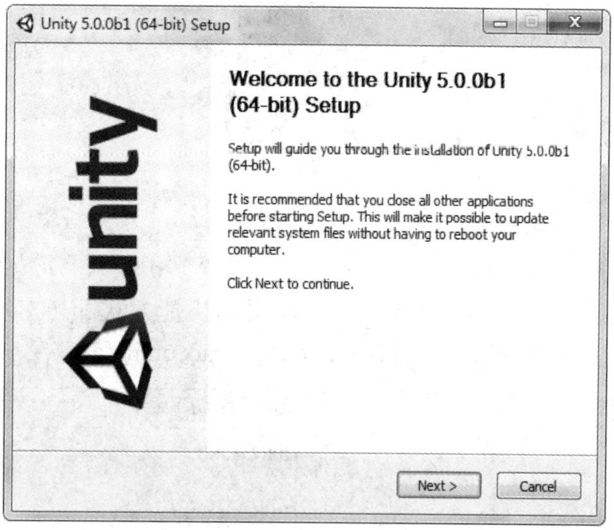

图 10-15　64 位安装启动界面

(3) 单击“Next”按钮，出现如图 10-16 所示的界面。之后单击“I Agree”按钮。

(4) 选择默认安装组件，如图 10-17 所示。

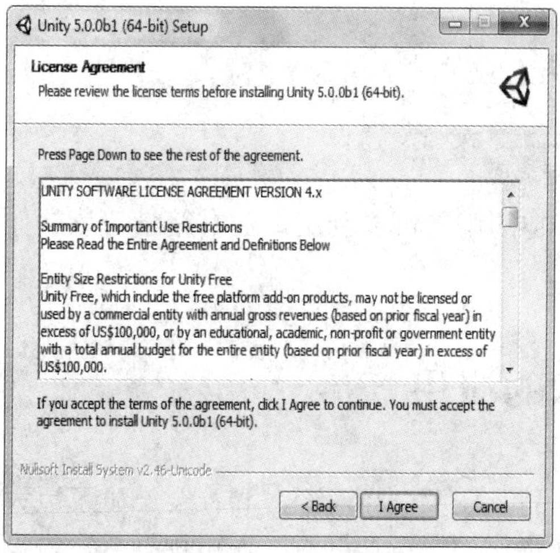

图 10-16　协议确认界面

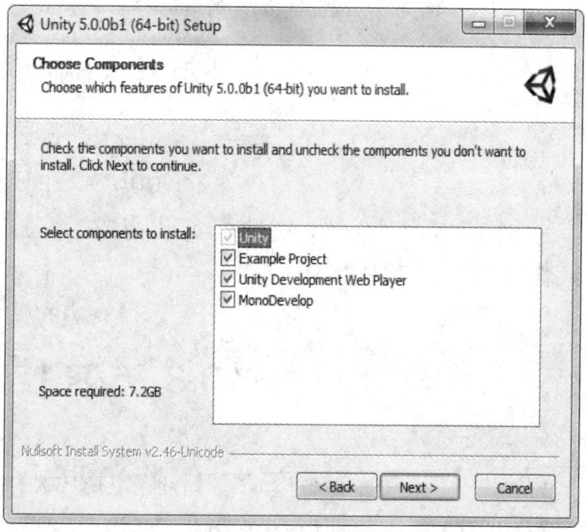

图 10-17　组件安装选择

(5) 之后选择安装组件和功能，注意选择本次学习所需要的相关组件和插件，默认为“C:\Program Files\Unity 5.0.0b1\”(在此建议大家将安装目录更改为 D 盘，因为 C 盘是系统盘，如果应用程序过大，将会影响操作系统的运行速度)。

(6) 如图 10-18 所示，显示安装已完成。

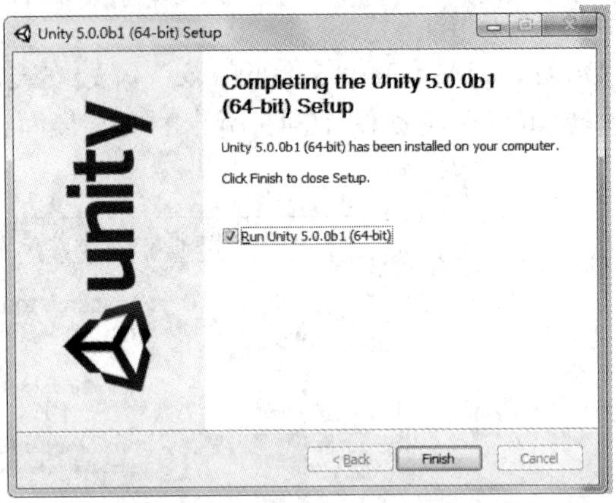

图 10-18　安装完成界面

(7) 运行 Unity 3D 5.0.0b1 桌面快捷方式即可启动软件。用户如果需要注册账号，可以在官方网站“https://id.unity.com/zh/account/edit”注册即可。注册激活界面如图 10-19 所示。

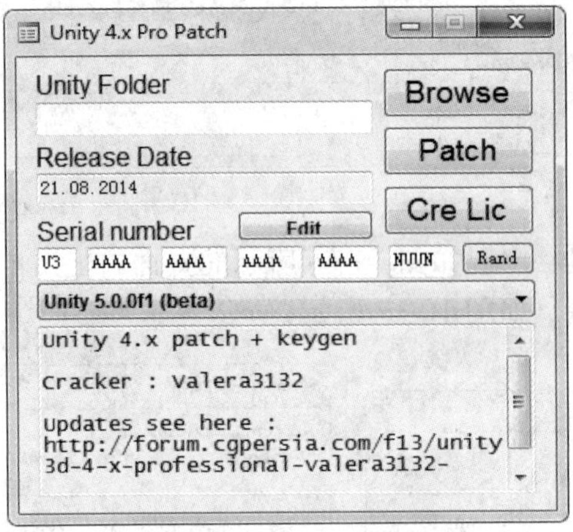

图 10-19　注册激活界面

至此，Unity 5.0.0b1 软件就安装完成了。有兴趣的读者可以利用专业书籍学习该软件的操作方法和开发环境。

10.3　VR 技术的应用

VR 的应用领域非常广泛。目前，虚拟现实产品及技术已经对经济和社会产生了巨大的影响和经济效益，被广泛应用于教育、医疗、文物保护、石油勘测、城市规划、室内设计、交通运输、视频、娱乐、影视制作、游戏、军事训练、工业、地理等诸多领域。随着社会的快速发展和科学技术的不断进步，虚拟现实产品和技术将被越来越多地应用于各个领域中。

VR 应用的主要技术包括立体显示技术、环境建模技术、真实感图形绘制技术、三维虚拟声音的实现技术、自然交互与传感技术和实时碰撞检测技术等。下面分别从 VR 游戏及影视、VR 展现、仿真设计和仿真训练四个方面了解 VR 的应用。

10.3.1　VR 游戏及影视

自电脑游戏产生以来就一直朝着虚拟现实的方向发展。从最初的文字 MUD 游戏，到二维游戏、三维游戏，再到网络三维游戏(如图 10-20 所示)，游戏在保持其实时性和交互性的同时，逼真度和沉浸感也在稳步提高和加强，随着三维技术的快速发展和软硬件技术的不断进步，真正意义上的虚拟现实游戏将为人类娱乐、教育和经济发展做出新的贡献。

图 10-20　VR 游戏界面

丰富的感知能力与 3D 显示环境使得 VR 成为理想的视频游戏工具。由于娱乐方面对 VR 的真实感要求的提高，近些年来 VR 在该方面发展最为迅猛。近几年，城市各大影院推出了 3D、4D 影视体验馆，虚拟现实技术在影视业广泛应用，以虚拟现实技术为主的身临其境体验馆得以建立。身临其境体验馆自建成以来，它在影视娱乐市场中的影响力非常大。此体验馆可以让观影者体验到置身于真实场景之中的感觉，从触觉、视觉等方面深入大脑皮层，让体验者沉浸在影片所创造的虚拟环境之中。

10.3.2　VR 展现

1. 情景展示

用户通过对 VR、AR 等技术的使用，可以让交互装置系统采用更为自然的人机交互手段控制作品的形式，塑造出更具沉浸感的艺术环境和在现实情况下不能实现的场景，并赋予创造过程新的含义。例如，具有 VR 性质的交互装置系统可以设置使参与者穿越多重感官的交互通道，可以借助软件和硬件的顺畅配合来促进参与者与作品之间的沟通与反馈，创造良好的参与性和可操控性。具有 VR 性质的交互装置系统也可以通过视频界面进行动作捕捉，存储参与者的行为片段，并以保持参与者的意识增强性为基础，同步放映重新处理过的影像。

VR 所具有的临场参与感与交互能力可以将平面的情景(如电视图像、模型图片等)转化为动态的情景，可以使参与者更好地欣赏平面艺术带来的立体效果，如图 10-21 所示。另外，VR 提高了艺术表现能力，如用户可以足不出户的情况下就能够进入虚拟音乐厅欣赏音乐。

图 10-21　情景展示

2. Web3D

Web3D 主要有四类运用方向，分别是商业、教育、娱乐和虚拟社区。企业和电子商务三维的表现形式能够全方位地展现一个物体，具有二维平面图像不可比拟的优势。对计算机远程教育系统而言，引入 Web3D 相关课程必将达到很好的在线教育效果。对娱乐游戏业而言，VR 永远是一个不衰的市场。现今，互联网不是单一静止的世界，动态 HTML、Flash 动画和流式音视频使整个互联网充满生机。动感页面比静态页面更能吸引更多的用户浏览。

虚拟社区使用 Web3D 实现网络上的 VR 展示。它只需构建一个三维场景，参与者以第一视角在其中穿行。场景和参与者之间能产生交互，高质量的生成画面使参与者能产生身临其境的感觉。虚拟展厅和房地产虚拟漫游展示等场景都是基于 VR 技术实现的。

10.3.3　仿真设计

1. 建筑设计

作为一种设计工具，VR 以视觉形式反映了设计者的思想。例如，装修房屋前，人们要对房屋的结构、外形等进行细致的构思。为了使之定量化，人们还需设计许多图纸。然而，VR 可以把这些构思变成看得见的虚拟物体和环境，使传统的设计模式提升到数字化的“即看即所得”的完美境界，大大提高设计和规划的质量与效率。运用 VR 技术，设计者可以完全按照自己的构思去构建虚拟的房间，也可以任意变换自己在房间中的位置，以便观察设计的效果。这样既节约了时间，又节省了做模型的成本。在家居 MR 试装体验中心，消费者可以轻松绘制户型图，借助 MR 设备身临其境地体验设计效果。如图 10-22 所示为一位女士正在通过 VR 设备体验新家设计后的效果。

图 10-22　家装设计体验

2. 房地产开发

随着房地产行业竞争的加剧，传统的展示手段(如平面图、表现图、沙盘、样板房等)已经远远无法满足消费者的需要。虚拟现实技术是集影视广告、动画、多媒体、网络科技于一身的最新型的房地产营销方式。它在国内的广州、上海、北京等大城市和加拿大、美国等经济和科技发达的国家都非常热门，它是当今房地产行业综合实力的象征。同时，人们对它在房地产开发中的其他重要环节(包括申报、审批、设计、宣传等方面)都有着非常迫切的需求。

房地产项目的表现形式可大致分为实景模式和水晶沙盘两种。其中，实景模式可对项目周边配套的红线以内建筑和总平面内部业态分布等进行详细剖析展示，由外而内表现项目的整体风格，同时可以通过鸟瞰、内部漫游、自动动画播放等形式对项目逐一展示，增强了讲解过程的完整性和趣味性。

3. 工业仿真

如今，工业已经发生了巨大的变化，大规模人海战术早已不再适合工业的发展，先进科学技术的应用显现出巨大的威力，特别是虚拟现实技术的应用正对工业进行着一场前所未有的革命。VR 已经被世界上一些大型企业广泛地应用到工业的各个环节。VR 对企业提高开发效率，加强数据采集、分析、处理能力，减少决策失误，降低企业风险起到了重要的作用。VR 技术的引入将使工业设计的手段和思想发生质的飞跃。

工业仿真系统不是简单的场景漫游，而是真正意义上用于指导生产的仿真系统。它结合用户业务层功能和数据库数据来组建完整的仿真系统，可组建 B/S、C/S 两种架构的应用，也可与企业 ERP、MIS 系统无缝对接，同时支持 SQL Server、Oracle、MySQL 等主流数据库。工业仿真涵盖的范围很广，从简单的单台工作站上的机械装配到多人在线协同演练系统都运用了工业仿真系统。

VR 虚拟现实“欺骗”的不只是你的眼睛，还有你的触觉。一款名为 HaptX glove VR 的智能手套，通过 300 多个微小空气气泡将气体传输到手的表面，通过充气和放气的效果，使用者就能感受到石头的重量、手拂过草地的感觉，甚至能感受到植物茎脉的波纹。如图 10-23 所示，该设备是一款触觉反馈器，用于感受虚拟环境下实实在在的物品。尽管这些物体都不存在，却能够利用 VR 设备真切感受到，效果如同用手亲自触摸过一般真实。

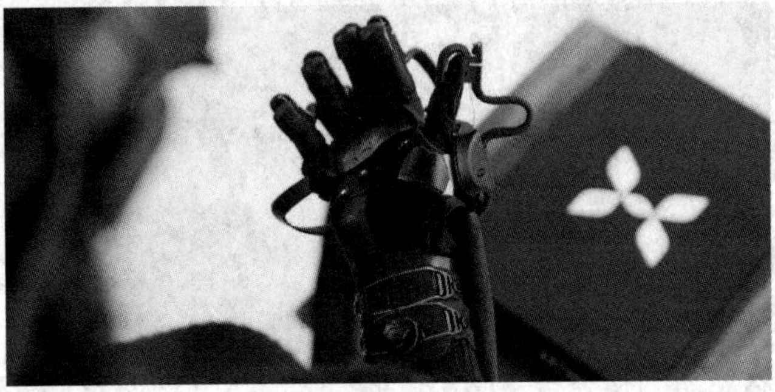

图 10-23　触觉手套

10.3.4　仿真训练

1. VR 医疗

医生通过借助 X 射线来判断患者伤势的做法非常耗时，判断的准确率高低在很大程度上也与医生的技术高低有关。某科技有限公司独立研发的 AR 医疗技术提供了一种手术新方式，即将微型传感器通过预置件并与之紧固连接，配带头显扫描 AR(如图 10-24 所示)标记点后可实现快速手术，降低了射线伤害。

图 10-24　头显扫描 AR

VR 在医学教育方面的应用具有十分重要的现实意义。在虚拟环境中，学生可以建立虚拟的人体模型，借助跟踪球、HMD 和感觉手套，学生可以很直观地了解人体内部各器官结构，这比现有的采用教科书进行教学的方式要先进得多。

在医学院校，学生可在虚拟实验室中进行“尸体”解剖和各种手术练习。采用这项技术，由于不受标本、场地等因素的限制，培训费用大大降低。一些用于医学培训、实习和研究的 VR 系统的仿真程度非常高。例如：导管插入动脉的模拟器可以使学生反复实践导管插入动脉时的操作；眼睛手术模拟器根据人眼的前眼结构创造出三维立体图像，并具有实时的触觉反馈，学生利用它可以观察模拟移去晶状体的全过程，也可以观察眼睛前部结构的血管、虹膜和巩膜组织，以及角膜的透明度等。此外，这样的 VR 系统还有麻醉虚拟现实系统、口腔手术模拟器等。

外科医生在真正动手术前，可以通过 VR 技术，利用计算机在虚拟空间中模拟的人体组织和器官进行模拟操作。这能让学生感受到手术刀切入人体肌肉组织和触碰到骨头的感觉，使学生能够更快地掌握手术要领。此外，主刀医生在手术前，也可以建立一个病人身体的虚拟模型，在虚拟空间中先进行一次手术预演，这样能够大大提高手术的成功率，让更多的病人得以痊愈。这样还能在显示器上重复地模拟手术，移动人体内的器官，寻找最佳手术方案并提高熟练度。在远距离遥控外科手术、复杂手术的计划安排、手术过程的信息指导、手术后果预测及改善残疾人生活状况，乃至新药研制等方面，VR 技术都能发挥十分重要的作用。

2. VR 教育

如今，虚拟现实技术已经成为促进教育发展的一种新型教育手段。传统的应试教育是通过教师授课的方法给学生灌输知识。而虚拟现实技术可以帮助学生打造生动、逼真的学习环境，调动学生的五官使学生通过真实感受来增强记忆。相比于被动性灌输，利用虚拟现实技术来进行自主学习更容易让学生接受，这种方式更容易激发学生的学习兴趣。另外，部分本专科院校利用虚拟现实技术建立了与学科相关的虚拟实验室来帮助学生更好地学习，让知识技能可视化，进而让学生能够轻松理解复杂的概念和理论。通过佩戴相应的 VR 沉浸式教学设备，学生可以在虚拟环境中触摸和操作物体。在这样全新的教育方式下，他们可以快速消化难懂的知识点，从而营造一个积极的学习环境，如图 10-25 所示。

图 10-25　头戴 VR 设备

3. 军事训练

基于虚拟现实立体感和真实感的特点，在军事训练及作战方面，军队指挥作战人员将地图上的山川地貌、海洋湖泊等信息数据通过计算机进行程序开发，利用虚拟现实技术，将原本平面的地图变成一幅三维立体的地形图，再通过全息技术将其投影出来，这将更直观、更高效地进行军事演习等训练，增强可视化操作方式，从而促进我国综合国力的提高。

此外，现代化战争已经全面过渡到信息化战争，军人手里的战斗机器都朝着集成化、自动化方向发展，无人机便是信息化战争最典型产物之一。无人机由于它本身的高度集成化以及可操作性受到各国军队的认可。战士训练期间，无人机作为靶机，出现在训练场的机会越来越多。现在，我们可以利用虚拟现实技术去模拟无人机的飞行、射击等工作模式。战时，军人也可以通过佩戴 VR 眼镜、VR 头盔等机器操控无人机进行侦察和袭击等战斗任务，减小正面战争中战士的伤亡率。同时，虚拟现实技术能将无人机拍摄到的场景立体化，从而降低操作难度，提高侦查效率。

4. 航空航天训练

由于航空航天是一项耗资巨大、非常繁琐的工程，所以，人们利用虚拟现实技术和计算机的统计模拟，在虚拟空间中重现了现实中的航天飞机与飞行环境，使飞行员在虚拟空间中进行飞行训练和实验操作，极大地降低了实验经费和实验的危险系数。

5. 虚拟应急演练

定期进行应急演练对于灾害预防来说非常重要，但其投入成本高，每次演练都要投入大量的人力和物力，这使得演练不可能频繁进行。而 VR 技术则为应急演练提供了一种全新的开展模式。人们可以将事故现场模拟到虚拟场景中，人为制造各种事故情况，组织参演人员做出正确响应。这样的演练大大降低了投入成本，提高了演练实训时间，从而提高了参演人员在面对事故灾难时的应对能力。此外，这种方式可以打破空间的限制，方便组织各地人员进行演练。

虚拟演练有如下优势：

(1) 仿真性。虚拟演练环境是以现实演练环境为基础搭建的，操作规则同样立足于现实中实际的操作规范，理想的虚拟环境甚至可以达到使受训者难辨真假的逼真程度。

(2) 开放性。虚拟演练打破了演练空间上的限制，受训者可以在任意地理环境中进行集中演练。身处任意地点的人员，只要通过相关网络通信设备即可进入相同的虚拟演练场所进行实时的集中化演练。

(3) 针对性。与现实中的真实演练相比，虚拟演练的一大优势是可以方便地模拟任何培训科目。借助 VR 技术，受训者可以将自身置于各种复杂、突发环境中，从而进行有针对性的训练，提高自身的应变能力与相关处理技能。

(4) 自主性。借助虚拟演练系统，各单位可以根据自身的实际需求在任何时间、任何地点组织相关培训指导，并快速取得演练结果，进行演练评估和改进。受训人员亦可以自发进行多次重复演练，使受训人员始终处于培训的主导地位，大大增加演练时间并提高演练效果。

(5) 安全性。虚拟的演练环境远比现实中安全，培训人员与受训人员可以大胆地在虚拟环境中尝试各种演练方案，即使发生突发事件，也不会造成任何损失。通常可以将这一切放入演练评定中，作为最后演练考核的参考。如图 10-26 所示的 VR 面罩在确保飞行员人身安全的情况下，将让飞行员在充满烟雾的驾驶舱内清晰地看到其他场景，此做法旨在帮助飞行员在紧急情况下(如烟雾中)安全着陆。虚拟的演练可以帮助人们卸去事故隐患的包袱，尽可能极端地进行演练，从而大幅提高人们的技能水平，确保在实际操作中的人身安全。

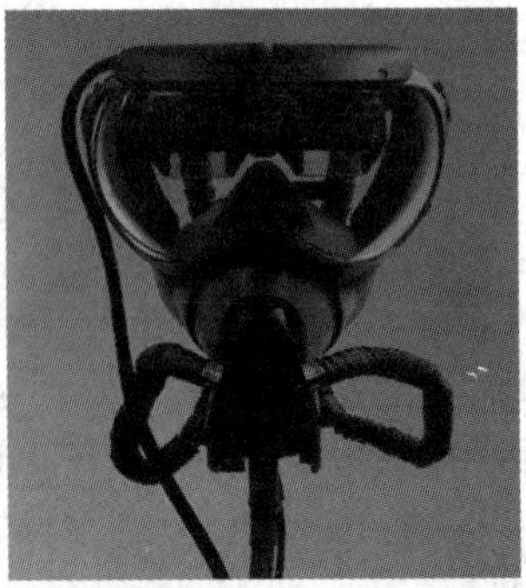

图 10-26　VR 面罩

10.4　AR 与 MR

10.4.1　AR 技术

1. AR 的概念

AR 的全称是 Augmented Reality，它是增强现实技术(或扩增现实技术)的缩写。AR 增强现实技术是促使真实世界信息和虚拟世界信息综合在一起的较新的技术，它将在现实世界的空间范围中难以进行体验的实体信息在计算机等科学技术的基础上，实施模拟仿真处理，将虚拟信息内容在真实世界中加以有效应用。这一过程能够被人类感官所感知，从而实现超越现实的感官体验。真实环境和虚拟物体重叠后，能够在同一个画面及空间中同时存在。

增强现实技术不仅能够有效体现出真实世界的内容，还能够促使虚拟的信息内容显示出来并相互补充和叠加。例如，利用视觉化的增强现实技术，用户可以通过佩戴头盔显示器来促使真实世界和电脑图形重合在一起。在重合之后，用户可以看到电脑图形和真实世界在同一个画面及空间中同时存在。增强现实技术中主要包括多媒体、三维建模以及场景融合等新的技术和手段，增强现实所提供的信息内容和人类能够感知的信息内容之间存在着明显不同。

AR 把真实的环境和虚拟的物体实时地叠加到了同一个画面或空间中，不仅展现了真实世界的信息，同时还将虚拟的信息显示出来，两种信息相互补充、叠加。AR 技术包括了多媒体、三维建模、实时视频显示及控制、多传感器融合、实时跟踪及注册、场景融合等新技术与新手段。AR 系统具有以下三个突出的特点：

(1) AR 系统可以将真实世界和虚拟的信息集成。

(2) AR 系统具有实时交互性。

(3) AR 系统通过在三维尺度空间中增添定位虚拟物体。

2. VR 与 AR 的区别与联系

1) VR 与 AR 的区别

(1) 运用的技术不同。VR 是仿真技术与计算机图形学、人机接口技术、多媒体技术、传感技术、网络技术等多种技术的集合。而 AR 包括了多媒体、三维建模、实时视频显示及控制、多传感器融合、实时跟踪及注册、场景融合等新技术与新手段。

(2) 原理不同。VR 是利用计算机生成模拟环境的一种多源信息融合的、交互式的三维动态视景和实体行为的系统仿真，能使用户沉浸到该环境中。而 AR 是将图像、声音和其他感官增强功能实时添加到真实世界的环境中。

(3) 功能不同。VR 可以实现人机交互，存在多种感知，能完全使人沉浸在虚拟世界之中，而 AR 技术必须与现实相结合，智能性较低，不能人机交互，也无法使人产生沉浸感。

(4) 使用范围不同。VR 呈现的是一种完全虚拟的图像，同时通过动作监测技术来追踪用户的动作，并将其反映到内容中，提供一种沉浸式的体验。它更适合应用在电子游戏、沉浸式影视等领域。AR 则是基于现实环境来产生叠加数字图像，同样具有一些动作追踪和反馈技术。用户将会看到现实的景物，而不是虚拟的图像。AR 设备的表现形式通常为具有一定透明度的眼镜。同时，它会集成影像投射元件，让用户在现实环境中看到一些数字图像。

(5) 发展方向不同。如图 10-27 所示，VR 是一种专注娱乐、视觉体验的新技术，头戴 VR 设备可以替代传统二维屏幕。同时，通过加入互动性，让用户真正体验到“身处”电子游戏世界中的乐趣。AR 则是未来计算机的终极形态，用户在可以看到现实环境的同时，能够和好友视频通话、处理文档或演示内容。

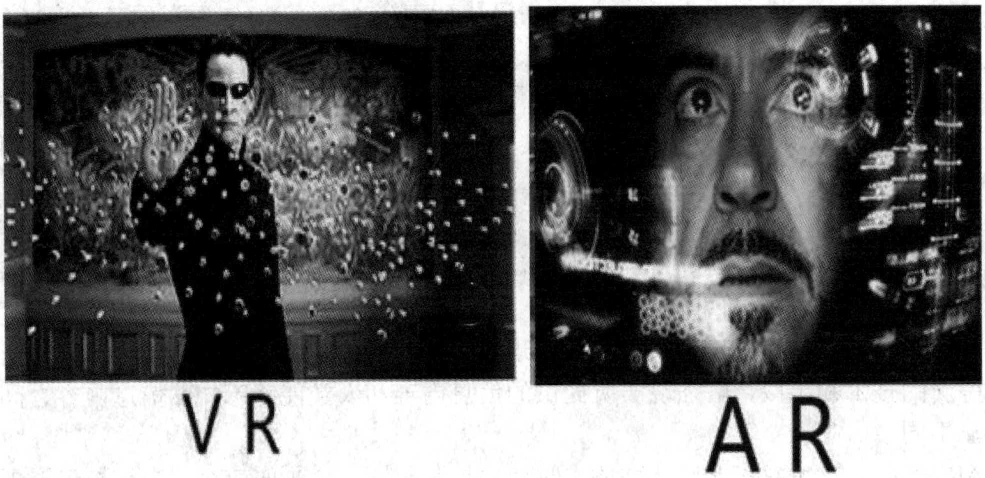

图 10-27　VR 与 AR 的发展方向

2) VR 与 AR 的联系

AR 是在 VR 的基础上发展起来的，与 VR 类似，AR 也需要配备传感器的可穿戴设备。

3. AR 技术原理

AR 技术提供了在一般情况下人类可以感知的信息。一个完整的 AR 系统由一组紧密连接、实时工作的硬件部件与相关的软件系统协同实现，常由以下三种形式实现。

1) 显示器式

显示器式 AR 基于计算机显示器来实现效果。它将摄像机拍摄的现实世界图像输入到计算机中，该图像便与计算机图形系统产生的虚拟景象合成，之后，显示器式 AR 再将增强的图像输出到屏幕显示器上，用户通过屏幕看到最终的增强场景图片。它的优点是操作简单，缺点是其效果给用户带来的沉浸感不强。

2) 光学透视式

头盔式显示器(Head-Mounted Display，HMD)广泛应用于 VR 系统中，以增强用户的视觉沉浸感。AR 也采用了类似的技术，开发了在 AR 中广泛应用的穿透式 HMD。根据其具体实现原理，HMD 又划分为两大类，分别是基于光学原理的透视式 HMD 和基于视频合成技术的透视式 HMD。

光学透视式 AR 系统具有操作简单、分辨率高、没有视觉偏差等优点，但它同时也存在着对定位精度要求高、延迟匹配难、视野相对较窄和价格高等缺点。

3) 视频透视式

视频透视式 AR 采用的是基于视频合成技术的穿透式 HMD(Video See-Through HMD)。

4. AR 技术的起源和发展

AR 技术的起源可追溯到 20 世纪五六十年代 Morton Heilig 所发明的 Sensorama Stimulator。他是一名电影制作人、发明家。他利用多年的电影拍摄经验设计出了叫 Sensorama Stimulator 的机器。Sensorama Stimulator 同时结合了图像、声音、香味和震动，让人们感受到骑着摩托车在纽约布鲁克林街道奔驰的场景。这个发明在当时非常超前。以此为契机，AR 技术不断发展起来。

由于 AR 技术的颠覆性和革命性，AR 技术获得了大量关注。早在 20 世纪 90 年代，3D 游戏就出现了，但由于当时的 AR 技术产品价格较高，其自身延迟较长，设备计算能力存在缺陷，这些 AR 游戏产品以失败收尾，第一次 AR 热潮就此消退。2014 年，Facebook 以 20 亿美元的价格收购了 Oculus，AR 热潮再次袭来。在 2015 年和 2016 年，AR 领域共进行了 225 笔风险投资，投资额达到了 35 亿美元，原有的领域扩展到多个新领域，如城市规划、虚拟仿真教学、手术诊疗、文化遗产保护等。如今，AR 和 VR 等沉浸式技术正在快速发展，在一定程度上改变了消费者、企业与数字世界的互动方式。从 2D 发展到沉浸感更强的 3D 的过程中，用户在商业、体验店、机器人、虚拟助理、区域规划、监控等方面获得了新体验，这是从只使用语言功能升级到包含视觉在内的全方位的新体验。在这个发展过程中，AR 将超越 VR，进一步满足用户的需求。

10.4.2　MR 技术

1. MR 的概念

在 20 世纪七八十年代，为了增强视觉效果，让眼睛在任何情境下都能够“看到”周围环境，Steve Mann 设计出了可穿戴智能硬件，这被认为是对 MR 技术的初步探索。

混合现实(Mixed Reality，MR)技术是虚拟现实技术的进一步发展，该技术通过在现实场景呈现虚拟场景信息，在现实世界、虚拟世界和用户之间搭起一个交互反馈的信息回路，以增强用户体验的真实感。MR 是一组技术的组合，它不仅提供了新的观看方法，还提供了新的输入方法。

MR 的核心优势是把 VR 和 AR 的优点集于一身。从理论上讲，MR 可让用户看到现实世界(类似 AR 的效果)，同时又能呈现出可信的虚拟物体(类似 VR 的效果)。随后，它会把虚拟物体固定在真实空间中，从而给人以真实感。在混合现实当中，体验者可以感受到虚拟物体与现实世界之间的依存关系。它也完全符合现实世界中的透视法则，用户走近看物体，物体会变大，而离远之后物体会变小。

2. MR 与 VR、AR 的区别与联系

MR 是在 VR 和 AR 兴起的基础上提出的一项概念，可以把 MR 视为 AR 的增强版。用户通过 VR 看到的情境都是虚拟的。AR 是将展现出来的虚拟信息简单叠加在现实事物

上。MR 就是通过与现实世界进行交互和信息的及时获取来实现的。

VR 展现的是纯虚拟数字画面，而 AR 展现的是虚拟数字画面和裸眼现实画面的整合，MR 展现的是数字化现实和虚拟数字画面的整合。从概念上来说，MR 与 AR 更为接近，既展现的都是一半现实、一半虚拟的影像。但传统 AR 技术运用棱镜光学原理折射现实影像，其视角不如 VR 的视角大，同时清晰度也会受到影响。

智能硬件的设计依据最后都会从 AR 技术逐步向 MR 技术过渡。MR 和 AR 的区别在于，MR 通过摄像头让用户看到裸眼都看不到的现实，而 AR 只重视叠加虚拟环境而不重视现实本身。MR 系统有以下三个主要特点：

(1) 结合了 VR 与 AR 的优势，能够更好地将 AR 技术体现出来。

(2) 具有虚拟的 3D 注册。

(3) 可以实现实时运行。

3. MR 的应用前景

一般来说，VR 的常见载体是智能眼镜。现今，融合了 MR 技术的智能眼镜已投入商用。真正的 MR 游戏可以把现实与虚拟互动展现在玩家眼前，让玩家同时保持与真实世界和虚拟世界的联系，并根据自身的需要及所处情境调整操作。

到 2021 年，MR、AR 的盈利将超过 VR。在 2018 年的虚拟现实收入中，VR 硬件占比 75%。除此之外，由于智能手机软件和 Magic Leap、HoloLens 等高端设备的发展，预计到 2021 年，AR 及 MR 技术将领先于 VR。由专业级爱好者群体扩散至普通大众消费者，是 VR、AR、MR 设备销量高速增长的关键。

据《2016—2017 年中国 VR、AR 应用 ToB 市场分析报告》指出，2017 年较 2016 年同比增长率达 151.74%。虽然 ToB 市场所占比例较小，但增长率排名第一。除 VR、AR、MR 广告营销的普遍应用外，VR、AR、MR 多元化的跨界应用赋予了传统行业全新的科技发展势能。

随着 VR、AR、MR 普及化程度的提高，商业品牌将有能力为消费者提供前所未有的新方式来体验新技术。技术与商业的融合让品牌脱颖而出，这就是 VR、AR、MR 技术的魅力所在。

课后习题十

一、选择题

(1) (　　)不属于虚拟现实技术的特征。

A．沉浸　　B．交互

C．想象　　D．操作

(2) 一个典型的虚拟现实系统由(　　)组成。

A．头盔显示设备　　B．多传感器组

C．力反馈装置　　D．信号线

(3) 在虚拟现实系统的输入设备中，基于自然交互的设备主要是(　　)。

A．力反馈设备　　B．数据手套

C．三维鼠标　　D．键盘

(4) 头盔式显示装置主要由(　　)组成。

A．显示元件　　B．光学系统

C．头罩　　D．终端

(5) 在真实感实时绘制技术中，为了提高显示的逼真度，加强真实性，下列(　　)不是常用的方法。

A．投影　　B．环境映射

C．纹理映射　　D．反走样映射

二、填空题

(1) 虚拟现实是一种高端人机接口，包括通过_____、_____、_____、_____和_____等多种感觉通道的实时模拟和实时交互。

(2) 根据虚拟现实对“沉浸性”程度和交互程度的不同，可将虚拟现实系统划分为_____、_____、_____和_____典型类型。

(3) 虚拟现实具有_____、_____、_____和_____的特征。

(4) 空间位置跟踪技术有多种，常见的跟踪系统有_____、_____、_____、_____和_____。

(5) 目前，在基于几何图形的实时绘制技术的实现过程中，有几种用来降低场景的复杂度，提高三维场景的动态显示速度的方法。它们分别是_____、_____、_____、_____和_____。其中，_____的应用较为普遍。

三、简答题

(1) 什么叫力反馈？

(2) 虚拟现实系统中有哪些主要技术？

(3) VR 系统的典型硬件组成是什么？

(4) 简述 MR 的概念。

(5) 简述 VR 与 AR 的异同。

参 考 文 献

[1] 青岛英谷教育科技股份有限公司．云计算与虚拟化技术[M]．西安：西安电子科技大学出版社，2018.
[2] 迟成文．高级语言程序设计[M]．北京：经济科学出版社，2007.
[3] 纪禄平．计算机组成原理[M]．3 版．北京：电子工业出版，2014.
[4] 陈宝明，宣军英．办公软件高级应用与案例精选[M]．北京：中国铁道出版社，2011
[5] 杨雷，李贵鹏．Excel 入门与实践[M]．北京：北京邮电大学出版社，2014.
[6] 蒋加伏．数据库应用基础教程[M]．长沙：湖南科学技术出版社，2002.
[7] 胡小强，李艳．计算机网络[M]．上海：复旦大学出版社，2011.
[8] 姜枫．计算机网络实验教程[M]．北京：清华大学出版社，2010.
[9] 苏广文．移动互联网应用新技术[M]．西安：西安电子科技大学出版社，2013.